BEHRMANN · DER WEITEN WELT WUNDER

Walter Behrmann

WALTER BEHRMANN

DER WEITEN WELT WUNDER

Erlebnisse eines Geographen in Fern und Nah

Mit einem Geleitwort von Otto Quelle

WALTER DE GRUYTER & CO. · BERLIN
1956

 — Archiv-Nr. 5211055 — Printed in Germany — Satz und Druck: Buchdruckerei Franz Spiller, Berlin SO 36.

Meiner lieben Frau
zugeeignet

GELEITWORT

Am 24. Oktober 1954 habe ich Herrn Behrmann meinen aufrichtigen Dank für die viel zu liebenswürdigen Worte ausgesprochen, die er mir in dem am Tage zuvor übermittelten Sonderheft der Zeitschrift „Die Erde“ gewidmet hatte. Nach Abschluß unserer langen Unterredung überreichte er mir in einem verschlossenen Umschlag: das hier nun veröffentlichte Manuskript. „Lesen Sie es bitte in Ruhe gelegentlich durch; wenn Sie meinen, will ich es veröffentlichen. Es hat aber keine Eile. Ich habe es vor allem für die heranwachsende Jugend geschrieben, damit diese sehen und lernen soll.“ Am Ende der Weihnachtsferien 1954/55 habe ich mich dann in die Lektüre des Manuskriptes vertieft. Ende Februar habe ich dann noch einmal gefragt, wann er das Manuskript herausbringen wolle. Aber ohne eine bestimmte Antwort zu erhalten, habe ich dann noch gewartet und erst am Gründonnerstag unmittelbar vor seinem Umzug in die Klinik nochmals mit ihm gesprochen. „Wenn ich wieder gesund bin, will ich es fertig machen“, das war seine letzte Mitteilung; kurz darauf hat der Tod ihn uns entrissen.

So habe ich es für meine selbstverständliche Pflicht gehalten, diese Arbeit der Öffentlichkeit zu übergeben.

Mein erster Dank gilt Herrn D. h. c. Herbert Cram vom Verlag Walter de Gruyter, der sich sofort zur Herausgabe bereit erklärte und in kurzer Zeit das Buch fertiggestellt hat.

Einen weiteren Dank muß ich Fräulein cand. rer. nat. Irene Tritt abstatten, die die Korrekturen gelesen und einige stilistische Änderungen vorgenommen hat. Sonst aber ist am Text nicht ein einziges Wort geändert! Behrmanns Manuskript enthielt keine Zeichnungen; da der Verlag sie für notwendig hielt, hat Fräulein Tritt sich um die Ausstattung mit Kartenskizzen bemüht, die den Lesern willkommen sein werden.

So möchte ich wünschen, daß die Schrift, die Behrmann seiner kurz nach ihm verstorbenen Gattin gewidmet hatte, unserer Jugend und vor allem unseren jungen Geographen reiche Anregung und Freude bereiten möchte.

Berlin, den 1. September 1955 O. *Quelle*

VORWORT

Nach dem unglücklichen Kriege, als unser armes Vaterland in tiefster Not darniederlag, als sich die Sorgen häuften und die ganzen Gedanken sich nur darauf einstellten, wie man des Leibes Notdurft am heutigen und kommenden Tage befriedigen sollte, erquickte mich das prächtige Buch von Georg Wegener: „Der Zaubermantel". In ihm führt uns der Weltreisende in ferne Räume und plaudert der begabte Schriftsteller in launiger Weise. In seiner Vorrede lesen wir, daß er das Buch sich selbst zur Erholung in der Notzeit nach dem ersten verlorenen Weltkriege verfaßt habe. Er hoffe, auch seine Leser über traurige Verzweiflungsstimmung hinwegzuhelfen, denn, so schreibt er etwa, ein Wüstenwanderer sehnt sich nach dem Wasser und der Oase. Ich spürte an mir selbst, daß das Wandern unter seiner Führung erfrischend auf Herz und Gemüt wirkte. Da sagte ich mir, du hast doch selbst *der weiten Welt Wunder* geschaut und Gott hat dir vor vielen anderen rechte Gunst erwiesen. Da ist es deine Pflicht, dich aufzuraffen, dankbar das Schöne niederzuschreiben und anderen in ihrer Not zu helfen, wie dir G. Wegener eine Hilfe war.

So entstand dies Buch. Ein Professor der Geographie möchte aber seine Wissenschaft nicht ganz zum Schweigen bringen. Sie ist so schön, daß sie sich mit den Erlebnissen der Reisen durch die weite Welt gut verträgt, sind diese doch die Voraussetzungen für die Beobachtungen. Es mußte nur mein Streben sein, in anmutiger Form die wissenschaftlichen Erkenntnisse vorzutragen und nicht lehrhaft zu werden. Ich wollte die eigenen Erlebnisse in den Vordergrund rücken und freute mich, wenn ich den Stoff durch harmlose Scherze würzen konnte. Möge der Inhalt befreien von den Sorgen des Tages, erheitern und belehren.

Nur ein Kapitel konnte ich nicht schreiben. Die Bitterkeit der eigenen augenblicklichen Lage hat es mir verboten, unter der meine

Familie und ich noch ständig leiden. Wegener lädt uns ein, ihn zu Hause zu besuchen und schildert sein gepflegtes Heim am Eutiner See. Ähnliches ist mir nicht möglich. Mein schönes Heim, geschmückt mit vielen unersetzlichen Erinnerungsstücken aus allen Zonen der Erde, mit Kunstwerken der Steinzeit und der verschiedensten Kulturen und einer erlesenen Bücherei, in dem meine Frau und ich liebe Gäste willkommen hießen, ist in Frankfurt am Main vernichtet. Auch unser Ausweichzimmer daselbst ist beschlagnahmt. Mein geographisches Institut, das ich mit Stolz als eines der schönsten und besten Institute Frankfurts zeigen konnte, ist in der gleichen Nacht dem Feuer zum Opfer gefallen. Doch wurde ich noch glücklich gepriesen, weil mir am stillen See in Babelsberg eine Zufluchtsstätte offen stand. Auch diese ist mir genommen. Hart traf mich das Schicksal. In einer Dachstube entstand das Buch, in der ich notdürftig, fern von der anregenden Universität, unterkam. Des Lebens ungemischte Freude ist auch mir nicht zuteil geworden. Ich hoffe, daß ich trotzdem jeden Unmut vom Inhalt ferngehalten habe.

Mir war das Schreiben des Buches Labsal und Erquickung. Möge es dem Leser hinweghelfen über trübe Gedanken und Stimmungen. Oft war es mir, als wenn ein anderer Mensch durch die Wunder der weiten Welt gewandert wäre und ich nur als Zuschauer dabei gewesen bin. Mit Walther von der Vogelweide möchte ich nach langem vielseitigem Erleben ausrufen:

„O weh, nun sind verschwunden alle meine Jahr'.
Hab' ich mein Leben geträumet, oder aber ist es wahr?"

W. Behrmann

INHALTSÜBERSICHT

Seite

Geleitwort 7

Vorwort 9

Zur chinesischen Mauer und zu den Minggräbern .... 13—31

Meine Vulkane .... 32—76

Der Vesuv und die Phlegräischen Felder — Stromboli, Vulcano und Ätna — Santorin — Djebel Tair und Aden — Vulkane der Südsee — Die glücklichen Inseln — Deutschlands Vulkane

Weißt Du noch? (Erinnerungen an Norwegen) ...... 77—84

Mein Verkehr mit Kannibalen und Steinzeitmenschen .... 85—99

Bei den Zwergen in Neuguinea — Am mittleren Töpferfluß — Am Südwestfluß — Bei den Hordenhäusern des oberen Sepik — Am Dörferfluß — In Kararau — Beim Handelsvolk des unteren Töpferflusses in Kaamba

Wüstenfahrten in der Sahara .... 100—118

Zu den Ausläufern des Atlas — Im Schott Dscherid — In der Oase Tozeur — In El Wed — Durch das Dünenmeer der Erg — Durch die Hammada — Bei den Mozambiten

Geographische Exkursionen mit meinen Studenten .... 119—140

Beiderseits des St. Gotthard — Fuorcla Surley und Bernina — Exkursionen um Frankfurt am Main — In Istrien und auf dem Monte Maggiore — Unwetter auf dem Hohen Ifen — Auf der Glocknerstraße zur Pasterze und dem Groß-Glockner

Seite

Meeresrauschen .... 141—158

Meeresstille — Leicht bewegte See — Nebel — Bewegte bis grobe See und Dünung — Sturm, Taifun, Orkan

Jong, Kuenari und Mollebei, meine trefflichen Hausboys .... 159—179

Pidgin-Englisch — Meine 3 Boys — Gehalt, Nahrung, Kleidung — Kuenari und mein Haus am Sepik im Hauptlager — Jong, mein vielseitiger Assistent — Ein Tag auf dem großen Vorstoß — Urwald und Sumpf — Auf dem Steilberg

Durchquerungen der Südkarpaten .... 180—197

In den Waldkarpaten — Hammelschmuggel — Holzbahn — Bergrutsche — Rumänisches Volkstum (Sitten, Trachten, Hausbau) — Hirten und Klöster — Formenwelt des Gebirges

An heiligen Stätten .... 198—209

Der Nabel der Welt — Warum sind einzelne Orte heiliger als andere? — Jerusalems Stadtbild — In der Grabeskirche — Gethsemaneeh — Die Klagemauer der Juden — Feste Zion und Omarmoschee — Die Wüste im Jordangraben und am Toten Meer

Terra marique (An den Gestaden des Weltmeers) .... 210—234

Die Korallen von Beliao — Die Mangrowe von Murik — Das Delta des Nils — Das alte Delta der Weser — Das Delta des Jangtsekiang — Strand und Dünen von Borkum und der Kurischen Nehrung — Senkungsküste der Nordsee — Die sinkende Küste Chinas — Die Limane der Dobrudscha — Die Riasküste Nord-Spaniens — Hebungsküsten bei Finschhafen, Messina und Norwegen — Die Gezeitenküste der Normannischen Inseln

Tsinanfu, die Stadt der quietschenden Schubkarren, und der Tausend-Buddha-Berg .... 235—245

Zur chinesischen Mauer und zu den Minggräbern

Frühmorgens, an einem Tage im Oktober des Jahres 1913, verließ ich das große Hotel des Wagons Lits in Peking, an der Drehtür empfangen von meinem vornehmen Dragoman, Dolmetscher, Führer oder wie ich ihn nennen soll. Er war in einen langen braunen. seidenen Kaftan gekleidet, der seitlich durch Schnüre geschlossen wurde. Er trug noch den langen, fast bis zur Erde reichenden Zopf, der unten durch schwarze Seide mit einer Troddel verlängert war. Diese alte Tracht zeigte an, daß er jedem Umsturz abgeneigt war und konservativ am Alten hing. Nur eine Sportmütze auf dem Kopfe war das einzige Zugeständnis an die schnell fortschreitende Zeit und die Revolution, welche die alte Kaiserzeit abgelöst hatte. Mit tiefer Verbeugung, durch hörbares Einziehen der Luft durch die Zähne, durch Kreuzen der Arme über der Brust begrüßte er mich. Er hatte bereits zwei Rikschas mit den besten menschlichen Trabern aus der herandrängenden Masse herausgesucht und gemietet. Wir stiegen ein und fuhren los.

Peking war noch kaum erwacht. Überall bereitete man auf offener Straße das Morgenfrühstück, so daß Rauch untermischt mit den eigenartigsten Gerüchen die diesige Luft erfüllte. China ist nichts für empfindliche Geruchsnerven, der ferne Osten übertrifft den nahen in dieser Hinsicht bei weitem, und der frühe Morgen den ganzen übrigen Tag.

In schneller Fahrt ging es durch die schnurgeraden, staubigen, aber breiten Straßen der Mandschustadt. Trotz der Frühe kamen uns schon Kamelkarawanen entgegen oder wurden Kulis überholt, die an langer Tragstange schwere Lasten an beiden Enden derselben trugen und mehr laufend als gehend ihrem Ziele zustrebten. Wir passierten die mächtige Stadtmauer durch das malerische Tor Hsitschi-mönn im Nordwesten der Stadt, wo sich der Verkehr durch den engen, schmutzigen, oft verstopften Durchlaß pressen muß. Ein zweistöckiges, mit Holzsäulen verziertes und mit kaiserlichen, gelben Ziegeln bedecktes Torhaus krönt und bewacht den Eingang zur Stadt, für dessen Sicherheit früher ein ganzes Banner Soldaten verantwortlich war.

Bald jenseits des Tores lag der kleine Bahnhof der chinesischen Bahn, der einzigen Eisenbahnstrecke, die die Chinesen mit eigenen Ingenieuren und eigenem Gelde damals gebaut hatten und auf die sie entsprechend stolz waren. Sie führt von Peking über den Nankau-Paß nach Kalgan, sodann nach Nordwesten zur Wüstensteppe Gobi und folgt der uralten, seit Jahrhunderten begangenen Karawanenstraße, die Innerasien mit der altehrwürdigen chinesischen Hauptstadt verbindet.

Auf dem einfachen Bahnsteige mußten wir lange auf den Zug warten; wir beobachteten das Volksleben, besonders eine Mandschu-Familie, die mit Kind und Kegel eine Reise unternahm. Die Mutter hatte eine Flügelhaube auf, bei der schwarze Seide über dünne, breite Holzbrettchen gespannt war und nach beiden Seiten, etwa wie eine Elsässer Haube, abstand. Ungeniert wurde das kleine, in dicken, wattierten Stoff gekleidete Kindchen an die Brust genommen. Die Kleinsten sind überall auf der Erde niedlich, selbst wenn sie gelb sind, Schlitzaugen haben und oben auf dem Kopf nur ein schwarzes Zierbündelchen von Haaren tragen. So auch hier.

Endlich kam der Zug. Er brachte uns durch das volksreiche Nordende der großen chinesischen Ebene, die jetzt im Herbst kahl und abgeerntet dalag. Peking hat keine vor den Mauern liegenden Vorstädte oder Vororte. Unvermittelt grenzt das Ackerbauland an die mauerumgürtete Millionenstadt. Bei der unerschöpflichen Fruchtbarkeit der tischgleichen Fläche, deren Boden sich aus dem berühmten Löß aufbaut, kann die große Volksdichte der Landschaft nicht wundernehmen. Auf allen Stationen wimmelte es von Menschen, die ein- und ausstiegen. Trotzdem aber machte das Land keinen überbesiedelten Eindruck. Alle Häuser, alle Dörfer, alle Städte sind aus dem gleichen gelben Löß gebaut, aus dem der Boden besteht. Auch die Dächer sind gelb und strohgedeckt, sie fallen nicht auf. Jedes Dorf und jede Stadt ist in dieser wichtigen chinesischen Grenzmark gegen die unruhvolle Steppe Innerasiens mit einer Mauer umgürtet. Diese Mauern sind meist nur aus Lößziegeln gebaut, darum ebenso gelb und fahl wie die übrige Landschaft. Kirchen oder hochragende Gebäude, die in Europa das Bild unterbrechen, gibt es außer ganz vereinzelten Pagoden nicht. Nur wenige Bäume überragen die Mauern und verraten die Siedelungen, aber auch sie sind jetzt in der Trockenzeit verstaubt und gelb von Löß, der ja nichts anderes ist als Staub, der sich in langen geologischen Perioden anhäufte. So ist die Fahrt bis zum Rande des Gebirges bei dem 40 Kilometer entfernt liegenden Orte Nankau sehr einförmig.

Jenseits dieses Ortes, der mit seinen Mauern das ganze aus dem Gebirge heraustretende schluchtartige Tal, durch das der Paß führt, sperrt, beginnt das wilde Gebirge. Der Name Nankau bedeutet „Südmündung" des Paßtales.

In gewaltigen Schollen bricht das asiatische Hochland im Osten ab zu den Tiefen des Stillen Ozeans, Hoch- und Tiefschollen grenzen aneinander. Die Mongolei ist eine Hochscholle, die chinesische Tiefebene, an deren Nordende Peking liegt, ist gegen diese abgesunken. An der Grenze der Schollen erhebt sich jedesmal ein Gebirge, die darum häufig in Ostasien eine Bogenform annehmen. Nankau liegt gerade an der Grenze zweier Staffeln und somit am Fuß des trennenden Gebirges. Dieses ist zwar nicht hoch, in seinen höchsten Gipfeln etwa 3500 Meter, mißt zumeist nur 1000 Meter, wird im Nankaupaß sogar in nur 633 Meter Höhe überschritten, es ist aber nichtsdestotrotz eine Landschafts-, Klima- und Völkerscheide allerersten Ranges.

In der Tiefe liegt die volksreiche, wohlangebaute Fruchtebene mit ihren Großstädten, Städten, Flecken und Dörfern, auf der Hochfläche jenseits des Gebirges beginnen die unendlichen Weiten der Steppe, fast ohne Anbau mit nur wenigen, dafür aber um so älteren Karawanenstraßen. Es ist das Reich der Nomaden, die mit ihren Herden wandernd den Weideplätzen folgen, in Zelten leben und kaum Dörfer kennen. Größere Orte gibt es nur dort, wo genügend Wasser zur Anlage einer Bewässerungs-Oase vorhanden ist. Das Gebirge schied die Mongolen von den Chinesen, wenn auch heute, wie in geschichtlicher Zeit, das Chinesentum weit nach Nordosten in die Gobi vorgedrungen ist. Zwei grundverschiedene Landschaften werden durch das Gebirge getrennt.

Es ist ferner eine sehr wichtige Klimascheide. Im Sommer, wenn die Hitze über Asien brütet, wird die Luft aufgelockert. Sie strömt vom kühleren Ozean, feuchtigkeitsgesättigt, auf das Land. So auch vom

Gelben Meer über die chinesische Ebene und trifft zum erstenmal beim Nankauschan auf ein Gebirge, das die Luft zum Aufsteigen zwingt, sie dadurch abkühlt und eine Regenfülle sondergleichen gegen die Flanken der Berge schüttet. Alles Erdreich spülen die Wasser zu Tal. Der Chinese hat nun seit Jahrtausenden den Wald verwüstet und muß jetzt, um überhaupt noch etwas Brennmaterial zu haben, sogar das Gras ausreißen. Die Wirkung des Regens wird dadurch nur noch verstärkt. Kahl und nackt, steinig und wild, felsig wie ein Hochgebirge, mit Schluchten, Graten und Zinnen tritt das Bergland an die Ebene.

Wie der Monsunregen des Sommers die Berghänge abspült, so wirkt, wenn auch mit ganz anderen Kräften, der Wintermonsun ebenfalls an deren Zerstörung. Über Sibirien und der Gobi ist es im Winter bitter kalt, die Luft über dem weiten Festlande ist verdichtet, ein Maximum starker Ausprägung und großer Ausdehnung lagert über den Wüsten und Steppen. Die Luft über dem Meere ist warm und aufgelockert. Gewaltige Stürme suchen im Grenzgebiet zwischen Land und Meer den Ausgleich herzustellen. Sie brausen bei klarem Frosthimmel und eisiger Kälte über die Hänge des Nankauschan abwärts. Föhnartig erwärmen sie sich zwar, sind aber an ihrem Ursprungsgebiet so kalt, daß sie trotzdem eisig bleiben. Der Frost sprengt das Gestein, der Sturm fegt den Staub, den Löß, heraus, kann Steinchen und Steine forttragen und reißt das letzte verhüllende Gewand dem Berglande von der Schulter, so daß es nackt und kahl dem Froste ausgesetzt ist. Man kann die Rippen und das Knochengerüst der Berggestalten unverhüllt erkennen und studieren. Vor zwei Monaten saß ich noch im alles verbergenden tropischen Urwald von Neu-Guinea und sollte trotzdem auch geologische Forschungen anstellen. Hier in dem Gebirge Nordchinas drängt sich der Aufbau der Erdkruste ungewollt so in den Vordergrund, daß das Studium der Geologie zum geistigen Genuß wird. Wir stehen auf klassischem Boden, wo sich dem großen deutschen Forscher und Geologen der Aufbau ganz Ostasiens offenbarte, wo Ferdinand von Richthofen den Schollenbau von China erkannte. Darum gerade hatte es auch mich zu diesem Punkte gezogen, und mich enttäuschte der Anblick nicht, sondern erhob mich geistig.

Dieser wissenschaftliche Hochgenuß sollte während der ganzen Fahrt anhalten, die jetzt begann und langsam durch das schluchtähnliche

Tal bergan führte. Die Steigung ist so beträchtlich, daß die chinesischen Ingenieure eine Zahnradstange einbauen mußten, an der der Zug ratternd und pustend bergwärts keuchte. Einmal konnte die Höhe nur gewonnen werden, indem die Maschine an das Ende des Zuges gesetzt wurde. Bergrippen waren oft durchtunnelt.

Neben der Bahn, die an dem linken Talgehänge sich emporwand, führte in der Tiefe des Tales die uralte Karawanenstraße, auf der sich seit Jahrhunderten, ja, man kann ruhig sagen, seit Jahrtausenden der Verkehr zwischen Innerasien und Nordchina bewegt. Von Karakorum, von Urga, Uliassutai, also aus der nördlichen Mongolei und dem Raume des Baikalsees durchziehen die Straßen und Pfade die Wüstensteppe Gobi, um sich in Kalgan zu vereinen und von hier aus gemeinsam ihrem Ziele Peking zuzustreben. Auch vom großen Bogen des Hoang-ho, wo ausgedehnte und reiche Bewässerungsoasen sich im fruchtbaren Lößlande befinden, führt eine Straße nach Kalgan und mit den übrigen Wegen über unseren Paß nach der alten chinesischen Hauptstadt. Es war ja gerade der Sinn und Zweck des ganzen mühsamen Eisenbahnbaus, diesen Verkehr aufzufangen und schnell und leicht nach Nordchina zu leiten. Wie wirkte sich aber dieser gute Plan in der Praxis aus?

Die Karawanen ziehen Wochen und Monate hindurch einsam durch die Wüsten und Steppen. Auf den heißen und durstigen Wegen oder bei der Eiseskälte der Winterlager gibt es nur ein Gespräch, um das sich alles dreht, nämlich um das Ziel, um Peking, die alte Kaiserstadt mit ihren Schätzen, guten Quartieren und ihren reichen Gastfreuden und schönen Mädchen. Der in unvergleichlicher Harmonie erbaute Himmelstempel, die Verbotene Stadt, die Marmorbrücken, der Lamatempel, die Halle des Konfuzius, der kaiserliche Sommerpalast oder was sonst alles, erregt in der Öde der Wüstenwanderung die Phantasie ins Unermeßliche. Nun hat man endlich Kalgan erreicht. Nur noch lumpige 200 Kilometer trennen einen vom Paradiese. Und da soll man umkehren? Nein, lieber läuft man die wenigen Tage noch. Die Karawane ist so gut eingespielt, man spart das Geld für die Bahn und die Mühe des Umpackens mit dem Zeitverlust und der Gefahr des Verlustes. So fährt die kostspielige Bahn fast leer, während unten auf der zerfallenen Straße nach wie vor die Karawanen ziehen.

Welch malerisches Bild bietet sich uns dadurch! In langen, langen Reihen ziehen sie unablässig dahin. Voran schreitet in dick wattiertem Gewande der mongolische Führer, von struppigen Wachhunden begleitet. Es folgt der Zug der Kamele, der zweihöckerigen Trampeltiere, wobei ein Tier an den Schwanz des vorangehenden gebunden ist. Mürrisch hängt die Unterlippe herab, das Haupt ist aber stolz erhoben. Die Füße mit ihren weichen Polstern suchen tastend im groben Schutt und auf der zerfahrenen Straße ihren Weg. Vom dicken Pelz hängen Fetzen herab. Die Lasten stehen an beiden Seiten so weit über, daß zwei sich begegnende Karawanen oft nicht zugleich um die scharfen Ecken der Felsen herum kommen. Nur zuweilen schiebt sich ein Wagen in den unaufhörlichen Zug, der sich auf der Straße entlang bewegt. Es ist dann ein federloses Fuhrwerk mit kleinem höhlenartigen Aufbau, in dem der Reisende hockt und ohne Luftzug die ewigen Stöße des schlimmen, ausgefahrenen Pflasters über sich ergehen läßt.

Leider wird die Sonne von Wolken verdeckt. Wir sind im Oktober noch in der Zeit des Monsunwechsels. Das Wetter ähnelt unserm April, der ja auch an der Wende zweier Jahreszeiten steht. Trotzdem wir uns in einer Breite von Neapel befinden, kommen Schauer mit Graupeln vom Himmel und machen mich verweichlichten Tropenmenschen bis ins Mark erschauern. Schnell ziehen die Wolken, umschweben die Felszinken der aufgesplitterten Grate und machen das wüste Tal noch wilder. Die Sonne bricht trotzdem manchmal durch, so daß großer Wechsel der Beleuchtung zur vielseitigen Szenerie tritt.

Wo von rechts und links ein sperrender Felsengrat das Tal einengt, sieht man plötzlich eine mächtige, kühne Mauer von der Höhe zur Tiefe ziehen und wieder zur Höhe emporklimmen. Ich denke bereits, wir sind am Ziel und haben die chinesische Mauer erreicht. Es war aber nur das erste sperrende Vorwerk, dem noch mehrere andere folgen sollten. Ein kahles, wildes Felsental mit vielen Schutthalden und bizarren Rippen festen Gesteins, das an und für sich schon schwer passierbar und darum leicht zu verteidigen ist, wird durch diese klotzigen Mauern schier uneinnehmbar. Man fragt sich immer wieder erstaunt, wie haben es die Baumeister vergangener Zeiten fertiggebracht, auf diese felsigen Grate hinauf zu kommen, geschweige denn wie es möglich war, die große Zahl der Kulis, die zum Bau nötig waren, hinauf zu schaffen, die zum Bau erforderlichen Steine und Materialien auf den schwindeligen Felstürmen bereit zu stellen und zu vermauern.

Kurz vor der Paßhöhe tritt die Bahn in einen Tunnel ein. So wird die Ursprünglichkeit der Landschaft an diesem entscheidenden Punkte nicht durch moderne technische Bauten gestört, sondern ist erhalten, wie sie seit Jahrhunderten in ihrer einzigartigen Majestät bestand. Wir verließen den Zug und gingen zu Fuß hinauf zum Paß und zur Großen, ihn beherrschenden chinesischen Mauer.

Vor uns liegt das gewaltigste Bauwerk der Erde. Nicht wie man in Europa eine Mauer errichtet, also schmal und hoch, ist sie gebaut, es ist vielmehr ein ummauerter Wall von großer Breite und Höhe. Dieser mißt unten in der Dicke oder Breite 8 Meter, oben 5 Meter und ist 16,5 Meter hoch. Nach der Feindseite, also nach Norden, ist er überall steilabfallend und aus dicken Quadern errichtet, auch ist er durchlaufend mit starken, mannshohen Zinnen aus behauenen Steinen bewehrt. Nach der chinesischen Seite ist er nicht immer so hoch, da man zuweilen den gewachsenen Felsen ausnutzen konnte. Alle 100 Meter etwa schiebt sich ein klotziger, klobiger Wachtturm ein, der die Mauer fast um das Doppelte überragt und auch an den Seiten weit vorsteht.

Solch Riesenbauwerk für eine kurze Strecke zu erbauen, würde schon unsere Bewunderung erregen. Jetzt zieht sich aber dieses gewaltige Befestigungswerk, soweit das Auge blicken kann, über das wildeste Gebirge, steigt in die Täler hinunter, klimmt auf die Grate hinauf, ja, sucht die schroffesten Felsgipfel und steilsten Abstürze auf, um sie zur Verteidigung auszunutzen. Bei dem Wetter, bei dem ich dort weilte, wirkte sie nur noch erhabener und großartiger. Die Wolken verdeckten die höchsten Partien. Bis in den Himmel schien sie zu führen, kam dann wieder auf die Erde zurück und zog auf und ab über das Hochgebirge von Horizont zu Horizont. Da dieser aber nicht frei liegt, sondern man auf einer Paßanhöhe steht, so taucht bald hier, bald dort ein Stück der Riesenschlange auf, die sich über die Berge gelegt hat.

Zuerst erfreut sich das Auge an diesem erhabenen Anblick, an dem wechselnden Spiel von Licht und Schatten im Felsengewirr und der

Majestät und Ruhe des Bauwerks. Dann aber meldet sich der Verstand. Ich sagte mir, du überblickst vielleicht 7 bis 10 Kilometer der großen Mauer. Was bedeutet das aber bei der gewaltigen Ausdehnung des Walles von 2500 Kilometer? In Deutschland entspricht das einer Entfernung von Köln nach Königsberg, zurück nach Köln und noch einmal zurück bis nach Berlin. Ein solcher Bau würde, selbst

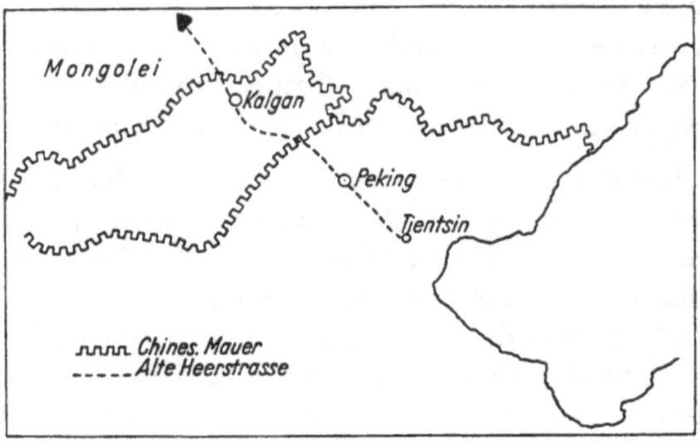

Lageskizze: Von Peking zur großen Mauer

mit modernsten Mitteln ausgeführt, Bewunderung erregen. Dort aber würde er durch blühende Kulturlandschaften führen, hier dagegen übersteigt er die ödesten Gebirge. Er sucht stets die Grenze der Steppe auf, Gebiete, wo das Wasser knapp ist oder ganz fehlt, wohin die Nahrung für die Armeen von Kulis mühsam herangeschafft werden mußte. Erst in Jahrhunderten ist der Bau fertig geworden, begonnen wurde er schon 228 Jahre vor der Zeitrechnung, vollendet erst zur Zeit Karls des Großen.

Es zieht der gigantische Wall, die Riesenmauer, das größte Bauwerk der Erde, vom Ufer des Gelben Meeres, wo das schroffe Gebirge steil ins Wasser abfällt und bei Schanhaikwan nur einen leicht zu sperrenden Durchlaß frei läßt, bis zu dem Paß im Nankauschan, wo wir stehen, auch Pataling genannt. Nach Westen setzt er sich fort bis zum Knie des gelben Flusses, des Hoang-Ho, führt dann bis nach Jü-mönn in der Provinz Kansu. An den gefährdetsten Stellen ist die Mauer auf weite Strecken doppelt gezogen. So bei unserem wichtigen Paß, da in einer Entfernung von 135 Kilometer bei dem von mir bereits oft genannten Orte Kalgan noch einmal sich in ganz ähnlicher Großartigkeit die Mauer wiederholt. Dabei wollen wir ganz schweigen von den örtlichen Verstärkungen derselben. So hatten wir bei der Bahnfahrt wiederholt sperrende Vorwerke passiert. Auch auf der Paßhöhe Pataling selbst verzweigte sich die Mauer, einen Hof von etwa 500 Metern zwischen sich lassend, so daß man zwei Tore zu passieren hatte, die beide durch Türme gesichert waren.

Wie durch die Trajanswälle im Westen der innerasiatischen Steppen, in Bessarabien und der Dobrudscha, so ist hier im Osten, nur viel machtvoller, das Kulturland der seßhaften Bevölkerung gegen die Nomaden durch die Mauer geschützt. In der Steppe und Halbwüste leben die Hirtenstämme mit ihren Herden. Ihr Reichtum und Wohlstand hängt völlig vom Gedeihen der Herden ab. Nur wenn ausreichend Wasser vorhanden ist, grünt die Flur, ist die Weide reich und damit Wohlleben und Üppigkeit gegeben. Fehlt der Regen und damit das Wasser, so durstet und hungert die Herde, es tritt ein großes Sterben ein und Not und Elend herrscht auch unter den Stämmen. Nun kann aber leider in Zentralasien mit seinem kontinentalen Klima nicht immer mit ausreichenden Niederschlägen gerechnet werden. Vielmehr ist die Unsicherheit, ob Regen fällt oder nicht, um so größer, je größer ein Kontinent ist. Durch die Natur der Dinge sind in Steppen und Wüsten magere und fette Jahre in unberechenbarem Wechsel gegeben. Der Beruf eines Hirten machte aber die Reitervölker zu mutigen, ja verwegenen Menschen. Bevor sie darben und hungern mußten, setzten sie sich in Bewegung und fielen in die reichen, lockenden Kulturgebiete der seßhaften Ackerbauern ein. Besonders, wenn eine rücksichtslose, oft grausame Führernatur sich an die Spitze der Reitermassen stellte, die sich eben so schnell zusammenschlossen wie sie bald darauf wieder zerfielen, dann drangen sie raubend und mordend in die randlichen Fruchtebenen ein, einen lähmenden Schrecken um sich verbreitend.

Gegen diese in gewissen Abständen stets wiederkehrende Gefahr mußte die reiche, wohlangebaute chinesische Tiefebene geschützt werden. In genialer, großzügiger Weise ist dies durch den Bau der Riesenmauer gelungen, welche die Reitervölker in der Steppe zurückhielt und China eine Entwicklung in Ruhe und Wohlstand gewährleistete. Oft wandte sich sogar der innerasiatische Völkersturm gegen Europa, das seine schwersten Schicksalsstunden durchlebte, wenn sich die östlichen Horden aus Asien in Bewegung setzten und das Herz des Erdteils bedrohten. So wirkte der Bau der Mauer, an der wir im fernen Osten stehen, sogar auf die Geschichte der Heimat ein. Nur selten gelang es ganz großen Heerführern, wie Tschingis-Khan, den Grenzwall zu bezwingen. Dann lag die chinesische Ebene ungeschützt und frei dem Zugriff ausgeliefert.

Solche und ähnliche Gedanken müssen jedem beim staunenden Anblick dieses Wunderwerkes mittelalterlicher Technik kommen.

Durch das eine der beiden Tore betrat ich den großen Hof innerhalb der umgrenzenden Mauer auf der Paßhöhe. Wo sich hier der Verkehr drängt, wo die Karawanen aus Innerasien und China sich begegnen und nach dem Anstieg rasten, bevor sie weiter ziehen, ist für chinesische Bettler die beste Gelegenheit, Almosen zu erflehen und einige Münzen zu sammeln. Dazu müssen sie das Mitleid der Geber erregen. Nun kann man dem Ostasiaten alle erdenklichen Eigenschaften nachrühmen, daß er aber eine mitleidige Seele habe, wird wohl kaum jemand zu behaupten wagen. Die Bettler müssen zu möglichst drastischen Mitteln greifen, um überhaupt beachtet zu werden. Verdreckt, in widerliche Lumpen gehüllt, einen ekelhaften Gestank verbreitend, meist blutige oder eiternde Wunden, auch halb abgefaulte Gliedmaßen einem entgegenstreckend, so umdrängen sie die Reisenden. Oft kommt zum eigenen Gewimmer noch das Gekratze auf einer einseitigen, mißgestimmten Geige. Wenn sich der seltene Glücksfall ereignet, daß ein mitleidsvoller Europäer sich ihren Fangarmen nähert, so stürzen sie sich auf das unglückliche Opfer und umdrängen es schreiend. Ich war auf meiner Reise durch China durch Schaden klug geworden und hatte mit meinem Dragoman ausgemacht, daß er alle Trinkgelder, Eintrittskarten, Almosen usw. für mich zu bezahlen hätte und ihm eine nicht zu geringe Pauschale dafür angesetzt. Es hat sich dies Verfahren glänzend gelohnt. Mit einer Flut von sicher nicht sehr zarten Schimpfworten, bei denen die Großmütter der Bettler eine gebührende Rolle spielten, vertrieb er den üblen Haufen. Die chinesische Sprache benutzt drei verschiedene Tonhöhen. Beim Schimpfen werden die hohen Töne noch höher, die tiefen noch tiefer gebildet, so daß fast eine Melodie entsteht.

Zwischen den Toren konnte die Mauer erstiegen werden. Auf ihrer Höhe kam einem die große Breite erst recht zum Bewußtsein. Die

Krone ist so breit, daß sich zwei Wagen hätten begegnen können, wenn die Steigung es nicht verboten hätte. Wo das Bauwerk zu steil an den Bergflanken empor strebte, waren Stufen in die Straße auf ihrer Höhe eingelassen. Ich erstieg einen der höchsten Wachttürme und hatte jetzt einen weiten Blick in das nach Kalgan und zur Gobi führende Tal.

Welch ein Gegensatz zwischen dem Blick diesseits und jenseits der Mauer! Das wilde Felsengebirge mit seinen scharf eingerissenen Talfurchen diesseits habe ich geschildert. Jenseits aber beginnt die Weiträumigkeit, die erhabene Öde und Leere der Steppe. Als eine flache Mulde zieht das Tal weiter gen Kalgan, weiträumig mit sanft geschwungenen Bergflanken und breiter Talsohle, auf der der Karawanenweg ohne Mühe wie ein verwildernder Strom, der kein festes Bett finden kann, hin und her pendelt. Von den Bergen ziehen überall ausgedehnte Schuttkegel in die Talmulde hinunter, wodurch die Flanken abgerundet werden. Schon hier am Rande des asiatischen Kontinents beginnt das, was uns der große Geograph von Richthofen lehrte, was ich im Hörsaal gelernt und selbst lehrend weiter gegeben hatte, ohne es gesehen zu haben, das „Ertrinken der Gebirge im eigenen Schutt".

Wie leer und schal ist angelerntes Buchwissen! Wie reich und lebendig das eigene Sehen und Erleben einer Landschaft! Was in der Studierstube schwer vorstellbar, kompliziert, manchmal sogar unnatürlich erscheint, löst sich beim Anblick der Bergwelt selbst mit Leichtigkeit auf, wird übersichtlich und klar, so daß es einem wie Schuppen von den Augen fällt. So ist es mir oft mit scheinbar schwierigen geologischen oder morphologischen Fragen gegangen, darum ist, wie Penck sich ausdrückt, die Beobachtung die Grundlage der geographischen Wissenschaft. Nebenbei gesagt ist es auch erheblich schöner, draußen in Gottes freier Natur Herz und Lunge zu erquicken, als in der Studierstube Bücherstaub zu schlucken. So auch hier.

Ich sah einfach und brauchte gar nicht zu überlegen, wie bei dem eisigen Winterklima die oberste Haut aller Berge im Froste zerfällt, sich in Schutt verwandelt. Es reicht der Sommermonsun nicht, oder nur selten, mit seinen Regenfluten über den Gebirgskamm hinüber, es kann also das Wasser, das ja in der Steppe fehlt, den zerfallenen Fels nicht weiter auflösen oder fortschaffen, er muß also liegen bleiben und sich anhäufen. Kleine Wirkungen summieren sich im

Laufe der Zeit. Es rechnet aber die Wissenschaft nicht nach Jahren, sondern nach Jahrmillionen. Dazu kommt der Staub, den der Wüstensturm aus der Gobi in alle Vertiefungen geblasen hat. Wie eine Stube verstaubt und verdreckt, wenn die Hausfrau nicht für Reinlichkeit sorgt, und das schon in unserem Klima, so versinken hier Berge und Täler in ihrem eigenen Schutt, so daß schließlich nur noch die höchsten Gipfel herausschauen. Zwar ist es hier noch nicht ganz so weit, stehen wir doch erst am Rande von Innerasien. Aber alle typischen Erscheinungen sind bereits zu beobachten. Schmutz und Dreck ist malerisch, ein Schuttgebirge nicht minder. Hell leuchten die oben spitzen, unten breiten Schuttkegel, die, soweit das Auge reicht, die Flanken der Talung begleiten. Dazwischen schauen stets die düsteren Bergrippen und felsigen Gipfel hervor.

Ich bin mehrere Stunden auf der Mauer auf und ab geklettert, habe oben mein mitgenommenes „Tiffin" verspeist, an dem mein Führer gerne teilnahm, bin dann, nach dem Besuch eines ärmlichen Dorfes an der Paßhöhe, zur Eisenbahn gegangen, um mit der Zahnradbahn langsam und genußreich durch die Felsenlandschaft wieder nach Nankau bergab zu fahren. In dem kleinen, schmutzigen, aus Löß gebauten und von einer Mauer aus Löß umgebenen Ort fand ich im Gasthaus gutes Quartier. Nur störte eine aufdringliche französische Gesellschaft, die selbst hier nicht auf größere Mengen von eigenem, mitgebrachten Champagner verzichten konnte, die Nachtruhe.

Da ich bei Dunkelheit eingetroffen war, sah ich erst am kommenden Morgen, daß ich in einem völlig chinesischen Hause untergebracht war, was bei der europäischen Betriebsführung abends nicht aufgefallen war. Es bestehen diese Häuser aus einer Reihe von einzelnen Gebäuden, die gemeinsam von einer Mauer umschlossen sind. Man versteht die Bauweise nur, wenn man den symbolischen Charakter berücksichtigt, den die Chinesen vielen ihrer Handlungen und Lebensäußerungen aufprägen. Man faßt es unter dem Begriff „Geomantie" zusammen. Nicht alle Erdstellen sind gleich glückbringend. Der Süden ist die Eingangspforte des Heils und Glücks. Von Norden bedrohen die Geister des Unheils Leben und Geschick der Bewohner. Der Osten und Westen sind mehr neutrale Himmelsrichtungen. Nachdem man durch Priester den günstigsten Bauplatz durch Opfer hat feststellen lassen, baut man den einladenden Toreingang nach Süden, um das Glück und die guten Geister zu sich zu bitten, während man die bösen durch zwei Höllenhunde aus Stein oder Bronze am Torweg schreckt. Kein Fenster, keine Tür weder in den Häusern noch in der Mauer führt nach Norden, keine Öffnung gestattet den bösen Geistern ein hinterlistiges Einschlüpfen in den Frieden des Hauses. In der Mitte des Hofes liegt das Empfangshaus mit großer Halle, rechts und links Schlafräume, Küche und Wirtschaftsräume, alle nur durch das Freie zu erreichen und durch die Mauer zusammengefaßt. Bei dem guten Wetter des Winters ist das zwar kalt, doch praktisch bei Feuer und läßt den üblen Gerüchen nicht Einlaß zum Eßraum. Im regenreichen Sommer aber müssen viele Mißstände mit der Bauweise verbunden sein.

Auf dem Hofe waren für meinen Ausflug nach den Minggräbern eine ganze Anzahl von Menschen und Tieren angetreten, deren Zweck ich erst gar nicht verstand. Da ich aber mit dem Reisebüro einen festen Preis ausgemacht hatte, konnte es mir ja einerlei sein, wer alles an dem Unternehmen verdienen wollte. Da stand zuerst ein wohlgezäumtes Pferd für mich. Ich hatte zwar noch niemals einen längeren Ritt gemacht, aber ich traute mir schon zu, keine allzu klägliche Rolle zu spielen. Mein Dolmetscher hatte aber am gestrigen Tage meine Kamera tragen müssen, was außer dem Proviant augenscheinlich zu viel Arbeit gewesen war. Er hatte sich auch beritten gemacht, nur war sein Gaul schon struppiger. Er hatte sich aber als Träger einen Kuli genommen, der sich auf einen Esel setzte. Aber auch dieser war zu vornehm, den Beutel mit Proviant selbst zu tragen. Darum mußte noch ein Junge mit, der allerdings zu Fuß laufen mußte. Dieser Bengel hatte noch einen Freund, der sich auch dem Unternehmen anschloß. Ich bin sicher, daß er zum Schluß auch sein Trinkgeld bekommen hat, denn das ist Sitte in China: wer auch nur zusieht bei irgend einem Geschäft, der wird, wenn auch noch so gering, dafür belohnt. Weil ich die Minggräber besichtigen wollte, setzten sich also 22 Beine in Bewegung.

In der sonnigen Morgenfrische ging es nun nach Osten, der Sonne entgegen. Rechts dehnten sich die letzten Ausläufer der großen chinesischen Ebene, über die ich ritt. Links stürzten die Abhänge der wilden Randgebirge in die Tiefe und versanken unter die Ebene. Diese ist, aus dem gelben fruchtbaren Löß aufgebaut, eine reiche Ackerbaulandschaft, die jetzt im Herbst abgeerntet war. Einzelne Bauern brachten noch die letzten Süßkartoffeln ein, die Bataten. Zumeist waren sie schon geerntet, waren in Streifen zerschnitten und trockneten an der Luft. Die Strohdächer aller Lehmhütten, in denen die Bauern wohnen, waren mit den weißen Schnitzeln der Bataten bedeckt.

Ein kleines Dorf wurde passiert. Nackte Kinder und Schweine wälzten sich im Dreck und fühlten sich sauwohl dabei. Frauen drehten und schoben eine schwere Steinwalze über einen kniehohen Mahlstein, um Getreide zu mahlen. Auf einer Bank, die aus Latten bestand, liefen Männer längs der Hauswand hin und her und droschen auf diese Art die Getreideähren. Die Körner fielen unter die Bank, wurden von dort mit großen Schaufeln fort in den Wind geworfen, um die Spreu von den Körnern zu trennen. Es herrschte ein regeres Leben, als wir es bei uns in Dörfern zu sehen gewohnt sind. Der große Menschenreichtum Chinas tritt einem nicht nur in den wimmelnden und kribbelnden Städten, sondern auch in allen Dörfern entgegen.

Die Ebene war einförmig. In die Staubablagerung des Löß hat sich im Laufe der Zeit der Regen in einzelnen Rinnsalen eingeschnitten. Ein weit verzweigtes Netz von kleinen Schluchten und Adern ist bald einen halben Meter, bald einen ganzen und mehr in den Ackerboden eingetieft. Die Wege und Straßen suchen diese Adern auf, um den fruchtbaren Acker zu schonen. Von der Höhe des Pferderückens blickt man über die Felder hinweg. Die beiden Jungen bewegten sich immer nur zwischen den gelben Lößwänden, ohne über den Rand hinweg sehen zu können. Manchmal waren Tier und Mensch nur halb vom Erdboden verdeckt, halb ragten sie heraus. So sah man in der Ferne sich einen Eselskopf und etwas davon entfernt einen halben Menschen durch das Gelände bewegen, ein überaus lächerlicher Anblick!

Die konservativen Bauern hielten damals noch fest an der Sitte des Zopfes. Die älteren Frauen hatten noch die „goldne Lilie", also jene ganz schlimme Unsitte, die Füße von Jugend an fest einzuschnüren, damit sie verkrüppeln und winzig klein bleiben. Die Eitelkeit forderte damals einen hohen Tribut vom schönen Geschlecht. Die Frauen konnten nicht gehen, sondern nur humpeln. Trotzdem mußte die Arbeit auf den Feldern gemacht werden. Der Weg zum Acker aber ist weit. Die Familie zieht darum so zum Felde: Voran geht der Mann, bekleidet mit dem blauen Rocke, auf dem Kopf den weit ausladenden, in einer Spitze auslaufenden Hut aus Reisstroh, über der Schulter die Tragstange mit Geräten an beiden Seiten. Er leitet seinen Esel, der auf der Hinterhand an jeder Seite einen Tragkorb hat. Der eine ist für die Ernte und Gerätschaften bestimmt, im anderen aber thront die Frau, die derart vom und zum Acker gebracht wird. Mit unendlicher Mühe wird draußen der winzige Besitzteil bestellt. Es ist schon mehr Garten- als Ackerbau.

Nach zwei Stunden Ritt näherte ich mich den Minggräbern.

Die Kaiser der Ming-Dynastie sind wohl die machtvollsten Herrscher auf dem Drachenthron gewesen. Sie regierten als einheimisches Geschlecht von 1368 bis 1644 gerecht und weise über das Reich der Mitte. Sie brachten dem Lande Wohlstand und Ansehen. Als Söhne des Himmels genossen sie göttliche Verehrung. Sie traten sogar mit dem Abendland in Verbindung, dessen Wissenschaft bei ihnen, besonders durch die Jesuiten gepflegt, in hohem Ansehen stand. Der letzte Ming-Kaiser soll sogar geneigt gewesen sein, die christliche Glaubenslehre anzunehmen. Er starb durch Selbstmord. Die Kaiser pflegten die Kunst. Die edelsten Schöpfungen der chinesischen Handwerksarbeiten, der Baukunst, der Dichtkunst, überhaupt jeglicher Kulturäußerung, stammen aus der Zeit ihrer Herrschaft. Noch heute spricht man von der Zeit ihrer Regierung als von dem goldenen Zeitalter.

Wie diese Herrscher im Leben für ihr Land sorgten, so wollten sie auch nach dem Tode noch alles Unheil von Chinas Fluren fern halten. Von Norden aber droht die Gefahr, von Norden können die Horden der Steppe, gegen die die chinesische Mauer schützen soll, in die Fruchtebene einfallen, von Norden bedrohen die unheimlichen Geister Leben und Glück der Bewohner. Darum ließen die Kaiser am äußersten Ende des chinesischen Lebensraumes, wo die nahrungspendende Tiefebene aufhört, an den Hängen des Gebirges, ihre Gräber errichten. Noch nach dem Tode, als erhabene Geister, wachen sie jetzt über Chinas Wohl und strahlen Glück und Segen nach Süden aus. Wahrlich, es ruht ein erhabener Gedanke in dieser Geomantie, in dieser Auswahl der letzten Ruhestätte.

Wenn ein kunstliebendes Herrscherhaus sich seine letzte Grabstätte erwählt hat, so pflegen die Kaiser selbst oder ihre Nachkommen in Erinnerung an den großen Vorfahren diesen Ort zu einer Weihestätte zu gestalten. Je machtvoller der Herrscher, desto imposanter sein Grabmal. Die ägyptischen Pharaonen errichteten ihre Pyramiden, wie ich ähnliche Bauwerke, nur nicht so großartig, kurze Zeit vorher seitlich der Schantungbahn gesehen hatte. Wie würden wohl die „gelben“ Kaiser der Ming-Dynastie sich zum Ruhme, den Nachfahren zur Mahnung und Erinnerung ihr Ehrendenkmal errichtet haben?

Ihre Zeit hat eine Kunst hervorgebracht, welche das Massige verabscheut, ohne in das Gegenteil zu verfallen und das allzu Zierliche zu bevorzugen. Dürfte man europäische Begriffe auf die ostasiatische Kunst anwenden, was ja eigentlich unmöglich ist, da ihre Entwicklung unter ganz anderen Gesetzen stand, so würde ich sagen, sie entspricht einer Zwischenstufe zwischen Renaissance und Barock, ohne ins Rokoko abzugleiten. Jeder Besucher Pekings kennt das erhabene Kunstwerk des Himmelstempels. Er ist von dem gleichen Kaiser Yung-lo (1403–1425) erbaut, dessen Grabmal den Mittelpunkt der Gräberanlage bildet. Unsere Erwartungen waren darum hochgespannt. Sie wurden nicht enttäuscht.

Das erste Bauwerk ist gleich das schönste der ganzen Anlage. Mitten in der weiten Fläche der Ackerbaulandschaft, also mitten aus dem Segen Chinas, für unser Gefühl, das sich von geomantischen Gedankengängen freihält, vielleicht etwas zu unvermittelt, erhebt sich ein aus edelstem Marmor gebautes schneeweißes Ehrentor. Ich glaube, so übersetzt man am besten das Wort „Pai-lou“. Solche Triumphbogen oder Torbögen werden in China, wie bei uns die Denkmäler, zu Ehren eines Verstorbenen errichtet. Große Philosophen, Dichter, Feldherrn ehrt man durch sie, selbst wenn eine Witwe ihrem verstorbenen Gatten bis zum Tode treu blieb, kann das schon ein Grund zur Errichtung eines Pai-lou sein. Zur Sühne für den ermordeten deutschen Gesandten von Ketteler mußte China in Peking an der Stelle der Tat einen Ehrenbogen bauen. Hier, wo es galt, ein ganzes Herrscherhaus zu ehren, war er besonders prächtig, man möchte lieber sagen, edel gestaltet. Gerade die völlige Harmonie der Formen ist es, was das Auge entzückt. Sechs Pfeiler, auf denen Löwen kauern, tragen sechs viereckige Säulen, von denen die inneren höher sind als die mittleren und diese als die äußeren. Das schwere Gebälk, das feine Skulpturen und Inschriften trägt, ist über jedem der fünf Durchgänge mit einem kleinen geschwungenen Dach versehen. Auch die Ziegel sind aus Marmor gebildet und schimmern weiß. Bei jedem der fünf Tordurchlässe schreitet man über große Marmorplatten, in denen der kaiserliche Drache eingemeißelt ist. Aber die Zutaten sind ja gar nicht das einzigartige Schöne am Ehrentor, sondern die edle Einfachheit und harmonische Ausgeglichenheit der Formen. Jede Einzelheit ordnet sich dem Ganzen unter, es ist eine Einheit, so vollendet, daß man glauben möchte, alle Ehrentore Chinas können nur nach diesem Vorbild gebaut sein.

Hat man das Ehrentor durchschritten, so führt eine breite mit Marmorplatten belegte Straße schnurgerade nach Norden. Der Löß, jener Staub der Gobi, war seit der Erbauung der Straße von Westen her über dieselbe geweht. Er ist aber das heilige Geschenk des Himmels, der die Fruchtbarkeit des Landes spendet, der die Ernährung der dichtgedrängt wohnenden Chinesen gewährleistet, dessen gelbe Farbe die Kaiser darum zu der ihrigen gemacht haben. Ihn zu entfernen, würde Unglück bedeuten und undankbar gegen den Himmel sein. Ebensowenig wie eine chinesische Hausfrau in ihren Stuben Staub wischen darf, wie in allen Tempeln die Schnitzereien verstauben, so durfte auch der Bauer nicht den Löß entfernen. Die Westhälfte der Gräberstraße ist bereits unter dem Ackerboden verschwunden, es pflügt und erntet der Bauer, wo der Zug mit dem toten Kaiser entlang zog. Der jetzige Weg liegt östlich verschoben und schlängelt sich neben der Prachtstraße.

Diese passiert eine Marmorbrücke. Zwei Torhäuser in etwa 500 Meter Entfernung voneinander sind zu durchschreiten. Dann beginnt eine ganz eigenartige Flankierung der Straße. Das Gefolge des Kaisers, das er im Himmel benötigt, ist in vier Repräsentanten jeweils in mächtigen Marmorbildwerken zur Darstellung gebracht. Alle haben etwa 80 Meter Abstand voneinander, und zwar kommen stets links und rechts zuerst je ein stehender, dann ein sitzender Vertreter der Gattung. Auf vier Löwen folgen vier Einhörner, vier Kamele, vier Fabeltiere, vier Pferde, dann marschiert das menschliche Gefolge auf, bestehend aus vier Militär-, vier Zivilmandarinen und vier Priestern. Diese hohen Bildwerke wirken nach unserem Geschmack etwas verlassen in der Weite der Landschaft. Nur von vorne gesehen, von der Straße aus, wo die Figuren perspektivisch zusammenrücken, ist der Eindruck ein geschlossener. In der Nähe von Nanking ist eine ganz ähnliche Gräberanlage, die ich zwei Monate später besuchte. Dort windet sich die Straße mit den Skulpturen aber einen Hügel hinan, wodurch die Gesamtwirkung noch mehr auseinanderfällt.

Hat man nun noch zwei weitere Torhäuser passiert, so steht man am Fuße der Berge. Die Straße steigt an. Über- und nebeneinander liegen jetzt die einzelnen Gräber, Tempeln ähnelnde Gebäude, die unter Zypressen und anderen Bäumen versteckt liegen. Jeder heilige Bezirk ist für sich mit einer Mauer umgeben. 30 Grabstätten, davon 13 von Kaisern, sind an den Hängen verstreut, so daß das Gebirge schier einem Walde gleicht, ein für China ganz ungewohnter Anblick.

Der schönste Grabtempel ist der des großen Kaisers Yung-lo. Er entspricht völlig den prächtigen Tempeln Pekings, wie etwa dem Konfuziustempel. Nur ist hier die Halle, zu der man auf weißen Marmorstufen zwischen Platten mit eingemeißelten kaiserlichen Drachen emporsteigt, noch größer und erhabener. Auf riesigen, runden, rotlackierten Holzsäulen ruht ein reich geschnitztes Gebälk unter einem geschwungenen Dache mit weithin leuchtenden gelbglasierten Ziegeln. Im Innern der Halle war nur ein Tisch mit der „Seelentafel" des Kaisers, einem schlichten Holzbrett, bemalt mit den Schriftzeichen des kaiserlichen Namens. Trotzdem atmete die ganze Umgebung eine solche Feierlichkeit aus, daß ich völlig unter dem Banne des Augenblicks stand und mich einsam in Verehrung vor dem großen Toten verneigte.

Dann ritt ich heimwärts.

Der Ausflug sollte aber nicht ohne ein kleines Satyrspiel zu Ende gehen. Ich war bis jetzt mit meinem Pferde stets einer Meinung gewesen. Die Harmonie zwischen uns beiden war ungetrübt. Als ich wieder auf der Ebene ritt, entzückte mich die klare geologische Struktur des Randgebirges im Norden. Alle Schichten biegen abwärts, bilden eine gewaltige "Flexur", wobei die härteren Schichten zu Schichtrippen herauspräpariert waren. Ich wollte dies Musterbeispiel photographieren, um es in der Heimat meinen Studenten vorführen zu können. Ich stieg also ab und bat meinen Führer, meinen Gaul zu halten.

Dieser aber muß den Zügel nicht festgehalten haben. Jedenfalls als ich mit der Aufnahme fertig war, hatte sich mein Roß selbständig gemacht und trabte lustig wiehernd davon. Nun, man weiß sich draußen zu helfen. Ich bat meinen Führer, abzusteigen und setzte mich auf seinen struppigen Gaul. Er warf den Kuli vom Esel herunter und bestieg selbst das Tier, dieser mußte zu Fuß gehen. So wäre alles sehr schön gewesen, wenn mich nicht der Ehrgeiz gepackt hätte. Ich wollte meinen Gaul wieder einfangen. Dieser pfefferte hinten und vorne heraus und ging im Galopp ab. Ich hinterher, zuerst freiwillig, bald aber als hilfloses Objekt in der Hand, nein, auf dem Rücken meiner Rosinante. Von Harmonie zwischen Reiter und Pferd konnte keine Rede mehr sein. Das wilde Tier, daß dem Menschen nach dem Leben trachtete, entdeckte eine Maulbeerpflanzung, deren unterste Zweige so tief waren, daß der Gaul gerade darunter durch rasen konnte. Ich war ständig in Gefahr, an die Zweige zu schlagen oder abgestreift zu werden. Ich lag ganz flach auf dem Rücken des Biestes in einer gänzlich unvorschriftsmäßigen Haltung. Nur oben bleiben, war mein einziger Gedanke!

Ich weiß nicht, ob der Fang gelungen wäre, wenn nicht mein lediges Pferd in eine Lößschlucht eingebogen wäre. Der andere Gaul und somit auch ich folgten seinen Spuren. Zu meinem Heile wurde gerade am Ende der langen Schlucht eine friedliche Herde Schafe nach Hause getrieben, auf die meine Kavalkade aufbrauste und sich festlief. Ich setzte mich wieder zurecht, fing meinen Gaul wieder ein und wartete. Bald traf auch der Führer mit dem Esel ein, die beiden Jungen folgten und endlich kam auch der Kuli. Ich bestieg wieder meinen Gaul, der Führer seinen, der Kuli den Esel, und friedlich ritten wir heim nach Nankau.

Abends war ich wieder in Peking, zwar etwas zerschlagen, aber voller Zufriedenheit wegen der Fülle der Eindrücke, welche die beiden letzten Tage geboten hatten.

Meine Vulkane

Der Bewernbäkenberg war der erste Berg, den ich im Leben erstiegen habe. Sein „rötlich strahlender Gipfel" überragt ganze sechs Meter die Flußmarsch der Hunte bei Oldenburg. Es ist eigentlich nur eine Sandgrube in der Geest. Und doch, welche Freude für uns Kinder, den Hang hinunter zu laufen. Es sollte Berge geben, die höher wären als unser Haus! Wir wollten es unserem Vater kaum glauben. Das erste Bergland, das erste Gebirge war darum, weil wir etwas Ähnliches überhaupt nicht kannten, ein ungeheures Erlebnis. Das Weserbergland und der Harz bei Harzburg sind meiner Erinnerung unauslöschlich eingeimpft. Der Wüstenbewohner liebt die Oase, der Städter das Land, der Gebirgler das Meer. Ich, als Sohn der tischgleichen Tiefebene, sehne mich oft nach dem Gebirge. Darum liebe ich meinen Beruf als Geograph so sehr, weil er sich stets mit den Bergen beschäftigen muß.

Von den Bergen der Erde sind ohne Zweifel die Vulkane die reizvollsten Objekte des Studiums. Keiner gleicht dem anderen, kein Berg verändert seine Gestalt so schnell wie der feuerspeiende. Während die übrige Bergwelt einer toten Masse gleicht, sind sie die lebenden Persönlichkeiten, die zwar eigenwillig und unberechenbar, aber immer Achtung erheischend die Menge überragen. So lange sie leben und tätig sind, fesselt ihr ungestümer Tatendrang. Doch selbst nachdem sie erstorben sind, ist die Auflösung und Vernichtung ihrer Ruine sehr abwechslungsreich und voll interessanter Probleme. Es ist ein Sterben in Schönheit. Oft erleben sie eine Wiedergeburt, wachsen zu immer machtvoller Größer und imponierender Majestät, oder aber ihr späteres Leben ist ein langsames Erlöschen der Lebenskraft. Vulkane sind eben unberechenbar.

Schön aber sind die Vulkane. In gleichmäßig geschwungener Kurve, nach oben stets steiler werdend, recken sie ihre Häupter empor. Das jedenfalls ist die Regelform ihrer Aufbautätigkeit. Wenn dann noch eine Rauchfahne dem Gipfel entquillt oder Eruptionen gewaltige schwarze Wolkenmassen in gewissen Abständen gen Himmel senden, kann ihr Anblick von überirdischer Schönheit werden. Sie können aber, wie wir sehen werden, auch völlig andere Formen ausgeprägt haben. Oft ragen sie in andere Klimazonen empor, unten ist tropische Pflanzenfülle, oben dürftiger Graswuchs, oder unten mittelmeerischer Blütenflor, oben dagegen Schnee und Eis. Der Blick wird stets zu ihnen hingezogen, allein schon, weil in jedem Augenblick eine Gefahr drohen kann. Bei aller Schönheit bleiben sie doch unheimlich, man kann in ihrer Nähe das Gruseln lernen.

Trotzdem sind Vulkanlandschaften vielfach die volksreichsten Gebiete der Erde. Die vulkanische Asche enthält alle mineralischen Bestandteile, welche die Pflanzen zu ihrem Gedeihen notwendig haben. Die Lava verwittert schnell und ist dann ebenso fruchtbar. Fruchtlandschaften locken die Menschen stets an, selbst hier, wo eine vulkanische Katastrophe in jedem Augenblick ihr Leben bedrohen kann. Reicher Boden, dichte Menschenanhäufung, Reichtum der Bewohner fördert die Kultur. Es ist darum kein Zufall, wenn blühende Mittelpunkte menschlicher Kultur in alten Zeiten wie in der Gegenwart gerade in Vulkanlandschaften liegen. Beispiele lassen sich leicht finden und werden uns bei unserer Wanderung zu einigen Vulkanen noch begegnen.

Unsere Reise soll diejenigen Feuerberge berühren, die ich selbst auf Wander- und Forschungsfahrten in der weiten Welt besuchte. Kleine Erlebnisse seien eingestreut, damit ich nicht in einen lehrhaften Ton verfalle, was uns Professoren nur zu leicht widerfährt.

Wir beginnen mit dem klassischen Vulkangebiet des Vesuvs und der übrigen Vulkane in der Umgebung Neapels.

Der Vesuv und die Phlegräischen Felder

In meinem elterlichen Hause hatte der begabte Dekorationsmaler des großherzoglichen Theaters, Mohrmann, auf eine Wandfläche Neapel mit dem Vesuv zur Darstellung gebracht. Das harmonische und farbenfrohe Bild war mir in allen Einzelheiten vertraut, wie es sich dem Reisenden entgegenstellt, der von See aus in den Golf von Neapel einfährt. „Neapolim videre et mori". Leider aber kommt fast immer eine Enttäuschung, wenn die Erwartung zu hoch gespannt ist.

Als ich mich das erstemal dem Lande meiner Sehnsucht von See aus näherte, war Dezember. Rauhe Winde wühlten das Mittelmeer auf, tiefhängende Wolken verdeckten Posilipo, Vesuv, Sorrent und Capri. Das Häusermeer, das den ganzen Ufersaum der Bucht von Neapel umkränzt, lag beim Regenwetter grau in grau. Nach genau zwei Jahren kehrte ich aus den sonnigen Tropen zurück, wieder war das gleiche regnerische Dezemberwetter. Die stürmische See wurde von einer schwarzen Torpedobootflottille durchfurcht, die dunkle Rauchmassen den grauen Regenböen beimischte. Beide Male war der Anblick Neapels wahrlich nicht dazu angetan, um sich sofort zum Sterben niederzulegen.

An einem herrlichen Frühlingstage fuhr ich aber von Genua kommend an Bord des Norddeutschen Lloyd-Dampfers „Lützow" bei spiegelglatter, schimmernder See zwischen der Insel Procida und dem helleuchtenden Kap Miseno hindurch, ließ Ischia mit dem hohen Vulkan Epomeo an Steuerbord liegen und bog in die Bucht von Neapel ein. Wir landeten nicht, fuhren aber dicht unter Land und konnten das ganze großartige Panorama in aller Ruhe genießen. Da lag die weißleuchtende Stadt, von trutzigen Kastellen überragt, am Gestade der Bucht und spiegelte sich in den Fluten. Links wird das Bild eingefaßt vom niedrigen Vulkangebiet der Phlegräischen Felder, deren Einzelberge wie Napfkuchen im Bäckerladen nebeneinander stehen, rechts dagegen vom Kalkgebiet von Sorrent, in dessen Bergland die Brandung ein steiles, helles Kliff geschlagen hat. Den Mittelpunkt des Gemäldes, das Auge immer wieder auf sich ziehend, bildet der in zartesten Pastellfarben leuchtende, weit hingegossene Vesuv, dessen Rauchfahne hoch gen Himmel stieg, den Berg wohl um das Doppelte überragend. Als dann das Schiff zwischen Sorrent und dem steilen Felsen des Tiberias um die Ecke bog, wir zum Abschied noch den Anblick der Faraglioni geschenkt bekamen, wo der Torbogen aus buntem Kalk von weißer Brandung bei tiefblauem Meer umspielt wird, da war das Auge so schönheitstrunken, daß Wunsch und Wille, in Ruhe zu diesem begnadeten Erdenraum zurückzukehren, sich fest bei mir einprägten. Schon im kommenden Jahr sollte für meine Frau und mich die Erfüllung kommen.

Wir hatten Rom besucht, hatten das vulkanische Albaner Gebirge mit den Kraterseen des Albano- und Nemisees angesehen und fuhren nun mit dem „Rappidissimo“ nach Neapel. An der Uferpromenade Santa Lucia, gerade dem klotzigen, dem Meer entsteigenden Kastell d'Ovo gegenüber, fanden wir in einem gepflegten Hotel ein schönes Zimmer. Auf unserem Balkon konnten wir in aller Ruhe beim Anblick der Stadt, des Meeres, Capris im Hintergrund und vor allem des wechselvollen Bildes des Vesuvs schwelgen. Bald war die

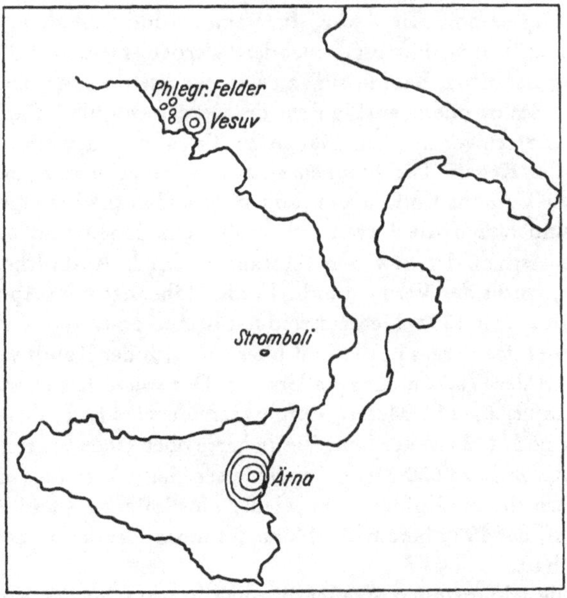

Vulkangebiete Süditaliens

Rauchwolke dicht und dunkel und lagerte schwer an dem Gipfel, bald stieg sie kerzengerade in die Höhe, abends war sie von unten glutrot durchleuchtet, morgens entschleierte sich der Vulkan zart aus dem Dunste des Meeres. Von allen unseren Ausflügen kehrten wir stets freudig zu diesem Ruhepunkte zurück, von dem aus wir uns lange Stunden in den Anblick vertieften.

Wie ein Halstuch schlingt sich die Somma um den Hauptgipfel, sie umgürtet aber etwas schief den Vulkankegel, der exzentrisch nach Süden verschoben dem Ringgebirge entsteigt. Die Somma ist der älteste Teil des Vesuvs. Im Altertum bestand der Berg nur aus diesem Ringwall, in dessen Innern sogar Menschen wohnten und ackerten. Man hielt den Vulkan für erloschen, bis am 23. und 24. August des Jahres 79 n. Chr. urplötzlich eine gewaltige Eruption den Kessel zerriß. Lava ergoß sich auf Herculanum, Asche häufte sich auf Pompeji, beide blühenden Städte vernichtend.

Seit jener Zeit baut sich im Innern der Somma der Kegel des Vesuvs selbständig empor. Die Asche, die Bomben und Schlacken, die aus der Krateröffnung hinausgeschleudert werden, fallen rund um die Öffnung zur Erde, häufen sich an und wachsen empor. Die Lava, die dem Schlot oder den Flanken des Berges entquillt, fließt dickflüssig und schwer an dem Hange zu Tal und bildet erkaltet den Sockel des Kegels. Die Flanken eines aus Laven und Aschen aufgebauten Vulkans sind darum sanft nach außen geschwungen, weil unten und außen die Laven sich ausbreiten, innen und oben die leichten Aschen. In gewissen Abständen durch Ausbrüche unterbrochen, wuchs der Vesuv ständig in die Höhe, hatte im April 1906 eine Höhe von 1335 Meter erreicht, als eine gewaltige Explosion den Gipfel des Berges in die Luft blies. Als sich der Rauch verzogen hatte, sah der Vulkan ganz anders aus. Der spitze Kegel war oben abgestumpft, da 112 Meter Gipfelpyramide verschwunden waren. Der nur noch 1223 Meter hohe Vesuv hatte oben einen weiten Krater erhalten von etwa 650 Meter Durchmesser. Seit dieser Zeit baut sich im Innern dieses Gipfelkraters wieder ein Schlacken- und Aschenkegel auf, der 1929 bereits die Höhe der umrandenden Kraterwand erlangt hatte.

Durch die wimmelnden Straßen Neapels brachte uns das Auto über Torre del Greco nach Pompeji. Die Ausfallstraße nach Süden führt ununterbrochen an städtisch anmutenden Häusern vorbei. Man weiß nicht, wann der eine Ort aufhört und der andere beginnt. Auf zweiräderigen Eselskarren hockten ganze Familien. Maultiergespanne wurden schnell überholt. Denn für einen beobachtenden Geographen fuhr unser Chauffeur viel zu schnell, er ließ sich aber nicht bremsen. Straßenweise waren Holzgestelle aufgebaut, über denen lange, viele Meter lange, dünne weiße Fäden trockneten, von denen ein geiler Geruch ausging. Es waren Makkaroni.

Bei Torre Annunciata wurde das wirre Haufwerk eine Lavastroms passiert. Die schwarzen, wild zerrissenen Felsen hatten sich beim Ausbruch von 1906 den Hang glühend abwärts gewälzt, bedrohten den Ort, hatten aber gerade vor der Kapelle eines Friedhofs haltgemacht, was die Phantasie der Süditaliener, die so gerne an Wunder glauben wollen, noch immer lebhaft beschäftigte. Beim Lavastrom hatte sich ein kleiner, etwa 50 Meter hoher Aschenhügel um ein Ausbruchsloch gebildet, ein „parasitärer Krater", wie die Wissenschaft diese Gebilde nennt.

Von Pompeji aus stellt sich der Vesuv etwas verändert vor. Der hohe Kegel des Berges hat, etwas nach Süden verschoben, mit seinen Laven und Aschen den Rand der Somma unterjocht. Wenn Ausbrüche aus dem Gipfelkrater erfolgen und der Glutstrom mit schweren Gasen und Aschen vermischt den Hang hinunterrollt, wird er nicht, wie sonst, vom Tale zwischen Somma und Zentralkegel, dem Atrio del Cavallo, aufgefangen, wo er sich zu stauen pflegt, sondern wälzt sich ungehindert bis zum Fuß des Berges hinab. Hier dehnen sich die blühenden Kulturen aus, die also gerade im Süden des Vesuvs unter den Ausbrüchen am meisten leiden. Hier liegen auch die verschütteten Römerstädte.

Der Nordwind trieb die Rauchwolke des Gipfels finster und drohend gerade auf Pompeji zu, es roch sogar nach schwefligen Gasen. Wir konnten uns in die Stimmung versetzt fühlen, die am Tage des Unterganges in der reichen Provinzstadt geherrscht haben muß, als wir das Ruinenfeld betraten. Damals wurde der Ort begraben unter einer mächtigen Schicht von Aschen, denen viele kleine, erbsen- bis nußgroße Bimssteine, sogenannte Lapilli, beigemischt waren. Luftdicht umhüllte diese Masse in kürzester Zeit Häuser, Gebrauchsgegenstände, Kunstwerke, ja, Menschen und Tiere, die bis auf unsere Tage konserviert wurden und uns jetzt ein getreues Bild des Lebens in einer römischen Provinzstadt gewähren. Ich will aber in diesen Zeilen nicht noch einmal eine Schilderung der oft beschriebenen römischen Kultur geben, wenn ich auch als alter humanistischer Gymnasiast mit wachen Sinnen ihre Äußerungen auf mich wirken ließ.

Ich wende mich vielmehr sogleich unserer Fahrt auf den Gipfel des Vesuvs zu. Die Eisenbahn, die zuerst am Hange der Somma als normale Bahn ausgeführt ist, später am steilen Zentralkegel als Zahnradbahn, ist ein Privatunternehmen einer englischen Reisegesellschaft und entsprechend teuer. Wohl wird der Haltepunkt am Gipfel des öfteren zerstört, man gewinnt aber den Eindruck, als ob diese Unglücksfälle sehr vorsichtig in den Preis einkalkuliert wären. Hat die Bahn das Häusermeer verlassen, steigt sie zuerst durch wohlangebaute Gärten empor. Pfirsich- und Mandelbäume standen in

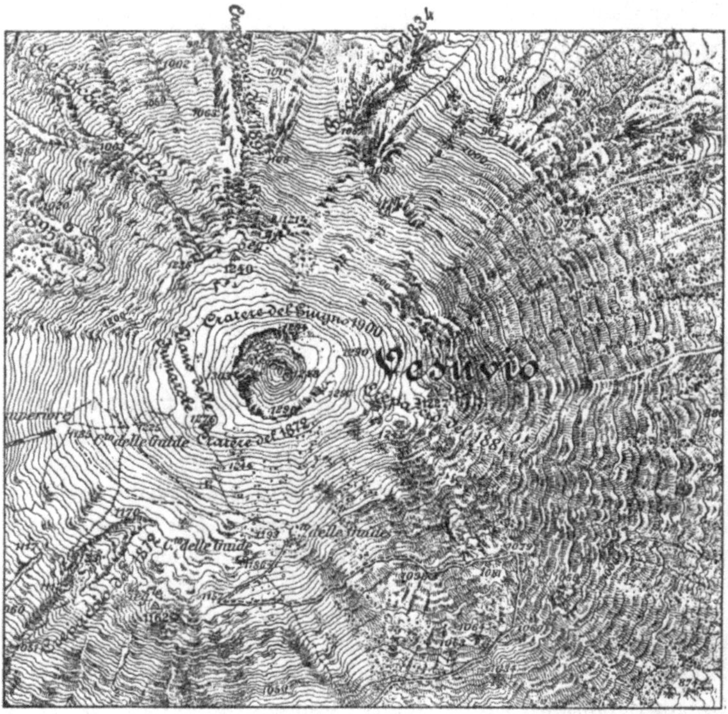

Vesuv-Kegel

voller Blüte und breiteten über die düstere Lava des Untergrundes einen heiteren rosa Teppich, unter dem das frische Grün der Frühkulturen nur spärlich hervorschaute. Je höher wir kamen, desto mehr hörte der Gartenbau auf. Ödeste Stein- und Felslandschaft trat an die Stelle freundlicher Gefilde. Dafür lohnte aber der Blick auf die sonnige Bucht von Neapel mit ihrem gesegneten Ufersaum. Höher und höher rückte der Meereshorizont im Westen. Von der bergigen Insel Ischia über das kleine Procida, Kap Miseno, Posilippo, schlingt sich das Halbrund des Golfes bis nach Sorrent und Capri, dessen malerischer Aufbau oft mit einem ruhenden Löwen verglichen wird. Hellste Sonnenlichter blitzten vom Wellenspiel des Meeres hinauf, auch das Land, dem ja der düstere Wald fehlt, ist heiter und in der Ferne in scheinbar durchsichtige Farben gehüllt.

An der Zwischenstation verlassen wir die Bahn. Schwarze Lava umgibt uns mit rostbraunen und roten Tönen an der Oberfläche. Diese hat eine ganz eigenartige Struktur, man kann noch leicht erkennen, wie sie im feurig-flüssigen Zustand geflossen ist. Sehr schnell erkaltet die Außenhaut an der Luft, wird zum festen Stein, während das Innere noch flüssig ist und talwärts weiterfließt. Wie Gekröse, wie Fladen, wie gedrehte Stricke oder gestrickte Strümpfe können die einzelnen Wülste der Oberfläche aussehen, da ein schnell vergängliches Augenblicksbild zu Stein erstarrt ist. Manche kleinere und größere Höhle ist im Innern, weil entweder die Lava unter der erkalteten Schale weiterfloß oder viel Gas enthielt, das inzwischen entwichen ist, den Hohlraum zurücklassend. Knallgelbe Schwefelkrystalle leuchten aus dem Innern der Höhle. Kam die Lava tief aus des Berges Schoße, so war sie sehr heiß, über 1100 Grad, war sehr flüssig, floß schnell, enthielt wenig Gas und erkaltete zu einem kompakten Stein. Kam sie dagegen aus einem Herd nahe der Oberfläche des Berges, so war sie nur etwa 1000 Grad heiß, floß langsam, enthielt aber reichlich Einschlüsse von Gas. Das ganze Gestein kann von Gas völlig durchdrungen sein, erstarrt ist es dann porös, wird Bimsstein genannt und kann sogar schwimmen.

Auf guter Straße am Hange entlang gingen wir zuerst zum Vulkan-Observatorium. Es war an einem Punkte erbaut, von dem aus man am Rande der Somma den Gipfel des Vesuvs in seiner Tätigkeit gut beobachten konnte. Aber der Vulkan spottete jeder Vorausberechnung. Eine dickflüssige Lavamasse drang von unten empor, hob die Oberfläche und bildete einen neuen Hügel, eine „Staukuppe", den Colle Umberto, und zwar ausgerechnet im Blickfeld des Observatoriums, von dem darum heute der Gipfel nicht mehr sichtbar ist. Am Fuße dieses Hügels war die Lava in wirrem Gekröse ausgebrochen und den Hang abwärts gekrochen.

Die Zahnradbahn brachte uns dann auf den Gipfel. Eine Horde von sogenannten Führern riß sich um uns und tat, als ob jeder Schritt mit Lebensgefahr verbunden wäre. Dabei konnte man ziemlich gefahrlos außen am Rande des Kraters von 1906 entlang gehen und durch eine Lücke in sein Inneres schauen.

Welch ein Erlebnis, unmittelbar vor dem in voller Tätigkeit arbeitenden Vulkan zu stehen!

Unterirdischer Donner ließ alle drei bis vier Minuten den ganzen Berg erzittern. Ihm folgte jedesmal der Ausbruch einer dichten Rauchwolke, die wirbelnd und aufquellend hoch in die Lüfte stieg. Der Wind trieb sie von uns fort, so daß die Aschen seitlich niederfielen, ohne uns die Aussicht zu nehmen. Senkrecht fiel vor uns der Kraterrand etwa 200 Meter in die Tiefe, die ziemlich eben das Kreisrund von 650 Meter Durchmesser erfüllte. Ein wüsteres Inferno kann man sich kaum denken! Lavawülste über Lavastricke gekrochen, zerspratzte Lava, vulkanische Bomben, wirre Fetzen, Aschen, Blockwerk, dazwischen Rauchsäulen und Wasserdampf; alles bildete ein wildes Durcheinander. Die braunen und roten Farben herrschten neben den düsteren vor, wenn auch leuchtendes Gelb sich beimischte. Aus der Mitte dieses wüsten Feldes hatte sich der neue Schlacken- und Aschenkegel des jetzt tätigen Kraters aufgebaut. Wir erlebten vor unseren Augen, wie dieses Emporwachsen, das schon bis zur Höhe des alten Kraterrandes gediehen war, vor sich geht.

Aus der Rauchwolke, die bei jedem Ausbruch besonders dunkel hochwirbelte, rieselten unaufhörlich die Aschen zu Boden, dicht beim Ausbruchsloch, locker in weiter Entfernung. Somit häufen sie sich gerade am Kraterrand am stärksten an, er wächst am schnellsten empor. Glühende, flüssige Lavatropfen erstarrten in der kalten Luft in Tropfenform und fielen als Bomben zu Boden. Glutrote Fetzen geschmolzenen Erdreichs bis zur Größe einer Saalwand wirbelten empor, wurden dunkel und klatschten auf den Aschenkegel, stauchten ihn und gaben ihm erkaltet das feste Rückgrat. Bei jedem Glutausbruch schlug die Hitze zu uns herüber.

Vor uns spielte sich diese schauerliche Geburtsstunde eines Kraters ab, jenseits blickte man auf das sonnenbeschienene Ringgebirge der Somma, hinter uns lag das weite, glitzernde Meer.

Auf dem Gipfel des Vesuvs hatten wir einen feuerspeienden Berg in voller Tätigkeit erlebt. Zwar entstieg ihm kein Feuer im einfachen Sinne, sondern glühendes und feurig-flüssiges Gestein, sogenanntes Magma, der Anblick der Feueresse des Vulkans mitten bei der Arbeit war so schaurig-schön und großartig, daß der Eindruck sich unauslöschlich einprägte.

An einem der nächsten Tage wollten wir einen Krater besuchen, der wohl noch tätig ist, aber bereits so altersschwach und wenig lebensfähig, daß er fast erstorben zu nennen ist. Es ist dies die Solfatara in den Phlegräischen Feldern im Norden von Neapel.

Durch den großen Straßentunnel, welcher den Posilippo durchschneidet, fuhr uns ein italienischer Kutscher nach Pozzuoli. Mit übergeschlagenen Beinen thronte er auf seinem Bock, trillerte ein Liedchen, das er nur unterbrach, wenn er uns eine Sehenswürdigkeit erläuterte, auf die er mit seiner Peitsche wies. Er war mit Gott und der Welt zufrieden, hatte Verdienst, hoffte auf ein Trinkgeld, und die Sonne schien auf ihn und sein Pferdchen. In Pozzuoli sahen wir die drei Säulen des römischen Serapis-Tempels aus dem Grundwasser unweit des Meeresstrandes emporragen. Sie spielen in der geologischen Literatur eine gewisse Rolle, weil an ihnen ein langsames Auf- und Absteigen des Meeresspiegels seit ihrer Erbauung bewiesen werden kann. Unweit davon geht es an einer Trattoria vorbei in den Krater der Solfatara.

Das war allerdings ein viel friedlicheres Bild als am Krater des Vesuvs! Die Hänge, welche zum kreisrunden Kraterinnern absanken, waren bereits mit Grün überzogen. Der Boden wurde von einer weißen, sehr kalkreichen Schicht gebildet, die hohl klang, wenn man auf ihr ging. In ihr waren 3 bis 4 Löcher von etwa 5 Meter Durchmesser, die eigentlichen Ausbruchsöffnungen. Man konnte bis hart an den Rand treten, ohne gefährdet zu sein. Sie waren erfüllt von einem grauweißen Schlamm, der hin und her zog, bisweilen von unten aufkochte, sich aber im allgemeinen recht ruhig benahm. Die Solfatara ist bereits eine so altersschwache Dame, daß man ihr mit Pülverchen die Lebensgeister etwas auffrischen muß. Wenn man Seife in den brodelnden Schlamm schüttet, kocht er heftig auf und schickt eine hohe, weiße Dampfsäule empor. Für ein Trinkgeld kann man sich hier einen Vulkanausbruch leisten!

In dem gleichen Kraterrund liegt am Rande die Hundsgrotte, eine kleine Höhle, die in der unteren Hälfte mit schweren Kohlensäuregasen erfüllt ist, so daß ein Hund ersticken müßte, würde man ihn hineintreiben. Weit interessanter war eine Stelle, auch am Kraterrande gelegen, in der Sand und Asche durch heiße ausströmende Gase gleichsam aufwallten, als ob sie kochten. Vom Vulkan frisch gekochte Eier boten hier die geschäftstüchtigen Italiener feil. Es ist nicht jedermanns Sache, einen alternden Vulkan zum Jahrmarkstrubel erniedrigt zu sehen.

Wir erstiegen darum den Rand des Kraters und warfen noch einen Blick auf die Ansammlung der verschiedenen Vulkanformen, die rund um uns herum lagen. Diese Einzelberge werden unter dem Namen „die Phlegräischen Felder“ zusammengefaßt. Sie sind teilweise ineinander geschachtelt, da ein Krater beim Ausbruch den anderen halbieren konnte. Die meisten sind längere Zeit erstorben. An ihren Leichen arbeitete die Zerstörung, der Regen spülte alle Weichteile fort, kahle Rippen der festeren Lava blieben allein stehen. Wirklich, mit Napfkuchen kann man sie vergleichen, die eine Höhe von 458 Meter erreichen. Aber traue keiner einem Vulkan! Am 28. September 1538 entstieg plötzlich mitten zwischen ihnen einer Öffnung ein Aschenregen, fiel zu Boden, türmte sich auf und hat in neun Tagen einen Berg von 139 Meter Höhe geformt. Seitdem ist er erloschen. Rund, prall und jugendfrisch steht dieser Enkel inmitten der älteren Familie. Ihm galt unser besonderes Interesse, er heißt Monte Nuovo.

Stromboli, Vulcano und Ätna

Mehrere Male bin ich an der Vulkaninsel Stromboli vorbeigekommen. Sie liegt auf halbem Wege zwischen der Straße von Messina und dem Hafen von Neapel, welche beiden Punkte die Schiffe möglichst bei Tage berühren. Es gelingt darum den wenigsten Reisenden, die Insel bei Tage zu passieren. Auch ich habe die dunkle Silhouette des bis 820 Meter gleichförmig aus der See aufsteigenden Vulkans sich nur gegen den Nachthimmel abheben sehen. Es wäre dies kaum erwähnenswert, wenn nicht die Tätigkeit des Feuerberges so gleichmäßig wäre. Seit langer Zeit schickt der Vulkan stets im gleichen Abstand von wenigen Minuten eine Feuergarbe zum Himmel. Ein wundervoller Anblick, diesen Riesenleuchtturm mit dem schön geschwungenen dunklen Sockel und dem Gipfelfeuer sich vom Sternenhimmel abheben zu sehen, während das Spiegelbild des Feuers auf der Meeresoberfläche zitternde Lichter wirft.

Stromboli, Vulcano und Ätna liegen auf einer Reihe aufmarschiert. Sie krönen eine Spalte der Erdoberfläche, wie Vulkane sich überhaupt gerne aufreihen. Die ersten beiden gehören zu den Liparischen Inseln, der Ätna bildet fast den Eckpfeiler Siziliens. Der Apennin biegt an der Straße von Messina um, Querspalten durchsetzen ihn. Er ist ferner zum Tyrrhenischen Meer zur Hälfte abgesunken, wie die Geologie lehrt, so daß auch Längsspalten auftreten. Die meisten Vulkane Italiens, das in der geologischen Vergangenheit weit zahlreichere Ausbruchstellen hatte als heute, liegen auf der Innenseite, auf der abgebrochenen Seite des Gebirges. Der Ätna macht eine Ausnahme. Die Spalten und die feuerspeienden Berge hängen ursächlich zusammen.

Auch bei Vulcano müssen wir uns mit einem Blick aus der Ferne begnügen. Die Bahn führt uns in überaus genußreicher Fahrt von Palermo am Gestade des Meeres entlang nach Messina, wobei das sonnig glitzernde Wasser stets zur Linken herüberglänzte. Zuerst fielen uns am heiteren Himmel nahe dem Horizont einige Haufenwolken auf. Die Luft stieg an den gebirgigen Inseln aufwärts, der Wasserdampf kondensierte, und jede der Liparischen Inseln wiederholte sich als Wolkenberg am Firmament. Die durchsichtigen Farbtöne der Ferne hätten uns die Inseln verborgen, hätte die Meteorologie uns nicht unerwartet Hilfe geleistet. Vulcano stellte sich als vielgestaltiges Bergland vor, das vom Orte Milazzo aus trefflich zu sehen war. Dieses malerische Städtchen nimmt mit seinen hellen Häusern völlig eine Felseninsel vor der Küste ein und ist nur durch eine Nehrung mit Sizilien verbunden, ein gutes Beispiel einer leicht zu verteidigenden Stadt in „Akropolis"-Lage, wie viele mittelmeerische Orte im Altertum gegründet wurden. Alle diese geographischen Erkenntnisse ließen einen mit uns reisenden Opernsänger augenscheinlich absolut kalt. Er hatte nur Freude am Wohlklang des Namen „Milazzo", den er wohl hundertmal in allen Tonarten wiederholte „Milazzo, Milazzo", wobei er das L geradezu genießerisch rollte.

Die Straße von Messina entspricht, wie eben ausgeführt, einer Querspalte des Apennin. An ihr sind zwei Erdschollen auf und ab, hin und her bewegt worden, wodurch die Küste des Meeres ganz verschieden hoch am Gebirge Kalabriens und Siziliens zu liegen kam. Bei jeder längeren Ruhepause zwischen den Bewegungen arbeitete die Brandung eine Hohlkehle, ein Kliff in dem Berglande aus, die heute weithin, wie die Stufen einer Riesentreppe, sich besonders an der Küste Kalabriens hinziehen. Einzelne dieser Strandterrassen sind sogar schräg gestellt und zeigen an, daß Kippungen mit den Heraushebungen verbunden waren. Kalabrien hat durch diese waagerechten Linien architektonisch einen großzügigen, imposanten Charakter erhalten. Alle die helleuchtenden Ortschaften am Hange des Aspromonte liegen auf diesen Terrassen. Die Gegenküste Siziliens ist im Peloritanischen Gebirge viel weniger terrassiert. An dieser Naht der Erdkruste liegt Messina, kein Wunder, daß Erdbeben nur zu oft die herrlich gelegene Stadt zerstören. Auch wir gingen durch ein wüstes Ruinenfeld der letzten Erdbebenkatastrophe.

Durch ein üppiges Gartenland bringt uns die Bahn nach Süden, nach Taormina. Fruchthain schließt sich an Fruchthain; Orangen, Zitronen, Wein, Feigen, Mandeln, Pistazien, Pfirsiche, Mandarinen usw. bilden einen lichten Wald über der Ackerflur. Muntere Gebirgsbäche sind zu zahlreichen Wasseradern auseinander gezogen und bewässern das Land. Überall sind die geernteten Zitronen zu hohen gelben Haufen aufgestapelt.

Taormina! Ich muß ein hohes Loblied zu Ehren dieses herrlichen Stückes Erde singen. Viele Orte rühmen sich, der große Geograph Alexander von Humboldt hätte von ihnen gesagt, sie seien die schönsten der Erde. Ich weiß nicht, ob er auch in Taormina gewesen ist und sich über diesen Ort geäußert hat. Wenn ja, so hätte er auch ihn als Krone der Schöpfung feiern können. Saßen wir auf der Terrasse der Pension Schuler, unter Palmen etwa 150 Meter über dem Strande, so schweifte der Blick geradeaus über die Weite der blauen See, auf der einzelne weiße Segel oder eine schneeweiße Lustjacht kreuzten. Links sah man das gebirgige Ufer Siziliens bis zur Straße von Messina. Das jäh ins Meer fallende Peloritanische Gebirge schickt eine ganze Reihe von Rippen, an deren Kaps die Brandung weißschäumend anschlägt, zum Strande. Aus Kalk aufgebaut, weist es die schroffen Formen dieses Gesteins und seine leuchtenden Farben auf, da die Vegetation kaum etwas verhüllt. Kalabriens ferne

Gipfel sind von Wolken kaum zu unterscheiden. Hinter uns schauen die trutzigen mittelalterlichen Kastelle über die Dächer Taorminas herüber, eingerahmt von Eukalypten mit ihrem feinen Laub oder von schlank emporstrebenden Zypressen. Rechts aber liegt, weit hingegossen, die Krönung des ganzen Panoramas, der majestätische Ätna!

Was für ein gewaltiges Massiv ist er! Dagegen ist der Vesuv ein Zwerg. Dreimal übertrifft er ihn an Höhe. Nicht wie dort steigt ein schlanker Kegel in die Lüfte, sondern seine breite Wölbung nimmt fast ein Drittel des Horizontes ein. So hoch ist er, 3280 Meter, daß bis tief in den Sommer eine schimmernde Schneedecke auf seiner Schulter liegt, des abends rosig bestrahlt. Noch mehr wird im Frühling der Frühaufsteher belohnt, weil die Sonne, noch bevor sie dem Meere im Osten entsteigt, ein märchenhaft schönes Alpenglühen auf dem Gipfel und seinen Rauchfahnen hervorzaubert. Dieser Anblick trieb uns immer wieder früh aus den Federn, das Konzert der Vögel zu belauschen, die taufrischen Blumen in ihrer Fülle zu bestaunen, die Sonne am Horizont emportauchen zu sehen, die alle Gottes herrliche Natur priesen.

Es stoßen hier drei völlig verschiedene Landschaften aneinander, sie machen das Bild so abwechslungsreich: das Meer mit dem Strande, das zerrissene und zerschnittene Kalkgebirge und endlich die massige, ruhige Aufbauform des Vulkans. Am imposantesten aber ist der Ätna selbst.

In diese Wunderwelt hat nun der Mensch seine Bauten gesetzt. Das Altertum baute das griechische Theater. Von seinen Rängen aus blickt man auf die Bühne, die edle Säulen flankieren. Als Hintergrund wird die Aussicht selbst benutzt, der Meeresstrand bis nach Catania, der Ätna und der Gebirgsabfall mit seinen Kastellen. Goethe, wohl einer der besten Kenner des Theaters, schreibt in seiner italienischen Reise: „Setzt man sich nun dahin, wo ehemals die obersten Zuschauer saßen, so muß man gestehen, daß wohl nie ein Publikum im Theater solche Gegenstände vor sich gehabt." Das Mittelalter baute neue Kastelle oder ältere um, die Neuzeit errichtete Villen und vornehme Gaststätten, zum Teil in alten Klöstern, vor allem schuf sie durch gärtnerische Anlagen den Rahmen für das Gemälde. Das düstere Laub der Steineichen und Zypressen, das Grau der Ölbäume, der Blütenflor der Obstbäume, das Gewirr von Opuntien und Agaven stehen über dem prangenden Blumenteppich am Boden. Dem Ätna entsteigt an mehreren Stellen Rauch, besonders aus zwei kleinen Kratern in der Nähe des Gipfels. Sein Aufbau, und darum auch seine Form, ist vom Vesuv sehr verschieden. Vulkane fördern entweder Lava, welche ausfließt, oder Aschen und Bomben, welche ausgeworfen werden, oder beides zusammen, wobei dann das gegenseitige Verhältnis beider Arten der vulkanischen Massen eine Rolle für das Aussehen der Feuerberge spielt. Die hohe Wissenschaft spricht von effusiver, ausfließender, und explosiver, ausbrechender Tätigkeit eines Vulkans. Im Laufe längerer Zeiten kann die Tätigkeit auch wechseln. Das ist die Ursache für den Formenreichtum vulkanischer Berge. Ausfließende Lava lagert sich wegen ihrer Schwere massig hin, bildet flache Schilde, breite Rücken und ruhige Formen. Ausgeworfene Aschen und Bomben häufen sich unter sehr steilem Winkel an, es bildet sich ein Kegel, ganz ähnlich, wie sich Sand in einer Sanduhr anhäuft. Letzteres spielt die Hauptrolle beim Vesuv. Beim Ätna aber beteiligt sich ausfließende Lava viel stärker am Aufbau, die nicht nur am Gipfel, sondern häufiger an irgendeinem Punkte an der Flanke des Berges ausquoll. Der Schlot eines Vulkans wird leicht durch erkaltende Lava verstopft. Neu empordringendes feurig-flüssiges Gestein muß sich seinen Weg ins Freie selbst schmelzen und fließt seitlich des Berges aus. Da die schwere Lava zum Fuße des Berges strömt, ist die Höhe des Gipfels verhältnismäßig reich an Aschen, durch welche sich leichter ein neuer Ausbruchsschlot seine Bahn brechen kann. Diese Krateröffnungen häufen sich daher in der Nähe des Gipfels. Um jede schüttet sich die Asche auf, bei ruhiger Luft in Form eines Kegels, bei Wind und Sturm, der dort oben gewaltig brausen kann, als Sichel oder Halbmond, weil sie nach einer Seite getrieben wird. Das sind die „parasitären" Krater, die wie Warzen auf dem breiten Rücken des Berges sitzen. Zwei von ihnen schickten mächtige Rauchwolken in den Himmel.

Von allen Seiten gesehen ist der Ätna ein massiges Bergland von imposanter Größe. Fährt man nach Osten über See in den Abend hinein und ist die Sonne gerade hinter seinem Gipfel zur Rüste gegangen, so bleibt er noch lange Zeit als ruhiger Schild über dem Horizonte stehen. Von Catania aus oder von der Bahn nach Palermo, die ihn halbkreisförmig umfährt, stets ist der Anblick ähnlich. Am schönsten aber, fast überirdisch verklärt, leuchtete sein weißes Haupt wie eine Wolke am Firmament, als wir in der Morgenfrische zum Felsennest Mola emporstiegen. In Terrassen sind die Gärten und Felder angelegt, in denen Pfirsiche, Mandeln, Kirschen und Äpfel in voller Frühlingsblüte stehen. Wäscherinnen spülten ihre bunten

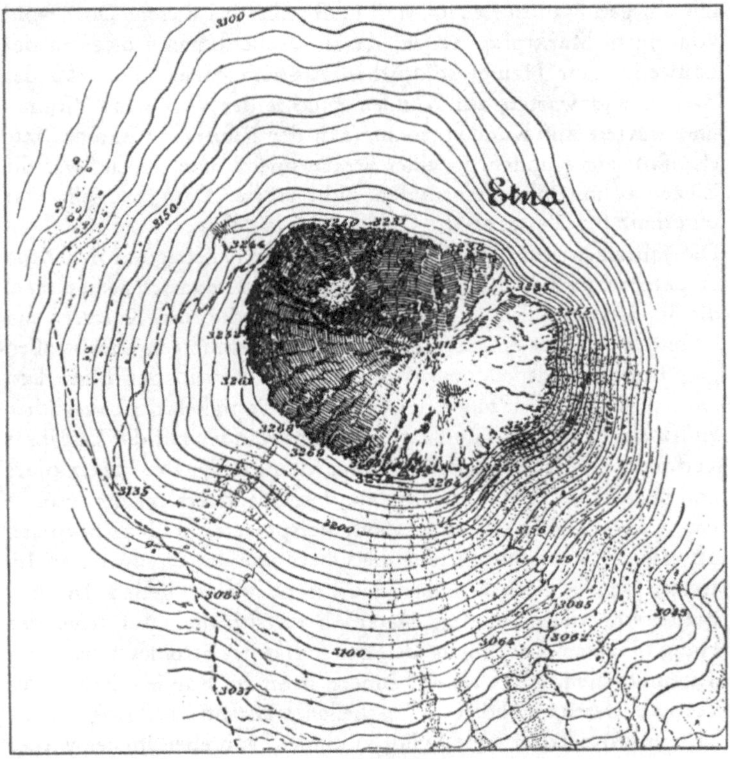

Ätna-Kegel

Tücher an einer Quelle. Maultiere schleppten in Tonnen Wasser und Wein bergan, getrieben von einem braunen Bengel in großem Schlapphut und dürftiger, zerrissener Kleidung. Diese farbenfrohe, lustige Staffage bildete den Vordergrund, über dem sich die hehre Majestät des schneeigen Ätna zeigte.

Mola selbst ist ein echt sizilianisches Dörflein. Aus Sicherheitsgründen liegt es hoch oben auf einem schwerzugänglichen Berge, nur noch von einem Felsen mit einer alten Burg überragt. Auch der steile Steg zum Dorfe empor wird noch durch eine Mauer mit Torbogen geschützt. Von der Höhe des Burgturmes genossen wir die Aussicht auf Ätna und Meer, blickten hinunter auf den Markt und freuten uns am geruhsamen Leben. Man muß selbst bei diesem Dorf wohl von einem Marktplatz reden, da alle italienischen Dörfer in der Bauweise ihrer Häuser städtischen Anstrich haben. Dort saß der Barbier und wartete auf Kunden, rauchte der Wirt seine Virginia und wartete auf Kunden, sonnte sich der Kaufmann und wartete ebenfalls auf Kunden. In einer Straße spielte man Boccia, was die Ziegen beim Unkrautausraufen nicht störte. Das Jungvolk war unterhalb des Nestes an der Quelle beim Waschen.

Die Jahreszeit war leider zu früh, um einen Aufstieg auf den Ätna zu unternehmen. Wir konnten nur die großen Lavaströme besuchen, die im letzten Jahre verheerend in die Städte und Kulturen am Fuße des Vulkans eingebrochen waren. Auf staubigen Landstraßen ging es nach Süden, Mauern verdeckten beiderseits den Blick. Erst am Lavastrom selbst sahen wir wieder die Üppigkeit der bäuerlichen Kulturen. Apfelsinen- und Zitronenhaine standen mit der Last ihrer leuchtenden Früchte. Unser Chauffeur klaute einige Prachtexemplare und überreichte sie mit unnachahmlicher Grandezza meiner Frau.

Ein wirres Haufwerk zerrissener, zerspratzter und zerborstener schwarzer Blöcke bildete hier die Oberfläche des Lavastromes. Im Innern war er noch heiß und rauchte an vielen Stellen. In einer Breite von vielen hundert Metern hatte sich diese Wüstenei den Hang hinabgewälzt. Die beiden Seitenufer des Stromes waren, wie Seitenmoränen, höher als das Innere, denn am Rande erkaltete die Lava am ersten und hörte auf zu fließen, während das flüssige Innere noch abwärts kroch. Ohne Halt zu finden, von oben immer wieder von neuer Lava gespeist, wälzte, schob und drängte sich das ungeheuer schwere feurige Gestein zu Tal, alles auf seinem Wege unter sich begrabend und zerstörend. Häuser, Orte, ja, ganze Städte, wie Mascali mit seinem Dom, lagen unter den schwarzen Blöcken, ohne das auch nur eine Spur des alten reichen Lebens übriggeblieben wäre. Ein Bild des Grauens! Schaurigschön sei das Feuerwerk gewesen, wenn die glühende Lava in die Baumkulturen eingebrochen sei und ein Zitronenbaum nach dem andern als helle Fackel gen Himmel gelodert sei. Der Blockstrom hatte eine Bahn haushoch passiert, die unter dem Gestein verschwunden war, ein geologisches Unikum: eine fossile Eisenbahn! Die Lava hatte das Meer nicht erreicht, weil inzwischen die Zufuhr aus dem Vulkan aufgehört hatte, die feurigflüssige Quelle versiegt war.

Viele Lavaströme sind im Laufe der Zeit den Hang des Ätna hinabgeflossen, einzelne kamen bis zum Strande und ins Meer. Auf halbem Wege nach Catania liegen die Felsen des Polyphem, an denen heute die Brandung weißschäumend nagt.

Santorin

„Herr Kapitän Winter, werden wir auf unserer Fahrt nach Haifa auch Santorin sichten?"

„Nein, leider nicht. Der Kurs von Athen geht zu sehr südlich."

„Das ist ja jammerschade. So nah und doch so fern!"

„Was Ihr Geographen auch alles sehen wollt! Warum denn nun wieder diese Unglücksinsel? Die wird auch nicht viel anders sein als alle anderen kahlen Ägäischen Inseln."

„Aber erlauben Sie! Ein Vulkan, der gerade eben aus dem Meere herausschaut, mit seiner uralten Kultur der Bewohner, davon möchte man doch einen Eindruck mitnehmen."

„Na, dann wollen wir einmal sehen, was sich tun läßt. Ich muß erst den Oberingenieur fragen, wie es mit unseren Kohlen steht."

Und es ging! Es ging immer alles an Bord des „Lützow", denn Offiziere und Mannschaft des Norddeutschen Lloyd wetteiferten, uns einen Gefallen zu tun.

„Also, Herr Professor, ich fahre Sie rund um die Insel herum. Nur in das Innere des Inselkranzes geht es leider nicht, denn da steht auf der Seekarte: ‚Fahrwasser veränderlich, Krater!' Sie können nicht gut verlangen, daß ich Ihretwegen das Schiff auf Felsen laufen oder gar durch eine vulkanische Explosion in die Luft gehen lasse. Sonst einverstanden?"

„Jawohl, sogar sehr."

Die anderen Reisenden waren alle auch sehr zufrieden und konnten auch dankbar sein. Gibt es einen höheren Genuß, als bei ruhiger, sonniger See an einer malerischen Küste entlang zu fahren und den Eindruck einer Insel auf sich wirken zu lassen, die durch Natur und Kultur gleich bedeutungsvoll ist? Ohne daß ich es wollte, hatte ich bald eine Korona um mich versammelt, der ich, wie bei einer Studentenexkursion, klarlegte, was das Auge sah.

Santorin versteht man am leichtesten, wenn man den Vulkan mit dem Vesuv vergleicht, nur ist die Insel tiefer ins Meer getaucht. Ähnlich wie dort ist hier ein altes Ringgebirge aus einer älteren Ausbruchsperiode vorhanden. Der Somma des Vesuvs entspricht der Kranz der Inseln, da die Meeresbrandung Öffnungen durch die Rundung des alten Kraters geschlagen hatte, so daß das Wasser in das Innere des Kraters dringen konnte. Thera und Therasia sind die beiden Hauptinseln des Kranzes. Sie fallen nach außen sanft, nach innen steil ab. Solche großen Krater, die entweder durch Explosion oder durch Einsturz entstanden sind, nennt man Caldera; die vor Santorin bildet eine wundervolle, gegen Wind und Sturm geschützte Bucht, in die sich die Segler gegen die oft heftig wehenden Nordwinde, die Etesien, retten können und konnten.

Aus dem Innern der Caldera erhebt sich zum großen Unterschied mit dem Vesuv kein Aschenkegel, es sind vielmehr nur Laven ausgeflossen. Diese haben gerade die Meeresoberfläche erreicht, so daß sie als niedrige, flache Inseln das Innere der Bucht erfüllen. Alt- und Neu-Kaymene heißen sie und erreichen im Vulkan Georgios 135 Meter Höhe.

Bei unserer Rundfahrt, die, wenn es die Tiefen nur irgend erlaubten, unmittelbar unter der Küste stattfand, blickten wir durch die weiten Öffnungen beiderseits Therasia in die stille, wohl 8 bis 10 Kilometer weite Binnenbucht mit diesen Inseln. Im blauen, heiteren Meere liegen sie düster und unheimlich, ein Feld roher Naturgewalten, das der Mensch meidet. Aus der schwarzen Gekröselava stieg an einzelnen Stellen Rauch und Dampf empor. Das scharfe Glas erkannte phantastisch geformte Schornsteine, sogenannte Hornitos, wo Einschlüsse von Gas kleine Sondereruptionen auf dem Lavastrom erzeugt hatten, das flüssige Gestein hochspritzte, aber schon beim Emporwallen erkaltete und nun die im Augenblick geborene Form verewigte. Im Innern der Bucht liegt dieses Inferno, außen aber ist sie umrandet von lachenden Landschaften voll heiteren Lebens.

Thera und Therasia sind fruchtbares Land. Es wird in Abständen immer wieder durch die Aschen des Zentralkraters gedüngt. Unerschöpflich ist schier die Leistungsfähigkeit des Bodens. Uralt ist darum die Besiedlung und der Anbau dieser Inseln, uralt die Kultur und Kunst der Bewohner. Die Ägäischen Inseln bilden die Brücke zwischen Asien und Europa, sie sind die Vermittlerinnen im Austausch der Kulturen der Randländer. Die anderen Ägäischen Inseln aber zeichnen sich keinesfalls durch besondere Ergiebigkeit des Bodens aus, da sie aus Schollen alter Massengesteine bestehen. So ist der Inselkranz von Santorin mit seiner ruhigen Hafenbucht vor allen anderen ausgezeichnet, ein Lockgebiet ersten Ranges durch lange Zeiten hindurch. Es wäre ein idealer Platz, wenn nicht der tätige Vulkanismus der Zentralinseln starke Unsicherheit mit sich brächte. Steil fällt die Caldera zur Meeresbucht ab. Nur an wenigen Stellen ist bei der Hauptinsel Thera ein Aufstieg auf das Ringgebirge der Somma gegeben, hier liegen die Ortschaften helleuchtend auf der Höhe, wo sie gegen Seeräuber geschützt waren. Flache Dächer und feste Bauweise sicherten sie gegen die häufigen vulkanischen Erdbeben. Das alles konnte auch von weitem gesehen werden. Die Einzeläußerungen der kulturellen Entwicklung einer mehrtausendjährigen Geschichte blieben leider dem Auge verborgen, wenn sie auch im Geiste an einem vorüberzogen. Santorin, am Rande der Ägäischen Inseln gelegen, bildet den Kreuzungspunkt der Seestraßen von Phönizien nach Griechenland, von Ägypten nach Byzanz, von Kreta nach Troja, von Rhodos nach Sizilien. Es sah Kreuzfahrer und Sarazenen und ging erst in der Türkenzeit an Bedeutung zurück; sein Wein ist heute noch berühmt.

An der Außenküste entlangfahrend, erfreute die weißschäumende Brandung Herz und Sinn. Die Berge steigen schräg empor, nicht steil wie an der Innenseite, es sind aber kaum Anlegeplätze vorhanden. Nur am Ende der Rundfahrt änderte sich der Charakter der Bergwelt. Ein hoher Kalkklotz ist hier mit der Insel verbunden, oder besser gesagt, das Kalkmassiv ist abgebrochen und auf der Bruchspalte hat sich nachträglich der Vulkan aufgebaut. Jetzt ist er mit dem Klotz von 584 Metern zur Einheit zusammengeschweißt. Der Berg ist dem heiligen Elias geweiht. Mehrere Höhlen, von den Brandungswogen in den Kalk geschlagen, liegen übereinander und zeigen an, daß die erdbebenreiche Vulkaninsel bald mehr, bald weniger dem

Meere entragte. Auch sonst weist der Kalk Höhlen auf. Während aber am Mittelmeer Kalkberge kahl und verkarstet sind, haben sich hier die Aschen des nahen Vulkans auf den Kalk gelegt, wodurch er fruchtbar und leicht bestellbar wurde. Der weiße Berg hat eine graugelbe Kappe über sich. Fruchtgärten, Baumkulturen und Ackerstücke bedecken die Hänge, zwischen die kleine weiße Häuser mit flachen Dächern eingestreut sind.

Die Rundfahrt war beendet.

„Wir danken vielmals, Herr Kapitän!"

Djebel Tair und Aden

Fast jeder Reisende hat einen Widerwillen gegen die Fahrt durch das Rote Meer. Nicht, daß man Stürme oder Seekrankheit zu befürchten hätte – dazu liegt dieser Graben zu tief zwischen den Hochländern von Arabien und Ägypten, so daß Winde das Meer kaum erreichen –, aber die Hitze brütet erbarmungslos über ihm. Das Meer liegt ja mitten im großen Wüstengürtel der Erde, den es durchquert. Nun sind die Wüsten die heißesten Zonen, die es gibt.

Schlaff hängen die Segel bei den wenigen arabischen Dschauken. Die Windsäcke öffnen sich vergeblich einem erfrischenden Hauch. Die Dampfer haben aus jeder Luke, aus jedem Bullei eine Blechtüte herausgesteckt, um etwas Kühlung durch den Fahrwind zu erhaschen. Zwar sind sonst die Wüsten windreiche Gebiete. Die Hochflächen und Bergländer der arabischen und nubischen Wüsten haben aber Höhen von 1300 bis 2000 Meter. Die meisten Winde kommen daher als Fallwinde zum Meere hinab, sie erwärmen sich dabei wie ein Föhn, und zwar für jede 10 Meter um ein Grad. Jedermann kann sich sehr leicht ausrechnen, wie unglaublich heiß die warme Wüstenluft unten ankommt.

Bei meinen beiden Fahrten durch die ganze Länge des Roten Meeres war es zwar warm, es war aber noch auszuhalten, da ich einmal im Dezember, das andere Mal im Januar fuhr. Ich habe sogar die Seltenheit eines Regens erlebt, wenn er auch nur kurz dauerte. Auch vom Lande fließt in den Wüsten dem Meere kein Süßwasser zu. Bei der Hitze verdunstet viel Wasser und das Salz bleibt zurück. So ist das Rote Meer das salzreichste Meer der Erde. Nur wenige Reisende werden das wissen, alle aber bewundern die dunkelblaue

Farbe des Wassers, die der Salzreichtum bei ständigem Sonnenhimmel des Wüstenklimas hervorbringt. Das „Rote" Meer ist das blaueste Meer!

Der auf unseren Übersichtskarten so schmal erscheinende Graben dieses Meeres ist immerhin so breit – über 200 Kilometer –, daß man die Ufer nicht oder nur selten sieht. Nur in seinem Nordzipfel, im Golf von Sues, blicken beiderseits die hohen Bergketten herüber, nackt und kahl, wie es bei dem Wüstenklima nicht anders zu erwarten ist. Sie wirken darum aber gerade schön, denn farbig und prächtig heben sich abwechslungsreich die einzelnen Gesteinsbänke, soweit man schaut, klar voneinander ab. Besonders auf der ägyptischen Seite fallen die Schichtgesteine in gewaltigem Absturz unmittelbar zum Meere ab, eine großartige Bruchstufe bildend. Die Gegenseite der Halbinsel Sinai ist etwas abweichend gestaltet. Ein schmales Vorland, eine triste Wüste, die durch die drei Dattelpalmen der Mosesquelle nur noch trauriger wirkt, leitet erst hinüber zu dem 2600 Meter hohen Sinaigebirge, dessen Granite zu abenteuerlichen Zacken und Zinnen verwittert sind.

Auf unserem Schiff herrscht plötzlich große Aufregung, die das Dahindämmern in der Hitze schlagartig unterbricht. Ein Riesenvogel schwebt hoch über den Masten auf einsamem Meere. Er muß ermüdet sein, denn er senkt sich merklich. Jetzt erkennen wir schon am weißen Gefieder, am tief herunterhängenden Schnabel und dem großen Sack daran, daß es ein Pelikan ist. Wie kommt der auf die hohe See? Ich hätte nicht geglaubt, daß er so elegant fliegen könnte. Er glich einem Schwan im Fluge, nur war er viel größer, auch rauschte sein Flügelschlag erheblich stärker. Ob er sich niederläßt? Tatsächlich, er kommt tiefer und tiefer. Die Schwimmfüße kommen nach vorne, und er sitzt hoch auf der Funkbude. Mit Segeltüchern wird er verjagt, er hüpft auf die Reling der Kommandobrücke und blickt stolz nach vorne, als wenn er sagen wollte: „Ich übernehme das Kommando über den ‚Bülow'." Hochmut kommt aber vor dem Fall.

Ein Matrose schleicht sich von hinten an ihn heran, packt zu und hat wirklich beide Beine mit den Händen erfaßt. Aber nun der Vogel! Die Flügel schlägt er dem Matrosen links und rechts um den Kopf. Der Schnabel hackt auf Ohr und Wangen, so daß er im Augenblick stark schweißt. Doch er hält fest, bis ein Segeltuch über den sich wütend wehrenden Vogel gebreitet ist. Jetzt ist er blind und ergibt sich in sein Schicksal. Der Schiffszimmermann baut eine Kiste, der Arzt verbindet den Matrosen und wir alle sind stolz auf den Fang, als wenn wir etwas dabei geleistet hätten. Täglich wird der Pelikan bewundert und mit Fischen, die wir fingen, gefüttert. Er ist gesund zum Bremer Tiergarten gekommen.

Das hat alles zwar nichts mit Vulkanen zu tun, aber ich will in diesen Blättern ja keine systematischen Gedankengänge einschlagen, sondern nur plaudern.

Wenn man etwa dreiviertel des Roten Meeres durchfahren hat, entsteigt der dunkelblauen Flut eine kleine Inselgruppe mit einem Leuchtturm auf dem höchsten Punkte, der Dschebel Tair. In ihr haben wir wieder einen prächtigen Vulkan vor uns. Der Grabenbruch des Roten Meeres kann gut mit dem Grabenbruch der Oberrheinischen Tiefebene verglichen werden. Er hat die gleiche Richtung, ist etwa zur gleichen Zeit entstanden, nur sind seine Ausmaße erheblich größer, hat ein Wüstenklima und ist mit Meereswasser erfüllt. Wie dort aber im Innern des Grabens der Vulkan des Kaiserstuhls sich erhebt, so baut sich hier der Dschebel Tair auf. Beide sind heute erloschen, aber welch ein Gegensatz zwischen ihnen, verursacht durch das völlig verschiedene Klima, in dem sie liegen. Dort alles am Aufbau verdeckt und verschleiert, weil aufgewehter Löß, ein Waldkleid und Anbaukulturen jeden Einblick verwehren. Hier dagegen herrscht völlige Klarheit bis ins einzelne, weil kein Pflanzenkleid etwas verhüllt. Hell, gelb oder grau, leuchten die Aschen, dunkel, rostbraun oder schwarz schieben sich die Laven dazwischen. Regenrinnen zerfurchen kaum die Berge, nur die starken Gegensätze der Temperatur von Tag und Nacht haben die Steine zu Schutt zertrümmert. Dazu kommt die Wirkung der Brandung, da die Wogen des Meeres leicht mit den losen und lockeren Aschen aufräumen können, die harten Felsen der erkalteten Laven sich ihnen aber starr entgegenstemmen.

Die Entstehungsgeschichte des Vulkans ist ähnlich der des Vesuvs und Santorins. Auch hier zeugt ein Ringgebirge, eine Somma, von einer älteren Aufbauperiode. Es ist wieder nach außen flach, nach innen zur Caldera steil; wie bei Santorin hat die Brandung Lücken durch den Ringwall geschlagen, wodurch die Caldera ertrunken ist. Die Somma ist in eine größere Anzahl von Inseln zerschlagen.

Aus dem Zentrum erhebt sich wie beim Vesuv ein Aschenkegel aus einer zweiten, jüngeren Ausbruchsperiode, er entsteigt hier nur dem stillen Binnengewässer. Ähnlich und doch verschieden, eine Variation des gleichen Themas.

Das farbige Bild spiegelt sich in den dunklen Fluten, die harmonischen Formen verdoppelnd. Sanft geht es bergan, steil bergab, nach kurzem Zwischenraum geht es noch steiler zum Zentralkegel empor, jetzt wiederholt sich das Auf und Ab und ebenso spiegelbildlich: viermal ist es zu sehen, links und rechts, oben und unten. Es müßte einen Maler begeistern!

Bevor man das Rote Meer verläßt, passiert man eine enge Meeresstraße. Sie wird außerdem noch durch ein nacktes, kahles Felseneiland gesperrt. Korallenriffe verhindern die Durchfahrt an der afrikanischen Seite. So muß die Weltverkehrsstraße von Europa zum Fernen Osten den schmalen Durchlaß nach der arabischen Seite benutzen. Hier steht eine kapplige See, die Passage ist schwierig und geht nur langsam vonstatten. Die Hitze über dem Roten Meer läßt viel Wasser verdunsten, es muß ersetzt werden. Darum führt ein ständiger Strom durch diese Straße von Bab-el-Mandeb vom Golf von Aden einwärts, rechtwinklig umbiegend. Auch die Winde, die draußen im Golf von Aden durch den Sommer- bzw. ihm entgegengesetzt wehenden Wintermonsun bestimmt werden, kommen selten aus der gleichen Richtung. Alles vereint sich, die Durchfahrt schwierig zu gestalten. Auf dem heißen, kahlen Eiland Perim bewachen die Engländer den Weltverkehr.

Hat man die Straße von Bab-el-Mandeb verlassen und fährt man durch den Golf von Aden, so bleibt die Südküste Arabiens klar zu sehen. In steilem Absturz fallen die wüsten, wilden Berge zum Meere ab. Es ist eine Bruchküste, deren finstere Gebirge wie Orgeln zum Himmel starren, vom Wüstenlack schwarz überzogen. Namen wie „Eselsohren“ deuten die Zerrissenheit der Bergformen an. Ein hellgelber Dünensand schiebt sich zwischen blauem Meer und dunklem Bergland ein. Wie oft, ist auch diese Bruchküste arm an Buchten und Häfen.

Um so wichtiger wird der gute geräumige Hafen von Aden. Als die Erdrinde hier zerbrach, Arabien sich hob, der Golf von Aden sich senkte und die Bruchküste sich bildete, erwachte der Vulkanismus auf der Bruchspalte. Ein weiter Krater bildete sich in Höhe des Meeresspiegels, das Wasser lief in ihn hinein, ein prächtiger Hafen war entstanden. Ich habe ihn nur im Winter besucht, wenn der Monsun milde vom Lande her weht und kaum Wellen erzeugt. Im Sommer aber bläst der stürmische Südwestmonsun und wirft hohe Wogen auf, die wild gegen die Küste branden. Da ist der 544 Meter hohe Kraterrand ein guter Windschutz, hinter den sich Segler und Dampfer flüchten können. Die großen Nachteile des Hafens liegen in der absoluten Wasserlosigkeit des Wüstenklimas. Es ist ein Hafen ohne Hinterland, aber ein Durchgangshafen ersten Ranges, wo die vom Sueskanal kommenden Wege sich nach Ostafrika, nach Colombo-Australien, nach Colombo-Ostasien und nach Bombay spalten. Er eignet sich daher gut als Flottenstation und als Kohlenhafen, wozu ihn die Engländer ausbauten und ihn damit zur festen Säule im Gebäude ihrer weltumspannenden Stützpunkte machten.

Kaum war der Anker gefallen, als sich eine wahre Völkerschau auf das Deck ergoß, ihre Waren feil zu bieten. Feingliederige Parsi, die Juwelen, besonders Mondsteine, anboten, in viele Tücher gehüllte Araber mit Teppichen, Amharen mit Bastflechtereien, Somali mit eingelegten Perlmutterarbeiten, Sudanneger, die durch ihre wulstigen Lippen und hohen Körperwuchs auffallen, mit Lederschilden, selbst ein lang aufgeschossener Nilote mit Holzschnitzereien. Dazu kam ein Gewirr von Rassen und Mischungen bei den Kohlentrimmern, die in Lumpen gehüllt ihre schwarze Last in den Schiffsbauch beförderten. Chinesen, Japaner, Inder, Javaner usw., die von der Pilgerfahrt nach Mekka in die Heimat zurückkehren wollten, vervollständigten die bunte Palette des Völkergemisches. Jeder Hafen der Ostroute wiederholt von Port Said bis zu Chinas Häfen dieses Rassengemisch, jeder mit einer etwas anderen Note. In Aden ist es die afrikanische Völkerfamilie, welche das Besondere der Blutmischungen bestimmt, hervorgerufen durch die Nähe des Erdteils und den alten Sklavenmarkt in der Stadt.

Vulkane der Südsee

Ein Zauber sondergleichen liegt über der Südsee! Keiner kann sich ihm ganz entziehen. Als Kind schon wurde meine Phantasie mehr als von Indianerbüchern durch die Robinsonade „Sigismund Rüstig“ angeregt, als Student arbeitete ich wohl alle wichtigen Werke über diesen Erdraum durch, als junger Doktor bewarb ich mich um die

Teilnahme an der Deutsch-Holländischen Grenzexpedition in Neuguinea. Als ich dann später an der großen Sepik-Expedition teilnehmen konnte, erfüllte sich der Jugendtraum. Die Wirklichkeit war schöner, heiterer und lichter als das Wunschbild, war aber auch oft viel bitterer, härter und grausamer. Jetzt im Alter wirft die Erinnerung einen verklärenden Glanz über das große Erleben, wodurch selbst die größten Mühen und Strapazen rosig überhaucht erscheinen. Darin ruht das Geschenk einer glückhaft überwundenen Anstrengung, daß sie in dem Gedächtnis nicht mehr ermüdet oder schreckt, sondern freier und stolzer macht, so daß die Erinnerung sich mit Vorliebe an die gut gemeisterten Mühsalen des Lebens klammert.

So bleibt bei mir, trotz des besseren Wissens, daß auch ganz andere, viel düstere Töne sich dem Gemälde beimischen können, doch als Bild der Gesamteindruck erhalten: Eine sonnige See, aus deren leicht bewegten Wellen silberne fliegende Fische tauchen, überspannt von einem weiten, hellen Himmel mit einzelnen weißen Massenwolken. Aus dem Meere steigen einsame, bewaldete Inseln hoch empor, die an dem weißen Gürtel der Brandung einen Kranz von Kokospalmen tragen. Hütten liegen am Strande, in und vor ihnen spielt sich das anziehende Leben einer primitiven, in ihrer Eigenart doch hochentwickelten Kultur der Fischerbevölkerung ab. Einbäume mit Auslegern und hohen Mattensegeln fahren zu den Korallenriffen, um in diesen farbigen unterseeischen Gärten die Nahrung zu sammeln und zu fangen. Ein Bild also, wie es mir etwa die Fahrt an den Vulkaninseln vor Neuguinea und an Neupommern entlang bot.

Bereits der Eintritt in die Südsee befriedigt alle hochgespannten Erwartungen. Die Binnensee in den Philippinen mit ihren zahlreichen bewaldeten Inseln verengt sich mehr und mehr und wird zur schmalen Straße von St. Bernardino. Steil fällt an beiden Seiten des Dampfers die grüne Mauer des Urwaldes, der die Berghänge überzieht, zum Wasser hinab. Nur wenige Rauchwolken verraten die Anwesenheit von Menschen. Das Kreischen der Papageien und das heisere Gekrächze der Nashornvögel sind die einzigen Laute, die die Stille unterbrechen. Scharf geht es um einen Bergvorsprung, und eine erhabene Berggestalt grüßt herüber. Aus dem dichten Urwaldkleid reckt sich der kahle, zerfurchte Mayon empor, an Ebenmaß der Formen mit dem Fuji-Yama wetteifernd. Seinen 2374 Meter hohen Gipfel ziert aber eine hoch in den Himmel steigende Rauchfahne. Und nun wiederholen sich die edlen Formen der Vulkangestalten, die, wenn auch nicht so majestätisch wie der Mayon, immerhin, im Eckpfeiler Bulusan, noch 1624 Meter erreichen.

Umfängt einen erst die Weite der Südsee, so kann man lernen, was Einsamkeit heißt. Tagelang sieht man nichts als Wasser und Himmel. Kein Schiff begegnet einem, keine Rauchfahne am Horizont zeugt von der Anwesenheit eines Dampfers. Kaum ein Vogel ist zu sehen, ganz vereinzelt nur einige Tümmler, Haie oder als seltenes Ereignis ein Wal. So sind wirklich die Fliegenden Fische das einzige belebende Element in der Wasserwüste. Glitzernd tauchen sie einzeln oder in Schwärmen vor dem Bug des „Prinz Waldemar" auf, um nach etwa 100 Metern wieder in den Meeresspiegel einzufallen. Auf einer Übersichtskarte sieht es zwar so aus, als ob eine Wolke von Inseln und Eilanden sich über den mittleren Teil der Südsee verbreitet. Die vielen daran geschriebenen Namen füllen das Kartenblatt noch mehr, in Wahrheit aber ist auf dem Meere eine gähnende Leere vorhanden, da Entfernungen von tagelangen Fahrten zwischen den Inselgruppen zu überwinden sind. Die Eilande rücken zu Haufen, Schwärmen oder Reihen zusammen. Oft sind sie so niedrig, daß sie nur eben die Meeresoberfläche erreichen. Der weiße schäumende Gischt der Brandung oder die hellblaue, ja hellgrüne Färbung des Wassers verrät sie allein dem scharf auslugenden Ausguck. Das sind die gefürchteten Korallenriffe.

Wir fuhren an der Nordküste Neupommerns entlang, dieses Mal auf dem schmucken weißen Regierungsdampfer „Komet" unter Kapitän Möller, einem der besten Südseekenner, und dösten bei der Hitze in geruhsamer Beschaulichkeit, als plötzlich der Maschinentelegraph Volldampf voraus auf Volldampf zurück sprang und die Schraube wild das Wasser peitschte. Alles stürzt zur Reeling, um zu sehen, was der Grund für diese Fahrtunterbrechung sei. Wir saßen mitten auf einem Riff, das bei der ruhigen See durch keine Welle, keinen Brecher angezeigt war. Auch die Färbung des Wassers zeigte sich bei dem spiegelnden Sonnenlicht erst, als wir oben auf den Korallen saßen. Wir hatten kein Auge für die Schönheit der unterseeischen Wunderbauten, sonder verfolgten nur die schwierigen Manöver, das Schiff heil aus dieser Gefahrenzone heraus zu bekommen. Uns war dieses Riff auf der ständig befahrenen und darum gut vermessenen

Route der Postdampfer unvermutet entgegengetreten. Wir hatten aus eigener Erfahrung gelernt, wie viele Überraschungen die Südsee noch birgt und wie gefahrvoll eine Nachtfahrt sein kann. Der Südseekapitän muß Glück oder besser gesagt Fingerspitzengefühl für die Gefahren haben, die heimtückisch auf ihn lauern. Manche Schiffe sind spurlos mit Mann und Maus verschollen, wie der Vorgänger des „Komet", der „Seestern".

Die Koralleneilande, auf die wir in diesen Blättern noch öfter zurückkommen werden, sind nicht die einzigen Inseln der Südsee, vielmehr gruppieren sie sich meistens um einzelne höhere Inseln. Wenn wir von den großen Inseln, die sich im weiten Bogen von Neuguinea bis Neuseeland hinziehen, absehen und auch verschwindende Ausnahmen nicht berücksichtigen, so sind alle hohen Inseln vulkanischer Natur. Oft sitzen die Vulkane auf Spalten auf, können hohe Feuerberge bilden, begleiten auch in einem gewissen Abstand die Tiefenrinnen der Ozeane, oft liegen sie auch ziemlich regellos mitten im Schwarm der Koralleneilande, meist aber sind sie der Mittelpunkt eines umrandenden Korallenringes, eines sogenannten Atolls. Die niedrigen Inseln ziehen sich wie Fäden durch das Meer, sind schmal, gekrümmt, oft nur wenige Meter breit, fügen sich zu einem Ring, einer Schleife, einer Doppelschleife oder Girlande zusammen. Sie können eine Zeitlang aussetzen, wo nur unterseeische Riffe sie verbinden, um dann wieder auf viele Kilometer geschlossen aufzutreten. Ja, es gibt fadenförmige Gebilde von über hundert Kilometer Länge. Eine, zwei oder mehrere Reihen Kokosnüsse wachsen auf ihnen. Ihr Anblick ist mehr eigenartig als schön: Als wenn eine unabsehbare lange Allee von Palmen mitten im Meere wüchse, an der Luvseite vom Gischt und Nebel der unaufhörlich heranrollenden Brandungswogen eingehüllt, an der Leeseite dagegen in die stille, friedliche Lagune überleitend. Sie sind so niedrig, daß jede außergewöhnlich hohe Welle sie überspülen kann. Leider sind aber haushohe Wellen, wie sie durch Taifune oder Erdbeben entstehen, in der Südsee nicht selten. Man hat errechnet, daß jede niedrige Insel einmal im Jahrhundert mindestens mit einer Überflutungskatastrophe rechnen muß. Dann werden die Pflanzungen vernichtet, Hütten zerstört, die Menschen ertränkt, soweit sie sich nicht auf die höchsten Bäume retten können. Auf den hohen Inseln bleibt stets die Flucht in die Berge als Rettung.

Wenn in so kurzen Zwischenräumen alles Leben auf den niedrigen Inseln mit völliger Vernichtung bedroht ist, kann sich die Wirtschaft der Eingeborenen und die der Europäer nicht stetig entwickeln. Moderne Kolonialmächte sorgen darum dafür, daß die Wohnstätten auf ihnen geräumt werden und man auf die hohen Inseln umsiedelt. Der vulkanische Boden ist fruchtbar, die Seebrise ist für die Kokosnußkulturen erwünscht, das Meer bietet reiche Nahrung. So sind die Küsten der hohen Inseln dicht besiedelt.

Tags brütet die Hitze über dem Lande, nachts kühlt es schneller ab als das Meer. Darum weht, beginnend in den Mittagstunden, ein Seewind vom Meere in die aufgelockerte Luft über den Inseln. Er bringt die ersehnte Kühlung. Nachts dagegen weht der umgekehrte Wind vom Lande zur See. Je größer die Insel, desto regelmäßiger sind beide Winde ausgebildet. Die Eingeborenen kennen sie genau und wissen sie zu nutzen.

Als wir nachts um elf Uhr von einem Tanzfest, das uns zu Ehren in Talangone auf Neupommern gegeben worden war, zum Schiff draußen vor der Küste zurückkehrten, bot sich uns ein entzückend malerisches Bild. Der Vollmond – er gehört in der Südsee zu einem richtigen Tanzfest, und wenn er scheint, dröhnen dort in allen Dörfern die Tanztrommeln – bestrahlte mit hellem Schein die Berge, die Palmen am Ufersaum, den weißen Strand und das leise vom Landwind bewegte Meer. Von allen Dörfern brachen die großen Auslegereinbäume auf, die Mattensegel füllten sich und hinaus ging es zum Fischfang auf die hohe See. Eine stattliche Anzahl einfacher Einbäume folgte und schwärmte über das Riff aus, meist mit Weibern, Greisen und Kindern besetzt. Alle Boote hatten am Bug brennende Fackeln, zusammengedrehte Wedel von Kokospalmen, die bei dem Fettgehalt lange und lichterloh brennen. Dieser Fackelzug mit seinen rotgelben Lichtern bewegte sich lautlos durch die leise plätschernden Wellen, von oben im Vollmondschein magisch weiß angestrahlt. Es war ein Märchenbild, wie es verwunschener kein Künstler ersinnen kann. Das Fischen mit Licht muß guten Fang bringen. Auch unser Boot hatte ein helles Licht. Ein großer Fisch sprang lichttoll über die Bordwand und blieb luftschnappend im Innern liegen, eine willkommene Bereicherung unseres Mittagstisches am kommenden Tag. Mittags kehrten die Segeleinbäume mit dem Seewind zur Insel zurück. So nutzen die Eingeborenen wegen der Windsysteme die kühle

Tropennacht zum Fischfang, wohl wissend, daß der Wind sie wieder zur Heimat am folgenden Tag zurücktreibt.

Die meisten Inseln, die hoch dem Meere entragen, sind vulkanischer Natur. Selbst der Kranz der Rieseninseln, die von Neuguinea, Neupommern, Neumecklenburg, den Salomonen usw. Australien umgürten, weisen neben anderen Gesteinen zahreiche Feuerberge auf. Niemals wird aber das Bild einförmig. Bald ragt der schlanke Kegel eines Aschenvulkans hoch in die Lüfte, bald lagert sich die ruhige Masse eines Lavavulkans breit hin. Hier ist eine Feueresse in voller Tätigkeit, dort ist sie längst erloschen, die tropischen Sturzregen haben alle weichen Aschenteile abgespült und nur die harten Rippen der erkalteten Laven stehen gelassen, so daß der alternde Vulkan nur noch eine Ruine bildet. Wieder an anderer Stelle hat eine Explosion den halben Berg in die Luft gejagt; meist aber durchdringen sich alle Formen in wechselvoller, abenteuerlicher Weise, da die Ausbruchstätigkeit wanderte, so daß greise, alte, lebensvolle und junge Vulkane aufgereiht einander folgen.

In den Tropen wird ein Berg viel schneller zur Ruine als in unserem Klima, sind doch die abspülenden Regen viel wuchtiger. Außerdem gehen Inseln, wie Sapper sich ausdrückt, verschwenderischer mit ihrem Material um als große Festländer, weil bei ihnen jeder losgelöste Stein alsbald zum Meere gelangt, dort aber unterwegs irgendwo liegen bleibt und erst wieder neu aufgenommen und transportiert werden muß. In der Südsee sind darum Vulkanruinen die häufigsten Berggestalten.

Am Strande schlingt sich ein Ring von im Wind zerzausten Kokospalmen um den Fuß des Berges. Bald aber beginnt mit der Höhe der dunkle, in allen Jahreszeiten gleich grüne Urwald. Er will viel Regen oder Wasser haben. In allen Tälern und Runsen der Bergflanken zieht er sich hoch hinauf. Auf den Rücken und Graten zwischen den Tälern ist es zu trocken, hier gedeiht er nicht mehr. Dafür stellt sich das hohe, gelbe Alang-Alang-Gras ein, das auch auf den wasserdurchlässigen Aschen gut vorankommt. Die Berghänge sind darum in den mittleren Höhen gestreift. Dunkle Urwaldstreifen sind zwischen die hellen Zonen des Grases eingeschoben. Je höher hinauf, je mehr Aschen und Lapilli auftreten, desto gelber wird der Vulkan. Vom Gipfelkrater, dem die Rauchwolke entsteigt, fließt und wälzt sich die feurige Lava an den Flanken talwärts, dringt tief in die Urwaldtäler ein, alles versengend, zündet das trockene Alang-Alang-Gras an, das lichterloh brennt. Bei Nacht ist es ein schaurig-schöner Anblick, den brennenden Gipfel, das Vulkanfeuer des Gipfels und die von unten angestrahlte, machtvoll emporwirbelnde Rauchwolke zu sehen.

So erlebte ich den prächtigen Vulkan Manam, meinen Lieblingsvulkan, den 1634 Meter hohen Leuchtturm, mit dem ständig brennenden Feuer vor der Einfahrt in den Sepik, jenem gewaltigen Strom in Neuguinea, dessen Erforschung eine meiner wichtigsten Lebensaufgaben war. Sein spitzer Kegel ist von mir von vielen Punkten des fernen Zentralgebirges Neuguineas weit über die Sumpfebene des Sepik hinweg karthographisch angeschnitten worden. Als nach erfolgreichem Abschluß der Expedition der Gouverneur Dr. Hahl als Dank den Teilnehmern den Dampfer „Komet" für eine Sonderfahrt zur Verfügung stellte, erbat ich mir eine Rundfahrt rings um den Vulkan. So konnte ich ihn von allen Seiten bewundern und studieren, sah an der Nordseite den beim letzten Ausbruch tief hinunter verbrannten Urwald und konnte auch die Dörfer der Eingeborenen besuchen.

Neben dem Manam liegt die ausgebrannte Schlackenruine des Vulkans Botsa Aris, neben ihm die Vulkangruppe der Schouten-Inseln, unter denen besonders der Lesson auffällt, weil er völlig dem Manam gleicht, nur fehlt ihm die ganze obere Hälfte, die eine Explosion in die Luft gejagt hatte. Mit dieser Gruppe beginnt im Westen eine stattliche Reihe von Feuerbergen, die sich über den Manam weit nach Osten fortsetzt. Keiner gleicht dem anderen, viele sind tätig, manche bedrohlich, bald stehen sie einzeln, dann wieder in Gruppen. Es sind die Geschwüre auf einer Bruchlinie der Erdkruste, die sich bis zum fernen Ostende Neupommerns verfolgen läßt. Ich will nur die schönsten und eigenartigsten unter ihnen nennen. Auf den hohen Karkar folgt die Ruine des Bagabag, die Lon-Insel mit einem tiefen, erst jetzt aufgefundenen kreisrunden Kratersee, dann das vielgestaltige Umboi und die Ritter-Insel im Westen Neupommerns. Nur mit Grauen fährt man durch die Meeresstraße zwischen beiden Inseln, war sie doch der Schauplatz einer der größten Explosionskatastrophen. Am 3. März 1888 flog die Ritter-Insel in die Luft, ein kleiner, unscheinbarer Fels blieb nur übrig. Eine gewaltige Flutwelle brandete an alle umliegenden Küsten, überspülte viele Koralleneilande, zerstörte Dörfer und Kulturen und tötete bis in ferne Räume zahlreiche Menschen. Es sind Vulkane, deren Krater gerade in der Höhe des Meeresspiegels liegen. Sie sind durch diese Flutwellen viel gefährlicher als solche mit Schloten auf hohen Bergen, denn diese bedrohen nur die nähere Umgebung, jene aber können selbst fernen Küsten Verderben bringen.

Neupommern beginnt mit zwei schöngeformten Vulkanen, dem Hunstein- und Below-Berg, benannt nach zwei Forschern, die bei der Katastrophe der Ritter-Insel ums Leben kamen. Er folgt der Penck-Vulkan, nach meinem lieben Lehrer benannt. Wer ihm diese Ehrung ausgesprochen hat, weiß ich nicht. Humorvoll pflegte er zu sagen, sie könne zu Mißdeutungen Anlaß geben. Denn eines Tages könne in der Zeitung stehen, „Penck spuckt wieder einmal", was doch nicht gerade schön klänge. Eine entzückende Inselgruppe liegt etwas weiter im Norden, die Witu-Inseln mit dem Peterhafen, kleine bewaldete Eilande, die auf dem ruhigen Meere zu schwimmen scheinen und sich in der sonnigen See spiegeln. In den erloschenen Krater des Peterhafens ist das Wasser durch eine schmale Öffnung gelaufen, das Innere bildet einen trefflichen Hafen, zu dem die Einfahrt allerdings durch Korallenriffe erschwert ist.

Am Ostende der Vulkanreihe, im Nordosten Neupommerns, steigert sich der vielgestaltige Vulkanismus noch einmal zu seltener Großartigkeit. Ein gewaltiger Krater ist ertrunken, er bildet den geräumigen Hafen von Rabaul. Seine ovale Form mißt 15 Kilometer in der Länge und 7 Kilometer in der Breite. An seinem Rande bauen sich malerische Vulkane auf; die 700 Meter hohe „Mutter", Kombiu von den Eingeborenen genannt, beherrscht das Landschaftsbild. Ihr zur Seite stehen die ältliche, zerrunste „Nordtochter" (Tuwanumbatir) und die jugendfrische, pralle „Südtochter" (Turanguna); vorgelagert ist der alte Krater, der wieder von dem Schwefelkrater halb zerstört ist. Letzterer ist der in Abständen immer wieder sehr tätige Vulkan, der vor wenigen Jahren einen starken Ausbruch hatte. Zur Zeit meines Besuches war die Krateröffnung ein wildes Haufwerk von zackigen, wüsten Lavabrocken und -fetzen, zwischen denen giftige, gelbe Schwefelschwaden emporstiegen. Der Boden war so heiß, daß meine schwarzen Jungen ihn ohne Schuhe nicht betreten konnten. Ich habe den Besuch des Kraters und den Aufstieg auf die Mutter ausführlich in meinem volkstümlichen Buch: „Im

Stromgebiet des Sepik beschrieben und möchte mich nicht wiederholen. Nur eine kurze Bemerkung über die besondere Eigenart des Vulkanismus sei gestattet.

Mitten im Hafen von Rabaul, auch Blanche-Bucht genannt, entragen der Meeresflut zwei malerische, bizarre Felsen, jetzt schon mit tropischer Vegetation überzogen, die Bienenkörbe. Am Anfang der deutschen Besitzergreifung war noch keine Spur von ihnen vorhanden, vielmehr an ihrer Stelle tiefes Meer. Im Jahre 1878 öffnete sich bei einem Ausbruch der Meeresspiegel und heraus tauchte ein hoher Felszinken, der im Laufe der Zeit zu den beiden Bienenkörben zerfiel. Es handelt sich dabei um eine ganz seltene Erscheinung, die man am besten mit dem Mont Pelée auf Martinique vergleicht. Dort war die Lava im Schlot des Vulkans erstarrt, hatte gewissermaßen einen Pfropfen oder Korken gebildet. Ein neuer Ausbruch schob ihn als Felsnadel, als „Konus“, wie die Wissenschaft ihn nennt, hoch über den Gipfel des Berges hinaus. Er wurde auf und ab bewegt, bis er endlich zerfiel. Nur an wenigen Feuerbergen hat man Ähnliches beobachtet. Hier bei Rabaul ist in dem Riesenkrater der Vulkanschlot unterseeisch ertrunken, der Konus, der Felszinken, hat gerade die Wasseroberfläche durchstoßen und ist dann erstarrt stehen geblieben.

Wir wollen nicht bei den ständigen, Rabaul täglich erschütternden vulkanischen Beben verweilen, wollen nicht das Volksleben auf der Insel Matupi noch einmal schildern oder unseren Marsch durch die Gazellenhalbinsel, vielmehr will ich Abschied nehmen von den Südseevulkanen, indem ich einlade, mit mir über die Blanche-Bucht zu rudern.

Es war ein anregender Abend im gastlichen Heim des Konsuls Wahlen gewesen, an dem mit dem Gouverneur Dr. Hahl die Spitzen der Rabauler Gesellschaft festlich bewirtet wurden. Ich hatte in dem prächtigen Besitz am Strande von Herbertshöhe übernachtet, hatte in der weiten, luftigen Halle gut gefrühstückt und wollte jetzt mit dem Konsul wieder nach Rabaul zurückkehren. Ein Boot lag am Landungssteg mit acht kräftigen, schwarzen Ruderern bemannt. Über die spiegelglatte See ging es. Je weiter wir kamen, desto großartiger wurde die Landschaft. Über die Palmenwedel Matupis hinweg ragte der braun-rote Schwefelkrater mit seinen knallgelben

Tupfen von Schwefel und seinen leichten vulkanischen Dämpfen. Er wird fast ganz umgürtet vom alten Krater, der die Steilwand seiner Caldera gerade uns zukehrte. Über ihn schwingt sich die schlanke Pyramide der Mutter empor, die wir vor wenigen Tagen schwitzend erstiegen hatten. Sie hat einen dunklen Rock an, dessen Urwaldschleppe sich breit hinlagert. Ihre Taille und Bluse ist hellgelb leuchtend, ein Kleid von Alang-Alang-Gras. Links und rechts stehen die beiden Töchter, links die in dunkles Grün gekleidete Nordtochter, zerfurcht und gramvoll. Heiter und lustig steht an der anderen Seite die gelbgekleidete Südtochter in der Vollkraft ihrer Jugend. Alle drei bewundern ihre Schönheit in weiblicher Eitelkeit in den spiegelnden Fluten der sonnigen Bucht. Mühelos glitten wir in der Kühle des Morgens diesem Gemälde entgegen und bestaunten voll Andacht dies Wunderwerk von Gottes weiter Welt.

Die „Glückseligen Inseln"

Kann es für einen Erdraum einen verlockenderen Namen geben als den der „Glückseligen Inseln", der „insulae fortunatae"? Vom Altertum her haftet er an einer Gruppe von Inseln jenseits der Säulen des Herkules. So tritt er auf vielen mittelalterlichen Karten auf, so reizte er die Phantasie eines Heinrich des Seefahrers und der von ihm ausgesandten Entdecker. So hat er noch heute nicht seine Wirkung auf die Reisenden verloren, die auf ihnen Gesundung, Erholung, Ruhe und Ausspannung suchen und erhoffen. Auch meine Erwartungen waren mit Recht hochgespannt, als ich mit dem Bananendampfer „Orotava" des Norddeutschen Lloyd durch die Biskaya südwärts fuhr, Kap Finisterre rundete und jetzt direkt Madeira ansteuerte. Die Reise sollte für meinen Bruder und mich eine Erfrischung sein, wie ja eine Seefahrt für einen seefesten Menschen die köstlichste Ausspannung ist. Daneben wollte ich auf Madeira, Teneriffa und Gran Canaria Vulkanstudien treiben und andere geographische Beobachtungen sammeln.

Ich schmeichle mir, in der mathematischen Erdkunde zu Hause zu sein, jedenfalls firmer als alle meine Kandidaten, die ich kaum über dieses Wissensgebiet zu prüfen wage. Trotzdem überrascht es immer wieder, daß die Tage im Sommer abnehmen, wenn man südwärts zum Wendekreis fährt. Das erhabene Schauspiel des Hinuntertauchens der Sonne in das Meer tritt jeden Abend früher ein. Auch den Aufstieg des Feuerballs im Osten und die Farbwunder des jungen Tages kann man schon genießen, wenn man sich kurz vor sechs Uhr erhebt.

Gerade mit dem Sonnenaufgang trafen wir vor Madeira ein. Die ersten Strahlen trafen das Ostkap der Insel, das Kliff und die Berge, und brachte eine Jubelsymphonie von Farben zum Aufleuchten und Erglühen. Das Blau des Meeres ging in Hellgrün an seichten Stellen, in Weiß der Brandung, in Lichtgelb des Strandes über, die Mauer des hohen Kliffs war rot, braun, schwefelgelb in den Tinten des Lavagesteins gefärbt, nur dort unwahrscheinlich intensiv grün leuchtend, wo die Sonnenstrahlen senkrecht die Grasnarbe trafen. Das Gebirge war durchsichtig in Pastellfarben getönt und über das Ganze wölbte sich ein lichter Himmel.

Mit der Erwärmung, die mit dem Steigen der Sonne zunimmt, erwacht der Seewind, die Gipfel der Berge hüllen sich in Wolken, die mittags sogar drohend werden. Enttäuschend ist diese Wolkendecke, die Madeira fast täglich in den höheren Partien den Blicken entzieht. Nur die Küste ist sonnig. Die Vegetation, die Bauweise, die Menschen und Kultur sind mediterran, das Gebirge aber, das den Hintergrund aller Landschaftsbilder abschließt, ist nordisch-trüb.

Hat man die portugiesische Kleinstadt Funchal mit ihrem Fischmarkt verlassen, umgibt einen mittelmeerische Pflanzenwelt. Wein, Feigen, Granaten, Mandeln, Aprikosen, Ölbäume wachsen hinter Mauern, über die die grünen Lazerten huschen, Palmen, Eukalypten und Bambus schauen herüber. Auf den engen Straßen kommen einem Schafe, Ziegen und Maultiere entgegen, Hühner werden mitleidlos mit zusammengebundenen Flügeln zum Markte getragen. Frauen bringen Körbe mit den schönsten Südfrüchten. Das ganze Leben spielt sich auf der Straße ab, meist nur nachts betritt man die Häuser. Trotz der frühen Morgenstunde probieren wir alten Madeirawein, der uns so gut mundet, daß wir ein kleines Zierfäßchen voll des edlen Trankes erstehen, das uns später in der Heimat beim Zoll schwere Gelder kosten sollte. Mit dem Auto fuhren wir nach Osten und Westen und genossen das farbenfrohe Bild.

Das Kulturland bildet in Madeira einen nicht allzu breiten Streifen längs der Küste. Es wird auch noch unterbrochen durch einzelne Lavaströme, auf denen einige Forts malerisch thronen, und durch wenige Aschenkrater, kleine parasitäre Vulkane, deren Boden für den Anbau zu trocken ist. Sehr bald steigt das Gebirge zu größeren Höhen an, erreicht sogar 1847 Meter in geringer Entfernung von der Küste. Die Bergflanken sind durch Kerbtäler zerrissen. Das Bergland ist der segensreiche Wasserspender für die Kulturen der Tiefe, die auf Bewässerung angewiesen sind. Den Tälern fehlt der murmelnde Bach, weil alles Wasser an den Hängen entlanggeleitet wird und die Gärten berieselt.

Ein doppelter Lavastrom hat sich ins Meer ergossen und bildet zwischen sich einen kleinen Hafen, an dem das Fischernest Camara de Lobos liegt. Die Boote, die ausgespannten Netze zwischen dem dunklen Gestein und die bunten Häuser mit den flachen Dächern bilden einen malerischen Vordergrund vor dem hohen Kap Girao. Senkrecht fällt an ihm das Kliff fast 600 Meter zum Meere ab, denn leicht frißt sich die Brandung in den weichen Tuffen zurück. Von der Höhe des Steilhanges blickt man auf das Meer, wie gegen eine Wand, an der die kleinen Fischerboote hinaufzukrabbeln scheinen, eine Aussicht, die nur Schwindelfreie mit Genuß in sich aufnehmen werden.

Madeira bietet für Vulkanstudien nicht allzuviel des Neuen, dazu sind die Berge zu sehr in Wolken verborgen und die vulkanische Tätigkeit bereits zu lange erloschen. Auf der Fahrt zu den Canarischen Inseln aber kreuzt man auf halbem Wege eine interessante Inselgruppe, die fast an ein Atoll erinnert, wenn nicht das Gestein gänzlich anders wäre. Bei diesen Salvages-Inseln ragt nur ein Kranz von Lavaklippen eben über den Meeresspiegel hinaus, der ganze Körper des Vulkans ist in den Fluten ertrunken, nur der äußerste Rand der Caldera ist sichtbar. Mächtig branden die Wogen des Nordost-Passats gegen die Klippen, haushoch spritzt der Gischt empor. Breite Lücken sind in dem Kranze vorhanden. Ich war Herrn Kapitän Müller von Herzen dankbar, daß er den Kurs der „Orotava" auf Wunsch mitten durch den ertrunkenen Krater legte.

Madeira, Gran Canaria und Teneriffa, diese drei vulkanischen Inseln liegen nicht zu fern von einander, und doch weisen sie bei manchen Ähnlichkeiten der Kulturlandschaft starke Unterschiede in Natur und Kultur auf. Madeira, die kleinste der drei, liegt isoliert im Ozean, 700 Kilometer von der afrikanischen Küste entfernt, von der das größere Teneriffa 300 Kilometer, Gran Canaria nur 200 Kilometer Abstand haben. Teneriffa überragt mit 3710 Metern die beiden anderen, welche 1930 und 1847 Meter erreichen. Aus diesen wenigen Tatsachen ergeben sich große klimatische Unterschiede, die für Anbau und Kultur ausschlaggebend sind. Madeira im Norden liegt an der Geburtsstätte des Nordost-Passats, der hier noch nicht voll zur Entwicklung kommt. Es sammelt an seinem Gipfel die Regenwolken, die ausreichendes Wasser für die gartenartige Landwirtschaft gewährleisten. Die beiden anderen Nachbarinseln stehen dagegen voll unter dem ständigen Windhauch des Passats. Von kälteren Zonen bläst der kräftige Wind äquatorwärts in immer wärmere Räume, kann daher stets noch Wasserdampf aufnehmen. Trotzdem er über weite Meeresflächen weht, ist er ein Trockenwind, der nur dort, wo er an Bergen zum Aufsteigen gezwungen wird, Regen fallen läßt. Beide Inseln haben nur einen geringen Abstand von der völlig wüsten Küste der Sahara. Das niedrigere, küstennahe Gran Canaria ist darum noch trockener als das höhere Teneriffa. Seine Vegetation ist darum xerophil, liebt die Trockenheit, wo nicht künstliche Bewässerung das lebenspendende Naß hinleitet. Auf beiden Inseln ist das Sammeln des Wassers, das Verteilen desselben und das Recht auf Wassernutzung die Lebensfrage für jeden Anbau. Die größere und höhere Insel Teneriffa hat bei mehr Wasser auch die reicheren Plantagen.

Gran Canaria hat aber den besseren Hafen und somit die größere Stadt, Las Palmas. Besonders, seit etwas abseits der Stadt hinter einem Wellenbrecher, außerdem im Windschutz einer kleinen der Hauptinsel angehängten Vulkangruppe „La Isletta“ von der spanischen Regierung moderne Kaianlagen geschaffen sind, entwickelt sich hier ein Welthafen, in dem die Linien von Europa aufgespalten werden, und zu den afrikanischen Küstenhäfen, nach Kapstadt, nach den südamerikanischen Häfen, wie Pernambuco, Rio und Buenos Aires weiterführen. Eine Fülle der verschiedensten Waren lagert auf den Kais, offen allen Blicken ausgesetzt, da bei dem Trockenklima kein Regendach den Reichtum zu beschützen braucht. Ruhiger pulsiert das Leben hier als in den Häfen an Asiens Küsten, wenn man auch die Waren aller Erdteile angeboten bekommt. Spanische, levantinische, sogar japanische Kaufleute und Händler, Araber, Neger, Europäer und viel Halbblut beleben Hafen und

Straßen der Stadt, ohne daß trotz des starken Autoverkehrs ein asiatisches Gewimmel entstände.

Als wir abends eingelaufen waren, wurden wir in das gastfreie Haus des deutschen Konsuls gebeten. Ein Auto trug uns in die ferne Vorstadt hinaus. Mystisch erstrahlten im Scheinwerferlicht die Palmen, die Steineichen und Sykomoren, leuchteten die violetten Blumenkaskaden der Bougainvillien, welche die im schönen Garten gelegene Villa zierten. Das Gespräch brachte uns die sozialen Zustände der Insel, die Wassernot und die Anbauweise näher, so daß wir reich belehrt dankbar schieden. Ebenso, wie ich es in der Wüste Sahara angetroffen hatte, wird auch auf dieser Trockeninsel der Besitz der Wassernutzung vererbt und verkauft, und die Zeit der Nutzung genau zugemessen.

Die Stadt Las Palmas erreicht man über eine Nehrung. Ein freundlicher Park mit schönen Palmengruppen am Meer wird von großen Brechern angerollt. Kaum hat man auf einer Bank Platz genommen, als eine Schar von Stiefelputzern sich auf einen stürzt und sich rauft, wer die sauberen Schuhe noch blanker putzen darf. Die aus düsterem Lavagestein erbaute gotische Kathedrale beherrscht das Stadtbild. Kahle, sandige Straßen, eng umschlossen von Steinhäusern mit hohen vergitterten Fenstern, wechseln mit breiten Alleen, deren prächtige dunkle Steineichen Wasser das Leben spendet. Sehenswert ist der Fischmarkt. Eine Ziegenherde, die durch die Straßen getrieben wird und deren Tiere vor jeder Haustür gemolken werden, regelt in praktischer Weise die Milchversorgung. Bewässerte Gärten ziehen sich auf Terrassen bis in die Vororte und spenden Gemüse, Südfrüchte, Blumen und Bananen.

Vulkanische Decken bauen in erster Linie die Insel auf. Sie bestehen bald aus fester, dickbankiger Lava, bald aus porösem Gestein und können dann kleinere oder größere Höhlen in sich bergen. Diese wurden schon von der rätselhaften Urbevölkerung benutzt, einer hochgewachsenen, hellfarbigen, den Berbern verwandten Rasse, den Guanchen, welche die Entdecker bereits antrafen. Die Höhlen werden teilweise noch heute benutzt, wie im Dorf Atalaja, in dem die Mehrzahl der Bewohner in geräumigen, trockenen Höhlen lebt. Auf staubigen Straßen, vorbei an Agaven- und Opuntienhecken, an Kandelabereuphorbien, also an Pflanzen eines ausgesprochenen

Trocken-Klimas, ging es zu diesem, im Innern der Insel gelegenen Dorf. Das Bergland war kahl, durch breite Täler geöffnet und hatte keine beherrschenden Gipfel, war vielmehr ein durch Lavadecken gebildetes, später durch Täler zerschnittenes Plateau.

Bei einem zweiten Besuch der Insel fuhren wir nach Norden zum Städtchen Arukas mit seinen ausgedehnten Plantagen, in denen wohlbewässert Bananen angebaut werden. Die Fruchttrauben werden unreif geerntet, mit wenigen Brettern umgeben, zum Hafen gefahren, verschifft und reifen auf der Reise nach. Die Schwierigkeit besteht darin, daß sie gerade bei der Ankunft in Hamburg oder Bremen die richtige Reife haben, um sofort verkauft und genossen zu werden, da sich die Früchte nicht halten. Wir sahen in der Umgebung des Ortes auch Opuntienanpflanzungen, auf denen die Cochenillelaus gezüchtet wird. Dieses wenig appetitliche Tier liefert ein schier lebenswichtiges Produkt. Nicht alle Damen wissen, daß das Rot, das kußfeste Rot des Lippenstiftes von dieser Laus stammt. Ich bin noch so gesund und unmodern, daß ich einen angemalten Mund nicht „kußlich", sondern „lausig" finde. Bei einer Chinesin oder irgendeiner Zierpuppe gehört es zur Aufmachung, bei einem lieben deutschen Mädel, nein!

Doch wohin gerate ich? Ich verlasse schnell Gran Canaria und fahre nach Teneriffa mit seinem gewaltigen Pico de Teyde. Die Insel baut sich aus einer Tiefe von über 3000 Meter empor. Ältere Ausbrüche schufen einen hohen, von Norden nach Süden ansteigenden und über 1500 Meter erreichenden Rücken, dem im Süden der Pico noch bis 3710 Meter aufgesetzt ist. Im ganzen hat der Vulkan also fast 7000 Meter festen Gesteins über der Erdrinde aufgebaut.

Von Santa Cruz, dem Hafen von Teneriffa, fahren wir sofort nach der Nordküste zu dem Orte Orotava, der unserem lieben Schiffe den Namen gegeben hat. Bei La Laguna bewundern wir einen uralten, dicken Drachenbaum, den jetzt leider schon seltenen Charakterbaum der Kanarischen Inseln. Die Pflanzenwelt, die uns in einer überraschenden Mannigfaltigkeit entgegentritt, ist geradezu köstlich. Das gleichmäßig warme, nur etwas trockene Klima erlaubt den Anbau von Gewächsen fast aller Zonen, wenn nur genügend Wasser zur Verfügung steht. Die natürliche Vegetation ist die eines Trockenklimas, wie der Drachenbaum, Agaven, Euphorbien, die aus Amerika stammenden Opuntien usw. zeigen. Der Mensch hat aus dem fruchtbaren Vulkanboden mit Hilfe der Bewässerung ein Paradies gemacht, vor allem dort, wo gärtnerische Kunst erlesene Parks geschaffen hat. Weizen, Gemüse, alle Südfrüchte, Rizinus, ja feuchtigkeitliebendes Zuckerrohr und trockenheitwünschende Erdnüsse werden angebaut. In dunklem Laub stehen Lorbeerbäume, Magnolien, Kork- und Steineichen, alte prächtige Eukalypten bilden mit dicken, gewundenen Stämmen schattige Alleen. Nur die nordischen Tannen findet man kaum, selten als Zierbäume in Parks, schon eher die südamerikanischen Araukarien. Die spanischen Granden haben sich hinter Mauern schattige Parks angelegt, die nur Bevorzugte besuchen dürfen. Wir konnten in ihnen Erinnerungen an die feuchtesten Tropen auffrischen. Palmen, Farnbäume, Lianen entzückten, vor allem eine Sammlung schöner Wasserpflanzen, wo rosa und blaue Wasserrosen neben Lotos und Victoria regia blühten.

Im Landschaftsbild aber herrschen in den tieferen Lagen jetzt die Bananenpflanzungen vor. Schier unabsehbar dehnen sie sich mit ihren im Winde zerzausten großen Blättern am Fuße des Pico de Teyde rund um die beiden Orotava aus, nur unterbrochen von den massigen, runden Wasserbehältern. Sie bilden den Reichtum der Insel und ihr Hauptausfuhrprodukt.

Durch diese lachende Kulturlandschaft fährt man, immer den Blick links auf die See, die brandend gegen die Klippen schäumt, und rechts auf das Gebirge, dessen Gipfel die Passatwolke meist verdeckt, nach Orotava. In warmer Sommernacht erfreute die nette Reisegesellschaft sogar ein Tänzchen im Freien. Uns zu Ehren eröffnete gerade an diesem Abend eine „Königin der Nacht" ihren Wunderkelch.

Der kommende Tag war einer der Höhepunkte meines Lebens. Nie fühle ich mich so glücklich, als wenn ich eine erhabene Berggestalt bestaunen kann und im Geiste den Schöpfungsakt ihrer Entstehung nachbilden darf. Wir fuhren zum Pico de Teyde. Der Gipfel war bis jetzt kaum sichtbar geworden, so ahnten wir nichts von der Großartigkeit des uns erwartenden Anblicks. Die Straße geht in vielen Windungen bergan, Orotava mit seinen überall auf den Wegen stickenden Frauen, die kunstvolle „Madeira"-Stickereien herstellen und nach langem Handeln auch billig abgeben, bleibt hinter uns. Die mittelmeerische Kultur mit flachen Steinhäusern, Mauern und Gärten versinkt, und macht Häusern mit Strohdächern und

Anbauarten des gemäßigten Klimas, z. B. den Kartoffeln, Platz. Noch höher hinauf blüht unsere Glockenheide, Erika, aber nicht in kleinen Sträuchern, sondern an Bäumen, die weit über mannshoch werden. Dann kommen wir in den Nebel der Passatwolke in 1200 bis 1400 Meter Höhe. Es ist dies ein merkwürdig trockener Nebel, der sich regelmäßig an der Grenze vom Passat zu dem ihm entgegengesetzt wehenden Winde der höheren Regionen, dem Antipassat, bildet. Kühlere trockene Höhenluft umfängt uns, die Sicht ist hier immer klar. Die Pflanzen sind Steppengräser geworden, die bei der Trockenheit und der Durchlässigkeit der Tuffe sich zu einzeln stehenden Büscheln zusammengezogen haben. So ist der Blick nach keiner Seite hin beengt, frei stehen wir auf lichter Höhe und blicken in die Unendlichkeit.

Im Norden und Süden bildet das weite, weite Meer den Horizont, der nur da unterbrochen wird, wo die einzelnen Vulkane der Kanarischen Inseln aus dem Wasser herausragen. Im Dunste liegt im Westen die hohe geschlossene Insel Palma, noch ferner Ferro, während Gomera durch den Vordergrund verdeckt ist. Im Osten schaut das uns bekannte Gran Canaria herüber. In vagen Umrissen blaut Fuerteventura aus weitester Ferne herüber. Im Schatten unserer Gebirgsinsel ist die See dunkel, sonst so licht und hell, daß die Grenze zwischen Meer und Himmel oft verwischt ist.

Die Ferne tritt aber trotz ihrer befreienden Großartigkeit völlig hinter der Majestät des Vordergrundes zurück. Da liegt zum Greifen nah der Pic von Teneriffa, der Pico de Teyde vor uns! Ein Steilabsturz aber trennt uns von seiner Gipfelpyramide. Schwarze, wilde Lavafelsen brechen 200 bis 300 Meter senkrecht ab zu einer ringförmigen Ebene, aus der sich der eigentliche Vulkan aufbaut. Die Felswildnis dieses Absturzes rahmt das Panorama ein, sie wird Cañadas genannt. Der Zirkus ist eine große Caldera. Wie am Vesuv die Somma, am Santorin der Inselkranz, an anderen Vulkanen ein ähnliches Ringgebirge den jungen Feuerberg umgürten, so auch hier am Pic, nur liegt es hier hoch hinausgehoben, schon in der Zone des Antipassats.

Der Boden der ringförmigen Ebene ist wüstenhaft. Nur Fallwinde können ihn erreichen, die sich erwärmen und dadurch nur noch trockener werden. Helle gelbe Sande und Aschen breiten sich aus.

Aus ihr erhebt sich der Pic. Er bildet eine breite gleichförmige Pyramide, die nur an ihrer Südflanke etwas zerissen ist. Braun, grau, auch rot getönt ist der Berg, doch diese Wunde leuchtend hell. Lockere Aschen lagern in ihr. Der höchste Gipfel ist noch einmal geziert durch hellere Aschen, die den letzten Ausbrüchen ihr Dasein verdanken. Es ist dies der kleine äußerste Gipfelkrater, Piton genannt. Der edlen Harmonie der Aufbauform des Riesen entspricht eine einfache, großartige Tönung des Gemäldes.

Hier oben standen wir, ergriffen von der Schönheit der Berggestalt, völlig im Banne des Schöpfungsaktes, der dies erhabene Bauwerk schuf. Der Pico de Teyde ist uns ein vollendetes Beispiel für die Regel, nach der viele Vulkane der Erde ihren Aufbau gebildet haben: In einer ersten langdauernden Aufbauperiode wird ein massiger, gewaltiger Gebirgskörper geschaffen. Der Vulkan ruht dann, der Schlot ist durch Lava verstopft. Plötzlich wird in einer über alle Maßen gewaltigen Explosion der Gipfel in die Luft geblasen, die Caldera entsteht. Jetzt beginnt die neue Ausbruchszeit, die den jüngeren Zentralkrater aufbaut, den neuen Kegel oder die Pyramide. In kleinerem Ausmaß kann sich diese Bildungsgeschichte wiederholen. So hat selbst die Geschichte eines Feuerberges ihre dem forschenden Beobachter deutbare Regel.

Pico de Teyde, du bist der großartigste Vulkan, den ich bislang bestaunen durfte!

Deutschlands Vulkane

Muß man denn bis zum Mittelmeer, dem Roten Meer, der Mitte des Atlantischen Ozeans oder wohl gar bis Neuguinea fahren, um Vulkane kennen zu lernen? Für denjenigen, der sich bescheiden kann, liegt auch hier das Gute so nah. Jedes Kind weiß, daß es bei uns in Deutschland keinen tätigen Vulkan mehr gibt. Leider wissen aber nicht alle, welch prächtige Zeugen eines erloschenen Vulkanismus man auf unserem Heimatboden studieren kann. Vor nicht zu langer Zeit, Menschen lebten bereits in Deutschland und verfertigten sich Werkzeuge, gab es noch sehr heftige Ausbrüche. Beim Kloster Maria Laach war z. B. ein Zentrum regster Vulkantätigkeit. Durch eine Explosion entstand der Trichter, den heute Wasser füllt und den lieblichen Laacher See bildet. Die nahen Kunksköpfe sind ganz aus ausgeschleuderten Bomben aufgebaut. Es waren flüssige Lavatropfen, die in der Luft erstarrten. Meine Studenten haben einige im Schweiße ihres Angesichts zu der fernen Bahnstation geschleppt, damit man im Hörsaal die Stromlinienform und die „Brotkrustenstruktur" ihrer Oberfläche studieren kann. In der Nähe liegt das Brohltal, durch das sich damals eine Glutwolke wälzte, ähnlich der, die am Mont Pelée in wenigen Augenblicken die Stadt St. Pièrre vernichtete. Der Trass, ein helles, feinkörniges Gestein entstand damals. In der Nähe des Ortes Niedermendig gewinnt man Mühlsteine aus der Lava, kann man den Tuff abgelagert sehen und beobachten, wie Bomben einschlugen, kann Bimssteine sammeln und, wenn man Glück hat, sogar im Löß zwischen den Tuffen Werkzeuge der Steinzeit finden.

Bei Manderscheid und Daun in der Eifel entstanden kleinere Explosionstrichter, die heutigen Seen der Maare. In der Nähe baute sich aus Aschen und Laven der Mosenberg auf, keine imponierende Berggestalt, aber so jugendfrisch und wenig zerstört, daß man an ihm typisch alle Formen eines „Stratovulkans", wie man solche Aufbauberge nennt, erkennen kann. Er ist viel schöner als der Kammerbühl bei Eger, an dem Goethe seine Vulkanstudien trieb. Zahlreiche Explosionsschlote, fast 150 an der Zahl, haben wie Flintenschüsse den Abfall der Alb durchsiebt, die Vulkanembryonen von Urach. Nicht weit entfernt fanden wieder größere Explosionen statt, so bei Steinheim, bekannt durch den Steinheimer Menschen, vor allem im Ries. Dort entstand um Nördlingen herum ziemlich gleichzeitig eine Caldera von 20 Kilometer Durchmesser. Die Entstehungsgeschichte des Ries ist nicht ganz einfach, doch wurde in der Hauptsache das große Loch im Jura durch eine Explosion geschaffen. In der Nähe von Bonn befindet sich auf der Hauptterrasse des Rheins ein kleiner Krater, der Rodderberg; da diese Terrasse in der Eiszeit entstand, muß er jünger als sie sein.

Damit habe ich wohl alle vulkanischen Erscheinungen Deutschlands namhaft gemacht, die sich während der Eiszeit oder nachher bildeten. Man sieht, es ist keine allzu imponierende Zahl, aber vielleicht doch mehr, als mancher vermutete. Vor allem aber sind einige Äußerungen des Vulkanismus darunter, die sich in ihrer Eigenart neben den ausländischen Geschwistern wohl sehen lassen können.

Gehen wir aber zeitlich über die Eiszeit hinaus, so wird die Zahl der Eruptionsstellen so groß, daß ich sie unmöglich alle auch nur nennen kann. Wir kommen in die Tertiärzeit, eine sehr, sehr lange Periode, die außerdem so weit zurück liegt, daß Wasser, Wind, Regen und Frost seitdem ihr zerstörendes Werk durchführen konnten, so daß nur noch Ruinen übrig geblieben sind. Aber die Mannigfaltigkeit dieser Zerstörungsformen kann man kaum irgendwo anders so gut studieren als bei uns. Die Aschen fielen der Vernichtung schnell anheim, die harten Laven trotzten ihnen aber, sie bilden hoch hinausragende trutzige Berggestalten.

Man fährt durch deutsche Lande und erblickt plötzlich über den Feldern und Wäldern eine schärfer geformte, runde, meist auch bewaldete Kuppe. Dann ist es häufig ein Basaltdurchbruch, der wegen seiner Härte bei der allgemeinen Abtragung des Landes im Laufe langer geologischer Zeiten erhaben stehen blieb. Im Siebengebirge, im Westerwald, in Hessen, Südhannover, um Koburg, südlich Bayreuth, im böhmischen Mittelgebirge bis Zittau und Görlitz usw. bilden diese Kuppen gerade den besonderen Reiz der Landschaft. Oft sind nur die lavaerfüllten Schlote der Vulkane erhalten geblieben wie Knöpfe. Sie bilden jetzt, „Knopfberge“ genannt, auffallende Formen. In der nördlichen Rhön nennt der Volksmund sie das hessische „Kegelspiel“. Vom Elbsandsteingebirge nach Süden sieht man zahlreiche Basaltknöpfe neben und über den Sandsteintafeln. So schön aber, wie in den Knopfbergen der Hegauvulkane, in deren Schloten saure Lava erstarrte und jetzt im Hohentwiel und Hohenkrähen abenteuerlich emporragen, findet man auf Erden selten Beispiele.

Lavaströme, flüssiges Gestein, sind ungeheuer schwer. Sie fließen in Tälern abwärts und erfüllen, erstarrt, die Talsohle ganz. Heute aber bilden gerade die Basaltdecken häufig den Rücken langer Bergzüge. Es sind das die Täler der Vorzeit, die wegen der Härte des Gesteins der Abtragung trotzten, während rundherum die Berge verschwunden sind und Täler, Senken und Tiefengebiete entstanden. Das Relief kehrte sich um, hoch wurde tief, tief wurde hoch. Beim Scheibenberg im Erzgebirge sieht man noch das alte Tal unter dem Basalt, beim Hohen Meißner ergoß sich die Lava über Moor, das heute zu Braunkohle geworden, auf der Höhe des Berges unter dem harten Basalt erhalten geblieben ist. Sie brennt und schwelt jetzt und verpestet leider bei Schwalbental weithin den schattigen

Buchenwald. Ferner das Knüllgebirge, die Hohe Rhön, der Westerwald und viele andere Basalttafeln, weisen diese Reliefumkehr auf.

Auch in Deutschland sind die Eruptionen häufig an Bruchlinien der Erdoberfläche gebunden und reihen sich daher in Linien auf. Bei Göttingen zieht vom Hohen Meißner über den Hohen Hagen zur Bramburg eine mit vielen Durchbrüchen besetzte Linie. Senken, Einbrüche und Gräben werden oft von Vulkanen begleitet. Im Süden des Oberrheinischen Grabens liegt die Vulkanruine des Kaiserstuhls, im Norden der domförmige Vogelsberg, aufgebaut aus zahlreichen Decken ganz dünnflüssiger heißer Basaltlava. Im Osten wird der Graben begleitet vom Katzenbuckel, Otzberg und anderen Durchbrüchen, im Westen ebenfalls, z. B. bei Wachenheim. Die Hessischen Senken sind vergeschwistert mit mannigfachen alten Vulkanen bis hin zum Herkules auf der Höhe des Habichtswaldes. Der Graben von Eger weist im Süden den mächtigen Stock des Duppauer Gebirges und die zahlreichen Durchbrüche des Mittelgebirges, im Norden manche Kuppe auf, die dem einförmigen Erzgebirge ihren besonderen Reiz gibt.

Diese Beispiele mögen genügen. Wir wollen hier keine langatmige Aufzählung aller verwandten Erscheinungen Deutschlands geben, sondern nur den Leser ermuntern, selbst bei den Wanderungen durch die heimische Bergwelt die Augen zu öffnen. Er wird, wenn er auf die Formenwelt und ihre Entstehung achtet, reich belohnt werden. Wie zum wahren Kunstgenuß eine Fülle von Kenntnissen gehört, wie man die Probleme der Malerei, die Stilperioden, die Technik kennen muß, so ist auch beim Naturgenuß ein Sichvertiefen in die Entstehungsgeschichte der Landschaft dem Genusse nicht abträgig. Im Gegenteil, stets ist bewußtes Genießen beglückender als naives, verschwommenes Fühlen. Nur der Denkende erlebt die Landschaft in ihrem ganzen Reichtum und ihrer vollen Schönheit bewußt.

Weißt du noch?
(Erinnerungen an Norwegen)

Ort der Handlung: Eine Gaststätte in der Nähe des Potsdamer Bahnhofs.

Zeit: Gegen Mitternacht am Anfang des Krieges.

Personen: Mein Freund Thom und ich.

Es gibt noch gutes Bier. Ich kann noch eine gute Zigarre rauchen.

Behrmann: „Freund Thom. Weißt du noch? Wie war das schön, als wir beide mit unseren Frauen die Reise durch Norwegen machten."

Thom: „Und ob ich es noch weiß. Solche unbeschwerten Glückstage vergißt man nicht. Woran denkst du gerade?"

B.: „Eigentlich an keine besondere Situation. Ich sehe nur das Bild der norwegischen Küste vor mir. Diese unzähligen kleinen abgehobelten Felsbuckel, diese Schären, auf denen nichts wuchs. Nur zuweilen gab es einen Leuchtturm, ganz selten ein kleines rotes Holzhaus mit Telephonstangen, aber überall trockneten die Klippfische."

Th.: „Deine Frau war ganz böse, daß du immer und immer gucktest und dich nicht ausruhen wolltest, ja, beinahe das schöne Essen verpaßt hättest. Du warst ganz wild auf's Beobachten und kaum zu bändigen!"

B.: „Ja, soll man da auch nicht in Aufregung geraten. Zum erstenmal sah ich Rundhöcker vom Meere umspült. Sofort glaubte ich drei verschiedene Niveaus derselben zu sehen und wollte diese Entdeckung nachprüfen. Einzelne waren 5 Meter, andere 20 Meter, die dritten 40 bis 50 Meter hoch. Es war mein Privatpech, daß ich vor der Ausfahrt wegen des Semesters keine Zeit gefunden hatte, die Literatur gründlich zu studieren. Sonst hätte ich wissen müssen, daß andere das schon längst vor mir gesehen hatten. Das schmälerte aber meine Entdeckerfreude nicht."

Th.: „Besonders schön war es beiderseits des Sognefjords ausgeprägt. Großartiger wurde die Landschaft in der Nähe des Polarkreises, wo der „Reiter mit dem fliegenden Mantel" die Klippen überragt, oder vorher am Torghatten, wo hoch über dem Meere eine Brandungshöhle quer durch den harten Fels führt."

B.: „Weißt du, wofür ich dir besonders dankbar bin? Daß du immer darauf drangst, daß wir ständig zeichneten. Während die anderen schliefen oder sich sonnten, standen wir an der Reeling mit dem Skizzenbuch und malten eine Aussicht nach der anderen. Dadurch ist mir der Wechsel der Bergformen erst voll zum Bewußtsein gekommen. Das Inlandeis der Eiszeit hat in Südnorwegen alle Berge abgeschliffen, bei den Lofoten aber ragten die Gipfel über das Eis hinaus, sie zersplitterten im Frost und sind scharf und zackig, wie Alpengipfel."

Th.: „Kennst du noch die Sieben Schwestern?"

B.: „Die habe ich im Kolleg oft an die Tafel gemalt, eben aus meinem Skizzenbuch. Man sieht, wie das Inlandeis schräg von der Hochfläche hinunterstieg; schräg abwärts schrappte es durch die Täler hindurch und schliff sie rund aus. Die rosige Mitternachtssonne über dem Fjord des Nordkaps war doch köstlich, als das Meer unter uns im Nebel lag. Wie überraschend war der Blumenflor an den Steilwänden des Kaps, die vielen Geranien und der Trollus."

Th.: „Durch die ewige Helligkeit wurde die Reise aber anstrengend, da man zu wenig Schlaf bekam."

B.: „Das ist ein Fehler aller unserer gemeinsamen Reisen! Aber die Nachtstunden möchte ich nicht missen. In Hammerfest hatten sie auch den Tag zur Nacht gemacht und schauten um 12 Uhr mittags mit Nachtmützen zum Fenster heraus, weil sich bei ihnen Ruhe und Schlafen nicht nach der Sonne richten, sondern nach der Arbeit. Es ist ja immer hell."

Th.: „Die Beleuchtung dort und bei den Lofoten glich doch den Farben des Kopenhagener Porzellans. Und wie eigenartig die Luftspiegelungen, die die Klippen verdoppelten. Du hieltest ja einen Vortrag über die Norwegischen Hochgebirgsformen."

B.: „Dein Ruhm ließ mich nicht schlafen, den du bei ganz vollem Speisesaal durch deinen Vortrag über das Nordmeer erntetest. Fein schmeckte die Bowle, die der Reiseleiter Herr Pütz uns als Dank spendierte. Wie haben wir auf dem Kostümfest über ihn gelacht, selten war meine Frau so lustig. Dieser Reiseleiter war ein prächtiger Mensch, wie alle beim Norddeutschen Lloyd, vom Kapitän bis zu unserem alten, fürsorglichen Stewart. Welcher Fjord gefiel dir eigentlich am besten?"

Th.: „Das ist sehr schwer zu sagen. Der Hardanger Fjord, den wir als ersten sahen, imponierte natürlich deshalb. Aber er ist etwas zu breit, auch haben wir ihn wegen des typischen norwegischen Regenwetters nicht recht würdigen können. Gewaltig waren die Nebenfjorde des Sognefjords. Erinnerst du dich noch der düsteren Stimmung, die in der Felsschlucht des Fjords von Gudvangen herrschte, als wir von Stahlheim herunter gewandert kamen? Die drohenden, lotrecht dem Wasser entsteigenden Felsen ließen kaum für die Siedelung Platz."

B.: „In dieser einengenden Raumnot könnte ich es als Sohn der freien Ebene nicht lange aushalten."

Th.: „Der Nachbarfjord nach Myrdal, der Sognefjord bei Ballholmen oder der dort von Norden kommende Fjaerlandfjord waren viel freier und lichter. Auch der Nordfjord und der Geirangerfjord gefielen mir besser."

B.: „Wenn man einmal einen Fjord besucht, dann möchte man ihn auch gerne möglichst typisch sehen. Er muß klares, tiefes Meerwasser haben, an beiden Seiten steile, vom eiszeitlichen Eis abgeschliffene Felsen, Berge, die an die 1500 Meter emporsteigen und die oben mit ewigem Eise gekrönt sind. Donnernde, wild schäumende Wasserfälle müssen aus schwindelnden Höhen herabstürzen."

Th.: „Wasserfälle gab es mehr als genug, man beachtete sie schließlich kaum noch. So haben die berühmten Fälle der „Sieben Schwestern", weil wir sie nach so viel anderem Gewaltigen sahen, keinen besonderen Eindruck auf mich gemacht. Gletscherabbrüche und Eisstürze aber sind mit das Erhabenste an der norwegischen Landschaft."

B.: „Damit hast du wirklich recht! Darum war mir auch der Lyngenfjord im hohen Norden so imposant. Die Eiskaskaden der verschiedenen Gletscher brachen hoch über dem Meere an himmelhohen Felsen hängend ab und stürzten frei ins Meer. Dunkelblau schimmerte das Eis in den tiefen Abrißspalten. Ich glaube, man muß diesen gewaltigen Fjord in seiner erhabenen Einsamkeit und seiner stillen Größe doch als die Krönung aller dieser Naturwunder bezeichnen, in denen sich Meer und Hochgebirgswelt durchdringen und reinstes Gletschereis erstrahlt, beleuchtet vom hellen Licht des nordischen Himmels. Wie schlecht übrigens unsere neuesten Karten dieser Gegend sind, lehrte schon diese eine Fahrt. Als nördlichstes größeres Inlandeis wird immer nur der weiße Swartisen gezeichnet. Daß zwischen Hammerfest und dem Lyngenfjord noch gewaltige Eismassen lagern, ist auf den Karten nicht eingezeichnet."

Th.: „Du denkst wohl an die Jägertinder, deren scharfe aus dem Eise herausragende Gipfel wir zeichneten und photographierten. Ja, diese herrliche Eiswelt! Was waren das ferner für wilde Gletscher, die drüben vom Inlandeis des Jostedalsbrae nach allen Seiten in die tiefen Fjordtäler hinabhingen, wie der Kjendalsbrae? Darf man die Täler noch Fjordtäler nennen? Sie sind ja, wie im Loensee, mit Süßwasser erfüllt."

B.: „Ich würde es wissenschaftlich ruhig tun. Ein Fjord ist doch ein U-förmig im Querschnitt, stufenförmig im Längsschnitt durch die Gletscher der Eiszeit ausgehobeltes und ins Meer getauchtes Tal. Wenn bei diesen Stufen die oberste aus dem Meerwasser herausschaut und durch eine Felsschwelle ein Süßwassersee abgedämmt ist, wie am Loensee, so bleibt das Glazialtal doch ein Fjord. – Nett war die Fahrt vom See zum Gletscher im Stuhlkarren, meine Frau neben mir, vor uns ein kleines kräftiges, graugelbes Pony mit hochstehender Mähne, zwischen uns die Leine und hinter uns, die Aussicht auf Gletscher und Bergwelt nicht verdeckend, der ruhige Kutscher. Am Seeufer kauften wir uns norwegische Handarbeiten, heimgewebte Wolldecken. Reizend das Bild, wie uns die blonden, rotbäckigen Mädel in ihrem Nationalkostüm nachwinkten, als wir mit dem Motorboot abfuhren."

Th.: „Ja, das war herzerfrischend! Schöner aber, als alles Fahren mit Schiffen, Motorbooten, Autos oder Stuhlkarren ist doch das Wandern. Das hatten wir, die wir uns alle unsere Reisen immer mühsam zusammensparen mußten, vor denen voraus, die mit mehr Glücksgütern gesegnet waren; wir mußten laufen, weil es der Geldbeutel nicht anders erlaubte. Wie unvergeßlich war unser Aufstieg von Merok über Utsichten nach der Djupwandshütte und vor allem der Abstieg."

B.: „Im dichtesten Nebel ging es mutig mit unseren Frauen weit über 1000 Meter bergan. Meine Frau schwärmte und schwelgte beim Anblick der Alpenpflanzen, die sie zu Hause mühsam züchtet. Alpenrosen, Enzian, Soldanella, Dryas usw. fand sie in Menge. Du warst so frisch und froh, daß du immer reimtest und sangst. Deine liebe Frau, die ja nie Spielverderberin ist, wurde angesteckt. Ich fand Gletscherschliffe und Strudellöcher und war auch in meinem Element. Als wir die Höhe erreicht hatten, brach die Sonne durch den Nebel, in Kürze war er aufgezehrt und die hehrste, großzügigste Berglandschaft enthüllte sich unseren staunenden Blicken. Überall war der helle Gneis vom Eise abgeschliffen. Ein weites Paßtal öffnete sich nach Innernorwegen, ein blauer Paßsee spiegelte die runden Bergkuppen, an denen blendendweiße Gletscher hingen und sich vom blauen Himmel abhoben. Die Frauen sonnten sich am Seeufer, wir stiegen zum Gletscher hinauf und studierten die ausbrechende Wirkung des Eises."

Th.: „Beim Abstieg aber sahen wir erst, was wir beim Aufstieg wegen des Nebels versäumt hatten. Prächtig waren die Stufen in dem Tale ausgebildet, wie es in einem vom eiszeitlichen Gletscher umgeformten Tale zu sein pflegt. Tief, tief unten lag auf dem Wasser des lichten Fjords unsere liebe „Lützow". Von der letzten Stufe, von Utsichten aus, sah er schon stattlicher aus. Mich fesselten vor allem die Siedelungen und die landwirtschaftliche Kultur. Auf die dürftigen Schafalmen folgten ohne scharfe Trennung die Kuhalmen mit torfgedeckten, bescheidenen Sennhütten. Tiefer unten lagen die Gehöfte inmitten der Wiesen und bescheidenen Felder. Wohnhaus, Stall, Schuppen, Speicher waren in je einem Gebäude für sich untergebracht, die Speicher ruhten auf Pfählen, und zwar waren „Mäusesteine", große flache Steine, eingeschoben, da die Mäuse nicht an der Unterseite derselben entlanglaufen können. Solch einfache Erfindungen werden überall auf der Erde immer wieder neugemacht. So sah ich das gleiche in den Alpen. Auch die Holzgestelle zum Trocknen des Heus, die man im feuchten Allgäu findet, sieht man in ähnlicher Form in dem nicht minder feuchten Norwegen. Alpine und norwegische Kulturlandschaft sind sich sehr ähnlich."

B.: „Ja, das Hochgebirge reizt immer wieder zum Vergleich mit den Alpen. Die Gipfelformen aber sind bei beiden Gebirgen völlig verschieden. In den Alpen sind die Hörner, die Zacken, die von Karen zerfressenen Grate die Regel, in Norwegen dagegen die rund abgeschliffenen Felsdome. Ganz selten nur sind die früher aus dem

Inlandeis herausragenden scharfen Gipfel, die ‚Tinder‘. Die anderen Kuppen nennt man ‚Nutt‘.“

Th.: „Das erinnert mich an den runden Jordalsnutt, den wir von Stahlheim aus sahen. Auch hier wanderten wir beide wieder an den Wasserfällen, den Felsen entlang über die Stufen das majestätische Gletschertal abwärts, um am nächsten Tage durch das nicht minder schöne Myrdal wieder über Stufen bergan nach Finse und zum Hardangerjökul aufzusteigen.“

B.: „Damit kommst du zu dem Höhepunkt unserer Reise, zum Besuch des Jökuls. Das erste war wieder für uns, nachdem wir in dem schönen Hotel in Finse, mit den weiten Aussichtsfenstern auf das Inlandeis, Platz genommen hatten, daß wir unsern Bleistift zückten und den Abfall des Gletschers zeichneten. Jenseits eines kleinen Sees, der in einer ausgeschliffenen Felswanne lag, erhob sich der gewaltige Buckel des Gletschers. Er spiegelte sich prächtig in den Fluten. Aus dem weißen Schilde des Eiskuchens ragten nur ganz wenige eisfreie Felspartien aper heraus. Wir beschlossen, einen dieser ‚Nunataker‘ zu ersteigen.“

Th.: „Wie genau du auch noch jede Einzelheit weist! Wir übersprangen den eiligen glasklaren Bach, stiegen über Gletscherschliffe bergan und betraten das Eis. Sonst ist das Betreten eines Gletschers an der Zunge eigentlich immer eine Enttäuschung, da durch die Moränen das Eis so verdreckt, so verschmiert und mit Blöcken überstreut ist, daß man das Weiß des Eises vergeblich im Schutt sucht. Hier dagegen kamen wir sofort auf klares, dickkörniges Gletschereis.“

B.: „Es war ja auch keine Zunge, sondern ein gleichförmiger Rand des Eises. Auch der Bach führte keine ‚Gletschermilch‘, wie in den Alpen. Der Eiskuchen liegt hier ziemlich tot auf dem Felsen und greift den Untergrund kaum noch an. Der Grund dürfte darin liegen, daß unser Jökul bei all seiner Größe und Majestät doch nur ein lächerlich kleiner, bescheidener Rest der eiszeitlichen Eismassen ist, die von Norwegens Hochgebirge bis zum Harze, Riesengebirge und Südrußland reichten. Damals war das Eis kräftig, lagerte schwer auf Berg und Tal, schrabbte und hobelte den Untergrund ab und schuf so das Material, das, vom Eise verfrachtet, ganz Norddeutschland aufbaut. Der jetzige Rest ist nicht mehr leistungsfähig.

Er schmiegt sich den Formen passiv an und gestaltet sie nicht mehr oder nur im bescheidenen Umfang aktiv um."

Th.: „Der Jökul war bei unserem Besuch stark im Rückgang begriffen, wie alle Gletscher Norwegens. Er hatte keine Endmoräne, sondern keilte ganz flach aus. Noch 100 Meter vom Ende entfernt konnte man durch das Eis den Fels sehen, mit dem Stock durch dasselbe stoßen, da es nur wenige Zentimeter dick war. An anderen Stellen allerdings schob sich das Eis mit hoher Front stark zerrissen vor und schimmerte tiefblau in den Tiefen der Spalten."

B.: „Bei so großen Eiskuchen, die bald hier, bald dort durch Schneegestöber ernährt werden, wird es immer meiner Ansicht nach Stellen geben, die im Vorstoß begriffen sind, wenn auch im allgemeinen ein Rückgang festzustellen ist. — Wir wanderten dann mehrere Stunden auf dem Eise und erstiegen, wie geplant, den Nunatak, einen abgehobelten, aber mit erratischen Blöcken überstreuten Felsbuckel. Du jauchztest vor Freude und Lust, als du als erster oben warst und die Rundsicht bewundertest."

Th.: „Sie war auch überwältigend großartig! Hinter uns die Wölbung des Eisdomes, dessen weiße Kuppe gegen den blauen Himmel abstach. Vor uns die Hochfläche Innernorwegens mit der flachen, seenerfüllten Mulde von Finse, durch die sich die Bergensbahn, die wichtige Verbindung der beiden größten Städte des Landes, Oslo und Bergen, schlängelt. Hier auf der Hochfläche ist sie gegen Schneeverwehungen auf weite Strecken mit Holz überbaut und führt durch Holztunnel. Als deutliches braunes Band zieht sie über die baumlose Hochfläche. Dieses wellige, kuppige Fjeld dehnt sich unabsehbar nach Norden aus. Ganz in der Ferne schimmert der flache Eisschild des Jostedalsbrae herüber und daneben einzelne scharfe Gipfel, die völlig aus dem Rahmen dieser Welt der abgeschliffenen Rundkuppen herausfallen."

B.: „Ja, das waren die spitzen Tinder von Jotunheimen, die höchsten Berge Norwegens, Galdhöpigen und Glittertind, so hoch, daß sie auch in der Eiszeit aus dem Inlandeis herausragten und als Nunataker scharfe alpine Hörnergestalt bekamen. Ein befreiendes, tief beglückendes Gefühl, einsam auf der Höhe dieses Panorama mit einem gleichfühlenden Freunde genießen zu können. Wir machten uns bald auf diese, bald auf jene Schönheit aufmerksam und berauschten uns an der Erhabenheit dieser Wunderwelt. – Doch es ist spät geworden, ich muß noch hinaus nach Babelsberg. Laß uns unsere norwegischen Erinnerungen mit diesem Höhepunkte beschließen. Ich trinke auf dein Wohl, lieber Freund und Reisegefährte! Daß, wie vorher und nachher, so auch in Zukunft manche Wanderung uns beglücken möge!

Th.: „Darauf stoße ich gerne an und trinke auf dein Wohl!"

Mein Verkehr mit Kannibalen und Steinzeitmenschen

„Was, Sie haben mit lebenden Menschenfressern verkehrt, die außerdem noch in der Steinzeit lebten? Sind Sie denn dabei gut weggekommen, ohne selbst aufgefressen zu werden?" Diese oder eine ähnliche Frage ist eigentlich jedesmal an mich gerichtet worden, wenn ich von meiner Forschungsreise nach Neuguinea erzählte. Ich konnte immer nur antworten, daß die Moskitos, Blutegel und andere Kleintiere gefährlicher waren als die primitiven Menschen. Denn sie brachten uns die heimtückischen Krankheiten, während man einer Heimtücke bei den mir lieb gewordenen Eingeborenen kaum begegnen wird. Sie sind zwar impulsiv, wie Kinder auch leicht hemmungslos sich den Augenblicksstimmungen hingeben, sie sind aber nicht nachtragend oder hinterlistig. Je länger man mit ihnen verkehrt, je genauer man sie kennen lernt, um so mehr wächst mit dem größeren Verständnis für ihre Psyche auch die Zuneigung zu diesen einfachen Leuten.

Ich hatte das große, nur wenigen Sterblichen zu Teil werdende Glück, mit Eingeborenen zusammenzutreffen, deren Kultur noch völlig steinzeitlich war. So wie unsere Vorfahren noch vor der Bronzezeit zur jüngeren Steinzeit lebten, als alle ihre Gerätschaften und Waffen nur aus geschliffenen, in Holz geschäfteten Steinen bestanden, so war es bei allen Eingeborenen, die ich abseits der Küste in Neuguinea traf. Wie es aber bei uns im Maschinenzeitalter hochgebildete Völker neben einfachen gibt, so ist die Bezeichnung „Steinzeitalter" nur ein Sammelname, unter dem ganz verschiedene kulturarme umherschweifende Horden mit vielen Zwischenstufen zusammengefaßt werden. Dabei wär der Name „Holzzeit" eigentlich charakteristischer als Steinzeit.

Dies sei vorangestellt und man wird einsehen, daß die erste Frage nicht mit einem Satz zu beantworten ist, daß vielmehr der Verkehr mit den Eingeborenen abwechslungsreicher war. Ich werde die Antwort wohl am besten geben, wenn ich einzelne möglichst ansprechende Episoden erzähle. Dabei werde ich mir Mühe geben, aus der Fülle des Erlebens etwas auszuwählen, was ich in meinem oben zitierten Buch „Im Stromgebiet des Sepik" noch nicht erzählte. Um etwas Ordnung in die Erlebnisse zu bringen, werde ich versuchen, auf der Stufenleiter der Kulturhöhen von unten nach oben emporzusteigen, aber halt zu machen, sobald mit der Kenntnis des Metalls die alten Sitten im Absterben begriffen waren.

Die primitivste Horde, die ich traf, waren wenige, etwa 15 Menschen, die in der Nähe der Wasserscheide des Zentralgebirges durch den Urwald zogen und plötzlich, für sie ebenso überraschend, wie für mich, bei meinem Zelte waren. Es waren Zwerge, Leute, etwa 130 bis 140 Zentimeter groß, nur bekeidet mit einigen Ringen von Rottang, jener oft vorkommenden Kletterpalme. Durch die Nasenscheidewand hatten sie ziemlich lange weiße Stäbe gezogen, das Gesicht leicht mit Asche weiß gefärbt, die Haare hingen mit langen Dreckklunkern bis zur Schulter herunter, sonst waren sie völlig nackt. Bewaffnet waren sie mit Pfeil und Bogen und wenigen Speeren, die oben in eine scharfe Bambusspitze ausliefen. Der Bambus zersplittert beim Aufprallen auf den Körper und reißt üble Wunden. Man darf die Wirkung steinzeitlicher Waffen überhaupt nicht unterschätzen. Die meisten Waffen haben Widerhaken oder splittern, sie sind so verschmutzt, daß mit ziemlicher Sicherheit eine Sepsis der Wunde eintritt. Alte Krieger weisen am Körper tiefe Narben und nur zu oft verkrüppelte Gliedmaßen auf. Die Wilden hatten solche Angst vor meinem Dackel, daß sie sehr bald auf Nimmerwiedersehen verschwanden.

Noch öfter habe ich im innersten Urwald zum Zentralgebirge hin Pygmäen, also kleinwüchsige Leute unter 150 Zentimeter Größe, getroffen. Sie waren zumeist heitere Menschen, anschmiegsam und hilfsbereit, nicht so kriegerisch, wie die größeren Hauptrassen. Sie sind von diesen in ausgesprochene Rückzugsgebiete verdrängt worden, haben sich aber auch zahlreich mit ihnen vermengt, wie meine wissenschaftliche Überprüfung aller anthropologischen Messungen unserer Expedition einwandfrei ergab. Wir trafen sie z. B. am Standlager Aprilfluß, wo wir den Proviant für den großen, dreimonatlichen Vorstoß von den Booten ans Land brachten. Wir hatten so viel zu tun, daß wir uns gar nicht um sie kümmern konnten. Sie saßen etwas abseits auf einem Baumstamm und bestaunten unser Treiben, das für sie gänzlich unverständlich sein mußte. Als eine

Kiste für unsere Jungen zu schwer war, griffen sie ohne weiteres zu und halfen tragen. Dafür wurden sie mit etwas roter Farbe, der begehrten Mennige, belohnt. Damit war Freundschaft und Friede geschlossen, sie halfen uns an den nächsten Tagen und der Ethnologe der Expedition, Dr. Roesicke, konnte sie bald in ihrer Hütte besuchen, Tauschhandel treiben, sie photographieren und messen. Die Hütte bestand aus einem Pfahlbau, der unter Ausnutzung von Bäumen breitausladend hoch gebaut war. Es war zwar kein eigentliches Baumhaus, wohl aber ein Anklang an ein solches.

Am mittleren Töpferfluß habe ich längere Zeit mit Zwergen zusammen gelebt. Ich bin auch mit ihnen zusammen photographiert worden. Sie reichen mir gerade bis zur Achsel, sind also, da ich 165 Zentimeter groß bin, etwa 145 Zentimeter groß. Sie hatten in jungen Jahren einen aus vielen Stäben bestehenden Panzer, ein enges Korsett, um ihren Leib geschnürt, nie abgelegt, so daß der Brustkorb weit herausgequollen war. Sie starrten unter dem Korsett von Schmutz, stanken und hatten viele Hautkrankheiten. Leider war bei ihnen ein gegenseitiges Umarmen das Zeichen für Freundschaft. Immer wieder wollten sie meiner Freundschaft versichert sein. Wer mit Menschenfressern verkehren will, darf nicht wählerisch sein, sondern muß sich an vieles gewöhnen.

Lassen Sie mich jetzt erzählen, wie wir ein bescheidenes Dorf am Südwestfluß auffanden und mit Hilfe eines Buschmessers Freundschaft schlossen. Wir waren bereits zwei Tage mit unserem Schleppzug flußauf gefahren, voran die Pinasse, folgend sechs Boote zu je zwei gekoppelt, ohne eine Spur der Anwesenheit von Eingeborenen gesehen zu haben. Keine Karte sagte irgend etwas über die Landschaft aus, es war ein völlig weißer Fleck auf ihr, den wir durch unsere Forschungen erst ausfüllen wollten. Kein Mensch konnte uns Auskunft geben, da alle Stämme sich feindlich gegeneinander abschließen, jeder Stamm seine eigene Sprache redet, Dolmetscher also nicht zur Verfügung standen. Eine Verständigung fand nur mit Zeichensprache statt. Mit ratterndem Motor fuhren wir den windungsreichen Fluß aufwärts, immer scharf achtgebend, daß wir den zahlreichen Baumsperren des Urwaldstromes geschickt auswichen. Da waren am Ufer wenige Bananenstauden zu sehen, dann einige Betel- und Kokospalmen, immer das Zeichen für die Nähe eines

Dorfes. Bald kamen auch wenige Hütten zu Gesicht, wir fuhren zum Ufer und stiegen an Land.

Kein Mensch war zu sehen. Die Papuas waren durch das Rattern des Motors von unserem Kommen unterrichtet, hatten uns längst erspäht, Angst vor den unheimlichen, weißangezogenen Menschen bekommen und waren in den Busch geflohen. Von dort wurden wir beobachtet, wenn wir auch niemanden sahen. Wir setzten uns im Dorf auf einen Baumstamm und frühstückten erst einmal. Es ist ein alter Grundsatz, der sich bei allen Völkern immer wieder bewährt, nie ein Haus zu betreten, wenn man nicht besonders eingeladen ist. Diese Höflichkeit, die bei uns selbstverständlich ist, soll man auch Kannibalen gegenüber nicht außer acht lassen, überhaupt die Leute ruhig und vornehm behandeln. Die Konservendosen, hellglänzendes, ganz unbekanntes Metall, ließ ich von meinem schwarzen Hausjungen etwa 50 Meter entfernt auf den Weg stellen, etwas rote Farbe und einige Glasperlen dazu tun und alles mit einem grünen Zweig bedecken. Er selbst mußte zurückkehren. Wir winkten nun in den Busch und lockten, wie man einen Hund lockt, natürlich auf Deutsch, da wir die Sprache nicht kannten. Es dauerte lange Zeit, aber dann rannte ein mutiger, schwerbewaffneter Krieger vor und holte sich die Geschenke. Das nun einsetzende heftige Palaver zeigte uns, daß eine größere Horde im Busch versteckt war. Wir legten eine zweite Büchse mit Geschenken hin, die dann schon ruhiger abgeholt wurden. Wir waren scheinbar unbewaffnet, denn unsere Metallgewehre und Pistolen waren ihnen natürlich unbekannt. Dann flötete ich ein Liedchen (ich glaube, es ist noch nie mit Absicht auf einen flötenden Menschen geschossen worden), so etwas hatten sie noch nie gehört, winkte mit grünen Zweigen und lockte endlich den ersten zu uns. Er wurde reich beschenkt, indem die Gaben stets zwischen uns gelegt wurden. Die Freude war groß, das Zutrauen wuchs, immer mehr bewaffnete Krieger kamen zum Vorschein. Alle wollten sie etwas geschenkt haben. Nach dem Grundsatz aber: für nichts ist nichts, fingen wir langsam den Tauschhandel an und zwar kauften wir zuerst einige Speere und Pfeile ab. Wir legten sie auf den Boden und bedeckten sie mit grünen Zweigen, ein Zeichen für Frieden, das sofort verstanden und mit Freude begrüßt wurde. Bald klopften wir uns gegenseitig auf Rücken und Schulter, redeten beide in unseren Sprachen aufeinander ein, wobei ich möglichst oft freundlich lachte. Dabei zeigte ich die Wunderwerke europäischer Zivilisation, als da sind: durchsichtiges Glas, ein Springring, ein Gummiball mit Loch, der spritzt, ein Spiegel, ein schneeweißer Gardinenring usw. Dann wurden für sie sehr nützliche Sachen vorgeführt, mit dem Buschmesser Zweige abgeschlagen, mit einem Hobeleisen, das nach Art ihrer Steinäxte geschäftet war, Äste zerklopft und mit Beilen Bäume gefällt. Welch ein Erstaunen über die Leichtigkeit unserer Arbeit und den glatten Schnitt! Jetzt war ihre Begehrlichkeit erwacht und bald konnten wir die schönsten Schnitzereien auf Sanduhrtrommeln sowie Schilder oder Schalen einhandeln.

Die Freundschaft wurde enger und enger. Wir konnten sogar auf Treppenbalken die Häuser besuchen, um uns die Waren auszusuchen. Da standen im Innern aufgereiht die Schädel der erschlagenen und verspeisten Feinde, teilweise braun angeräuchert, Schädel von Krokodilen, Schweinen, ferner Knochen von Kasuaren, die man zu Dolchen verarbeitet, Fischfanggeräte, Waffen und Kochgeräte. Alles war zu erhandeln, wurde eingetauscht und zu unseren Booten gebracht. Zum Schluß zeigten wir noch die Wirkung unserer Schußwaffen, indem wir einen hochsitzenden Kakadu vom Baume holten. Die Federn waren begehrt und wurden sofort ins Kraushaar gesteckt. Die Wirkung der Waffen wurde durch Schnalzen mit der Zunge respektvoll anerkannt, der Vorgang aber nicht verstanden, vielmehr unser Schießen mit einem Blasen verglichen. Sie machten es nach, indem sie durch die hohle Hand pusteten und dabei „Bumm!" sagten. Im Festzuge wurden wir zu den Booten geleitet. Die Kinder stürmten aus dem Busch, sahen der Abfahrt zu, und als wir erst etwas flußauf gefahren waren, kamen sogar die neugierigen Weiber. Auf unserer Rückkehr nach etlichen Tagen konnten wir uns in diesem Dorf frei bewegen, alle Häuser standen uns offen, kein Weib war geflohen, sie bewegten sich, mit ihren Baströcken wippend, ungeniert zwischen uns.

Mit Ruhe und vornehmer Zurückhaltung, dazu mit kleinen verlockenden Geschenken, befriedet man selbst den grimmigsten Menschenfresser!

Nicht immer gelingt es so leicht, wie ich eben erzählte. Manchmal galt es, nicht die Geduld zu verlieren und fünf-, sechs-, siebenmal wiederzukehren. Stets wurde aber nach dem gleichen bewährten Rezept gearbeitet. Einige Stämme waren mißgestimmt, weil wir zuerst bei ihren Nachbarn gewesen waren und diesen durch unser wertvolles Metall ein gewisses Übergewicht gegeben hatten. Ihre Befriedung dauerte etwas länger, aber stets ist es gelungen, Freundschaft zu schließen. Die beiden einzigen Ausnahmen habe ich in meinem Buch ausführlich erzählt, es war dies ein Kampf mit Kuome, einem Dorf, das wir angreifen mußten, weil uns von den Bewohnern einsam im Urwalde, nicht weit von unserem Hauptlager, ein Träger gespeert worden war, und ein nächtlicher Überfall auf mein Lager am Ende des Ostvorstoßes stattgefunden hatte. In beiden Fällen wußten wir nicht, daß Eingeborene sich in unserer Nähe aufhielten, konnten sie darum auch nicht befrieden.

Am oberen Sepik liegen in der Nähe der Mündung des Oktoberflusses ganz eigenartige Dörfer, die jeweils nur aus einem einzigen Haus bestehen. Diese „Hordenhäuser" sind sehr stattliche Gebäude, die 15 bis 20 Familien Unterkunft gewähren. Das eigentliche Haus, also die geschlossenen Wände unter dem Riesendach, thronte in luftiger Höhe auf sehr vielen dünnen Pfählen. Zu ihm stieg man auf einem Treppenbalken nicht weniger als 6 Meter (!) empor. Die Papuas mit ihren Greifzehen erklettern die Höhe geschickt wie ein Kakadu, ein Europäer aber mit seinen Stiefeln droht andauernd abzurutschen. Ich muß vor dem Besuch bei meinen Freunden warnen, nicht nur aus diesem Grunde, sondern ganz allgemein. Wenn 60 bis 80 Personen mit Hühnern, Schweinen und Hunden unter einem Dache leben, dort kochen und räuchern, so kann bei der tropischen Hitze die Luft unmöglich erquickend sein. In diesem Hordenhaus waren aber zu alledem noch zwei männliche Leichen aufbewahrt, deren Verwesung man abwartete, um dann den Schädel und die Knochen zu präparieren. Es war ein widerlicher Gestank! Wie glücklich war Freund Roesicke für seinen Beruf als Ethnologe prädestiniert, da er keinen Geruchssinn besaß. Man sieht aber daraus schon, daß die Kannibalen nicht ihre eigenen Angehörigen auffressen, sondern sehr pietätvoll nach dem Tode behandeln. Die Schädel werden mit Ton ausgekleidet, die Augen durch Muscheln ersetzt, echte Haare daran geklebt und jetzt das Gesicht angemalt, wie es der Krieger zum Kampfe zu tun pflegte. Diese Köpfe sahen im Halbdunkel der Häuser, wo sie aufgereiht an den Wänden auf Borten nebeneinander standen, unheimlich aus, als wenn die Köpfe frisch Geköpfter aufbewahrt würden. Das Ganze war also ein Aufenthaltsort, der Europäern mit schwachen Nerven das Gruseln lehren konnte. Wir verlegten, was man wohl verstehen wird, unseren Ruheplatz möglichst bald ins Freie auf die ebene Erde.

Vorher mußten wir noch die Festigkeit der Baukonstruktion des Riesenhauses bewundern. Der Hausboden war in luftiger Höhe ganz aus Lianen geflochten. Alle Häuser sind in Neuguinea, wo man kein Eisen kennt, nicht genagelt, sondern mit Rottang, unserem spanischen Rohr, zusammengebunden. Sie schwanken zwar, halten aber tropischen Stürmen, den häufigen Erdbeben und anderen Erschütterungen stand. Um uns das stolz zu zeigen, wie biegsam und doch fest ihr Haus wäre, sprangen alle Männer auf den Lianenboden und tanzten mit wilden Sprüngen hin und her. Der ganze Bau schwankte, daß einem angst und bange wurde. Dazu klapperten die Schädel und rasselten die Knochen, es rüttelten die Gerätschaften bei den vielen Kochstellen durcheinander. Ihnen machte es viel Freude, uns weniger.

Glücklich auf der festen Erde, veranstalteten wir ein Wettschießen zwischen ihnen und unseren Jungen. Wenn diese auch mit ihren Karabinern denkbar schlecht schossen, weil einige im Augenblick des Schusses vor dem Knall die Augen zumachten, so siegten sie doch himmelhoch über die Papuas, die mit ihren Pfeilen auf 30 Meter Entfernung große Schilde fehlten. So freundschaftlich war unser Verkehr geworden, daß wir sie bitten konnten, uns einmal einen Kampf vorzuführen. Sie bemalten sich im Gesicht und am Körper mit schwarzen, weißen und roten Arabesken, den drei Farben, die sie kennen, schwarz von der Kohle, weiß von dem Kalk und rot vom rot verwitterten Lehm. Sie schmückten sich mit Paradiesvogel-, Reiher- und Kasuarfedern, denn ohne Schmuck kein Kampf. Sie bewaffneten sich mit Speer, Bogen und Pfeilen, steckten den Kasuardolch in den Armring, banden glückbringende Muscheln oder Schnäbel von Nashornvögeln um den Hals und schulterten den großen, bemalten Schild. Aber nicht jeder trug einen Schild, sondern die zweite Reihe der Krieger deckte sich schildlos hinter der ersten. Es war schon ein denkwürdiges Bild, das sich uns bot: Am Ufer des rauschenden Stromes hinter dem Schilfgürtel auf freiem Dorfplatz vor dem hohen Hordenhaus, von dessem Balkon die Weiber zuschauten, waren auf jeder Seite etwa zwanzig Mann angetreten, die jetzt vor Kampfbegier den Boden stampften. Man rief sich Sätze zu, fing einen einförmigen Gesang an und begann einen Tanz. Dann sprang von jeder Seite ein Paar vor in die Mitte des Kampffeldes, verschoß seine Pfeile, indem es sich zu zweit hinter den Schild deckte. Alles fand bei sehr schnellen Tanzsprüngen statt, und zwar mußten stets die beiden zusammen kämpfenden und gemeinsam Deckung suchenden Krieger die ganz gleichen Sprünge machen. Der Gesang wurde wilder. Jetzt kämpften schon acht, jetzt sechzehn Krieger, und bald hatte sich der Kampf in lauter Einzelkämpfe zu je zwei Paaren aufgelöst, die sich mehr und mehr voneinander trennten. Es wurde ernster und erbitterter, ja, wären wir nicht dazwischengesprungen, ich glaube, sie hätten aus lauter Freundschaft für uns sich gegenseitig umgebracht und uns zur Kannibalenmahlzeit eingeladen.

„Haben Sie denn wirklich Menschenfraß gesehen?"

Ja, sogar photographiert, d. h. Roesicke in meiner Gegenwart. Ich habe in meinem Buche den Mann abgebildet, der den Oberschenkelknochen seines Opfers abnagt. Auch zeigt ein anderes Bild einen Jüngling, der stolz seine Mannbarkeit bewiesen hat, indem er eine Frau erschlug und ihren Kopf auf den Kulthügel vor dem Versammlungshaus im Dorfe niederlegte. Nach der Auffassung der Papua geht die Kraft des erschlagenen Menschen in die Person des Überlebenden über, er wird gewissermaßen ein Doppelmensch und darum wertvoller. Das wird der Hauptgrund der in Neuguinea bei allen Stämmen üblichen Kopfjagd sein. Dazu kommen noch andere Gründe. Der Eingeborene sieht keinen Unterschied zwischen Pflanze und Tier oder zwischen Tier und Mensch. Er fühlt sich vielmehr mit einzelnen Tieren verwandt, sie sind sein „Totem". So kann das Krokodil, die Krontaube oder das Känguruh das Totemtier sein. Dann identifiziert sich der Mann oder die Frau völlig mit dem Tiere. Sie dürfen das betreffende Tier nicht töten oder essen, weil sie sonst ihre Verwandten verspeisen würden. Sie dürfen keinen heiraten, der dem gleichen Totem angehört, sonst würden sie Inzucht treiben. Ich suche diese Weltanschauung durch folgendes Bild klar zu machen: Wir ordnen die Lebewesen in horizontale, übereinander lagernde Schichten an, bei denen oben die Menschheit thront. Im Totemismus dagegen ordnet man sie in senkrechte, nebeneinander stehende Säulen an. Bei beiden Prinzipien ist ein Übergriff von Schicht zu Schicht oder von Säule zu Säule streng untersagt. Sie dürfen keine Verwandten essen oder heiraten. Der Papua z. B. vom Frosch-Totem darf keinen vom gleichen Totem erschlagen und verspeisen, aber alle Wesen eines anderen Totem, also auch Menschen. Man weiß daher genau, zu welchem Totem selbst die Feinde gehören.

Endlich sind wir Menschen keine Vegetarier oder in einer Nachkriegszeit nur gezwungenermaßen. In Neuguinea gibt es nur wenige jagd- oder eßbare Tiere. Es fehlen in der australischen Tierwelt die größeren Säugetiere, wie Pferd, Rind, Hirsch, Tiger, Bär usw. Vögel sind schwer zu jagen. Nur Hund und Schwein sind seit langem eingeführt und haben sich bis in den innersten Urwald verbreitet. Darum leidet der Papua an Fleischmangel. Wenn er nun ein Wesen eines anderen Totem getötet hat, so ist es für ihn eine Selbstverständlichkeit, daß er es auch verspeist. Er setzte die gleiche Anschauung auch bei uns voraus, verbarg darum den Kannibalismus in keiner Weise, ja, nahm auch von uns an, daß auch wir die erschlagenen Feinde auffräßen. Dafür nur ein Beispiel.

Am mittleren Dörferfluß fanden wir ein verstecktes Dorf. Es war von allen Bewohnern bei unserer Annäherung fluchtartig verlassen worden. Nur einsam stand ein schlotternder Greis am Ufer mit allen Anzeichen einer grenzenlosen Furcht vor den unheimlichen Fremden. Er, der kraftlos kein Krieger mehr war, der der Dorfgemeinschaft keinen Nutzen mehr brachte, sondern nur ein unnützer Esser war, sollte uns zum Erschlagen- und Aufgefressenwerden ausgeliefert werden, damit das übrige Dorf verschont bliebe. Wir konnten dem armen Opfer unsere Sympathie nicht versagen. Wir beschenkten ihn reich. Mit freudigem Erstaunen rief der dem Leben wieder zurückgeschenkte Greis seine Dorfgenossen herbei. Sie kamen aus dem Busch, erst noch ängstlich, bald war aber die dickste Freundschaft geschlossen. Die Weiber brachten Bananen und Kokosmilch und wir trieben Tauschhandel. Als wir später aufbrachen, wurden wir von einer großen Flottille von Einbäumen begleitet. Die Ruderer wippten stehend im Boot, sangen und spritzten uns ständig Wasser entgegen, das Zeichen der Freundschaft in dieser Landschaft. Wir schlugen unser Lager mehrere Flußwindungen bergan auf. Es war gegen 5 Uhr, und um 6 Uhr geht die Sonne unter.

Kaum stand mein Zelt und mir wurde auf meinem kleinen weiß gedeckten Tisch von Kuenari mein Abendessen aufgetragen, als ich von verschiedenen Seiten dumpfes Trommelschlagen und einförmigen Gesang sich nähern hörte. Ich saß unter einem hohen, mit Lianen verschnürten Baum, den Fliegende Hunde umkreisten, hatte vor mir den über Geröll rauschenden Dörferfluß, zu den Seiten wildes Zukkerrohr mit einzelnen Arecapalmen und Bambusgebüsch. Es war eine malerische Bühne, auf der sich folgendes Schauspiel abspielte: Von links kam im Tanzschritt ein Trupp festlich geschmückter Krieger, alle mit prächtig geschnitzten Schilden und Schmuckspeeren ausgerüstet, einer hinter dem andern. Die sanduhrförmigen Handtrommeln gaben den Takt an. In respektvoller Entfernung ließen sie sich nieder und bestaunten, Betel kauend, den Weißen und seine Sachen. Ihnen folgten Weiber, die Sago, Jamms, Taro, Kokosnüsse und Bananen brachten. Ich gab als wertvolles Gegengeschenk einen großen, glänzenden Benzinkanister, dessen Metall wundervoll dröhnte, wenn man dagegen schlug. Kaum war die erste Szene vorbei, als sie sich in gleicher Weise von rechts wiederholte. So kamen in gleicher Form und in demselben Tanzschritt sieben bis acht Dorfschaften, ließen sich nieder, beschenkten uns und wurden beschenkt. Ganze Berge von Nahrungsmitteln, was ich sonst in Neuguinea nie erlebt habe, häuften sich vor uns auf. Der Verzicht auf den Menschenfraß hatte sich also rentiert. Die Kunde, daß der weiße Halbgott Freund sei und Friede brächte, hatte sich von Dorf zu Dorf verbreitet. Alle wollten ihn sehen, seine Wohnung, seine Kleider, sein Metall bestaunen und ihm ihre Opfer in Form der Eßwaren darbieten, damit er gnädig gesinnt bliebe.

Ein anderes Erinnerungsbild verdrängt die Fülle der Gesichte, die sich beim Niederschreiben ungewollt einstellten: Wir sind in den beiden sauberen Dörfern Kararau, die an einem ruhigen, fischreichen Altwasser des Sepik an dessen Mittellauf liegen. Prächtige Wohnhäuser liegen aufgereiht beiderseits einer sauberen Allee von Kokospalmen. Am Ein- und Ausgang des Dorfes steht in der Mitte der Allee je ein Versammlungshaus, jene kunstvollen in hohen Hörnern vorne und hinten emporstrebenden Bauten, so daß man von dem einen zum anderen durch die Palmenwedel einen malerischen Durchblick hat. Wir sind in den Versammlungshäusern mit Kokosmilch und Betel, letzteres zur Freude unserer Jungen, bewirtet worden. Der Tauschhandel hat beide Teile befriedigt. Sie bekamen Beile, wir herrliche, kunstvolle Tanzmasken und geschnitzte Einbäume, die heute die Zierde der deutschen Museen bilden. Wir wollten gerade mit unseren Schätzen unsere Boote besteigen, als ein lebhaftes Gebell uns aufhorchen ließ.

Die Hunde der Kanaker, wie man draußen die Papuas nennt, können nicht bellen. Die mageren kleinen gelben Köter mit einer tiefen Kummerfalte zwischen den Augen, nahe verwandt den australischen Dingos, können nur schauerlich jaulen. Es mußte also mein Dackel „Müller", sein. Der Strick mußte wieder irgend etwas angestellt haben. Daß er mir nur nicht den Frieden störte! Die Schwarzen mit ihren nackten Beinen hatten einen Heidenrespekt vor seinen scharfen Zähnen. Ich lief also lieber hin, um die Ursache der Aufregung zu ergründen. Da mußte ich aber laut lachen!

Auf einem freien Platze sauste mein kleiner gelber Dackel mit hochgehobenem Schwanze stets zwischen fünf Bäumen hin und her und bellte an ihnen hoch. An den Stämmen lehnten Speere, Bogen und Pfeile. Auf jedem Baum aber saß ein Eingeborener, der sich vor meinem kleinen Raubtier geflüchtet hatte. „Müller" war sichtlich stolz auf seinen Sieg und sprang jedesmal bellend hoch, wenn sich ein Arm oder Bein zeigte, das aber schleunigst wieder zurückgezogen wurde. So hielt der kleine Dackel fünf Wilde in Schach, wohl ein Triumph! Er verstand gar nicht, warum ihn sein Herrchen nicht lobte, sondern ihn hochnahm und ihm einige Klapse gab. Verlegen holten die mutigen Krieger ihre Waffen und drückten sich in die Menge.

Diese Episode in einem steinzeitlichen Dorf hatte den Frieden nicht gestört. Wir brachten unsere Schätze in unserem Boote unter, wir schossen noch den Freunden zum Dank einige stahlblaue und weiße Reiher und fuhren mit Gesang zum Altwasser hinausgeleitet, zu unserem Dampfer zurück. Solch köstliche Stunden müssen für viel Mühsal, Plage und Not auf einer Forschungsreise entschädigen.

Noch hochstehender als die Bewohner von Kararau waren die Leute am mittleren Töpferfluß. Hier wohnen nicht weit voneinander entfernt ganz dürftige Fischer im Grassumpf in Geketa, reichere Leute in der Nähe der Sagosümpfe bei Kumbragumbra und endlich die kunstreichen Töpfer von Kaamba am Flusse selbst. In Geketa gab es außer einigen Netzen und Reusen in den hohen Pfahlbauten fast keinen Hausrat, nur fielen die aus Binsen und Schilf geflochtenen Moskitonetze auf, die bei der unerträglichen Plage auch bitter nötig sein mußten. Kumbragumbra schien ein Zentrum wilder Kopfjagden zu sein. Der Ort lag auf Pfählen mitten im freien Wasser und war nur auf Einbäumen zu erreichen, ein steinzeitliches Venedig. Im großen Versammlungshaus waren durch Draperien einzelne Räume abgesondert. Diese Vorhänge aus Kokosfasern waren alle halbe Meter unterbrochen, indem als Kunstform stets ein menschliches Rückgrat, von dem die Rippen entfernt waren, eingeschaltet war. Außerdem standen wohl an die hundert Schädel, kahl und geräuchert oder mit Ton ausgekleidet und bemalt, an den Wänden herum. Es war also nicht gerade ein Aufenthaltsort für schüchterne Gemüter. Erzählen aber will ich vom Empfang in Kaamba.

Der Töpferfluß schlängelt sich auf viele, viele einsame Stunden durch den Grassumpf, bis endlich am Abend des ersten Tages ein Dorf Tschimundo erreicht wurde. Etwas oberhalb bezogen wir ein übles Sumpflager und wurden von den Moskitos fast aufgefressen. Die Schlitztrommeln dröhnten die ganze Nacht und werden den umliegenden Dörfern von dem mächtigen Fremden erzählt haben. Am Mittag des kommenden Tages näherten wir uns wieder einem Dorfe, was wir an kleinen Bananengärten sahen. Um die Ecke der Flußwindung lugten einige Schwarze, in ihren Einbäumen stehend. Als unser Schleppzug um die Windung herumkam, lag das stattliche Dorf Kaamba am Ufer aufgereiht vor uns.

Die Eingeborenen hatten uns wohl mutig von ihren Wohnstätten fernhalten wollen. Denn am Ufer standen auf vielen Plattformen die kriegsgeschmückten Mannen und drohten mit den Waffen. Am anderen Ende des Dorfes flüchteten noch die Weiber mit hochbeladenen Einbäumen von den Pflanzungen nach Hause. Wir ließen uns nicht schrecken, sondern fuhren mit unseren ratternden Motoren auf dem breiten Fluß außerhalb der Schußweite aufwärts. Das muß für die Nerven der Schwarzen so aufregend gewesen sein, daß ein völliger Stimmungsumschwung eintrat.

Das können keine gewöhnlichen Sterblichen sein, die ohne zu rudern so schnell und mühelos flußauf kommen und dabei noch sechs Riesenboote schleppen. Die weiße Hautfarbe, die weiße Kleidung, das viele seltsame Gerät, die zahlreichen mit rotem Lendentuch bekleideten Jungen, der knatternde Auspuff des Motors, vor allem die Furchtlosigkeit, mit der diese unheimliche, nie erlebte Macht trotz ihrer starken Kriegsausrüstung vorwärts drang, alles kam zusammen, den Widerstandswillen der Dorfbewohner zu brechen. Sie wollten nur noch unsere Gnade erflehen, denn wir mußten höhere Wesen sein. Die Gunst der Götter oder Geister gewinnt man durch Gaben. Schnell die Waffen beiseite, und opfern!

Sie stürzen zu ihren Häusern, legen die Waffen ab, laufen wieder zum Ufer zurück, springen in den Fluß und schütten uns ganze Kaskaden von Wasser entgegen und rufen laut um Gnade und erflehen Freundschaft. Andere holen Opfergaben und werfen sie in den Fluß. So schwimmen an uns Kokosnüsse, Bananen, armlange Jamms, Klumpen geräucherten Sagos, ja selbst kostbarer Tabak und Betelnüsse in solchen Mengen vorbei, daß wir nicht alles auffischen können. Da schwimmen als Opfergabe ein geschnitzter Schild, ein Einbaum mit prächtig verziertem Schnabel, einige Schädel und endlich große runde Gegenstände heran, die sich bei näherer Betrachtung als ganz prächtige Tontöpfe erweisen, wie wir sie so schön noch nicht sahen. Hier müssen wir an Land, um im Tauschhandel die besten als Museumsstücke zu erwerben.

Als wir dem Ufer zudrehten, jauchzten die Leute vor Freude, halfen uns beim Aussteigen, umarmten uns, spritzten wieder mit Wasser und geleiteten uns im Festzug zum Versammlungshaus. Dort begann der Austausch der ersten Geschenke. Rund um mich hockten an die vierzig bis fünfzig Männer, kauten Betel und spuckten den roten Saft mit Meisterschaft durch die Ritzen des Fußbodens in den unter uns strömenden Fluß. Da das Hocken ermüdet, bat ich durch Zeichen um eine Sitzgelegenheit. Sofort schleppten die Jungmannen einen dicken Baum auf die hohe Plattform des Pfahlbaus.

Langsam — man muß in Neuginea Zeit und noch einmal Zeit haben — konnte mit dem Tauschhandel begonnen werden. Wir merkten bald, daß wir ganz gewiegte Händler vor uns hatten, die den Wert ihrer Waren genau kannten, die zuerst versuchten, schlechtere Stücke an den Mann zu bringen und mit den besseren zurückhielten. Als sie aber unsere Stahlwaren, besonders die Beile, sahen, rückten sie mit dem besten heraus und wollten sich gegenseitig begehrlich übertrumpfen. Dabei stellte es sich heraus, daß wir das Zentrum der Topffabrikation gefunden hatten. Immer herrlichere Stücke kamen zum Vorschein, so daß die Wahl schwer wurde. Wie alle Gebrauchsgegenstände der Steinzeitleute, so waren auch diese Töpfe künstlerisch verziert. Dickbauchig, über einen Meter hoch, ohne Kenntnis einer Töpferscheibe gearbeitet, sind sie am Halse oft mit Ornamenten verziert. Ein Schweinerüssel oder ein Krokodilsrachen stülpt sich vor, auch Leguane oder Nashornvögel werden an den Töpfen modelliert. Der Künstler zeigte stolz sein Werk, klopfte mit dem Finger den Topf ab zum Zeichen, daß kein Sprung in demselben sei. Wenn die Töpfe nicht soviel Platz weggenommen hätten, hätten wir gern alle eingetauscht. So hatten wir mit der Wahl die Qual. Trotz unserer Beschränkung nannten wir bald so viel Prachtstücke unser, daß wir unmöglich alle mit uns flußauf nehmen konnten. Wir stellten sie um einen Pfahl und machten nach alter Südseesitte unser „Tabu"-Zeichen, einen Bastring, um denselben. Als wir nach 14 Tagen vom Oberlauf zurückkamen, lagen alle unsere kostbaren Töpfe unberührt an Ort und Stelle, wohl ein gutes Zeichen für einen „ehrbaren Kaufmann" der Steinzeit.

Doch ich möchte von dem Abend in Kaamba weiter erzählen. Ich ging durch das Dorf, wurde überall von Kindern umringt, denn diese merken sofort, ob man ihr Freund ist. Ich schenkte ihnen Perlen, versilberte mit Stanniol ihre kleinen schwarzen Fingerchen oder malte ihnen einen roten Ring um ihren Nabel auf dem dicken Bäuchlein. Ach, was waren sie stolz und selig! Und wie glücklich waren die Eltern.

Am Abend wurde mir, was sonst nur einmal während der ganzen Forschungsreise wieder vorkam, das Versammlungshaus als Übernachtungsraum überwiesen. Als ich hier mein Abendessen einnahm, war ich von staunenden Eingeborenen umringt. Der Klapptisch, das Tischtuch, Messer, Gabel, Löffel, Teller, alles wurde befühlt und bewundert. Und doch, der größte Gegenstand der Verwunderung war ich selbst. Plötzlich fühlte ich etwas Feuchtes an meinem nackten Arm. Eine schwarze Schöne hatte sich neugierig herangeschlichen und mit ihrem nassen Finger probiert, ob meine weiße Farbe auch echt wäre oder ob ich abfärbte. Als ich mich nachher wusch und die Kleider ablegte, war des Staunens kein Ende, daß ich am ganzen Körper weiß war.

Ich schlug mein Bett mit dem Moskitonetz in der lichten Halle des Versammlungshauses auf. Unter mir rauschte der Fluß, über mir war der hohe spitze Giebel, hinter mir standen die großen geschnitzten Schlitztrommeln und war ein Waffenlager von vielen Hunderten von Speeren und Pfeilen, neben mir waren an den Wänden zahlreiche Schädel, Kampftrophäen oder Erinnerungsstücke aufgereiht. Damit ich aber als geehrter Gast sicher schlafen konnte, hatten sich zu beiden Seiten des Bettes zwei angesehene Männer in vollem Kriegsschmuck ausgestreckt und wachten, betelkauend, die ganze Nacht. Es war wohl eine einzigartige Lagerstatt.

Wie fast an jedem Abend, so zog auch an diesem ein schweres Gewitter auf, ein richtiges Tropenunwetter mit unaufhörlichen Blitzen und wildkrachenden Donnerschlägen. Unheimlich grinsten die Schädel bei der zuckenden Beleuchtung, aber friedlich wachten die Kannibalen zu meinem Schutze. Der Platzregen trommelte auf das Dach, das zum Glück wasserdicht war. Doch nach einer Stunde war der Hexensabbath zu Ende. Um mir alle Stimmungen, wie auf einem Theater, vorzuführen, kam der Mond heraus und warf sein helles Licht in die offene Halle. Der Wind rauschte in den Kokospalmen, deren Schatten magisch an den Wänden hin und her huschten. Unter mir gluckste friedlich der Fluß, nur ab und an jaulte ein Kanakerhund.

Es war wohl die schönste, sicher die eigenartigste Nacht im Lande der Steinzeitleute und Kannibalen.

Wüstenfahrten in der Sahara

„Was für eine ungeheure Platzverschwendung!" Sprach's und verschwand in seiner Kabine.

Es war der Schiffsarzt, der nach einer ausgiebigen Silvesterfeier am Neujahrsmorgen einen kurzen Blick über die Wüste beiderseits des Sueskanals warf und diesen geradezu klassischen Ausspruch tat.

Ja, für viele Menschen ist die Wüste wirklich nichts anderes als eine „ungeheure Platzverschwendung", so daß sie erstaunt fragen, warum man in eine Wüste reisen konnte, wo es doch „bekanntermaßen" nichts zu sehen gibt. Ganz entgegengesetzt urteilt der Geograph. In der Wüste, wo das Auge von Horizont zu Horizont, ungehindert durch höheren Pflanzenwuchs, schweifen kann, wo alle Erdschichten unverhüllt zutage treten, gibt es für ihn viel mehr zu schauen und zu beobachten, als z. B. im tropischen Urwald, wo nach wenigen Metern die Sicht versperrt ist. Jeder Erdraum mit einer ausgeprägten Eigenart ist mir lieb. Die Wüste ist nun eine ausgesprochene Charakterlandschaft, in der das Klima als beherrschender Faktor die belebte und unbelebte Natur regiert.

In der Nähe der Wendekreise ist auf der Erde ein ausgesprochenes Hochdruckgebiet in allen Jahreszeiten ausgebildet. Die am Äquator infolge der Hitze aufsteigende Luft strömt oben nach beiden Seiten in den Antipassaten zu den Wendekreisen ab. Die Erde ist aber an diesen, weil sie eine Kugel ist, nicht mehr so dick wie am Äquator. Die Luft drängt sich zusammen und bildet ein Maximum. Jeder weiß, daß bei Hochdruck gutes Wetter zu herrschen pflegt. Ohne in die Tiefe der Wissenschaft allzusehr hinabzutauchen, sei nur kurz erwähnt, daß der Hauptgrund in einem Abwärtssteigen der Luft zu sehen ist. Sie kehrt in einem großen Kreislauf, vom Passat angesogen, an der Erdoberfläche wieder zum Äquator zurück. Wenn die Luft aus der Höhe zur Erdoberfläche absinkt, erwärmt sie sich, und zwar alle hundert Meter um einen Grad. Luft von zehn Grad Wärme in 3000 Meter Höhe kommt mit dreißig Grad auf der Erdoberfläche an. Nun ist Höhenluft an sich schon trocken, kann aber bei der Erwärmung immer noch mehr Feuchtigkeit aufnehmen, wird also trockener und trockener. Darum regnet es an den Wendekreisen nicht, es fehlt den Pflanzen das zum Leben erforderliche Naß. Räume ohne Vegetation nennen wir Wüsten. Das ist in ganz wenigen Worten die Ursache der Wüstenbildung unter den Wendekreisen.

Ewig heiterer Himmel spannt sich jahraus, jahrein über die Erde. Mittags brennt die Sonne erbarmungslos hernieder und dörrt Steine, Tiere und Menschen aus, nachts strahlt die Wärme ungehindert in den Weltenraum, da keine Wolkendecke sich schützend dazwischenschiebt. So heiß es am Tage ist, so kalt ist es in der Nacht. Schwarzes Gestein – und der Wüstenlack, der die meisten Felsen überzieht, ist schwarz – wird so heiß, daß man es nicht anfassen kann. Mit nackten Füßen auf ihm zu laufen, schmerzt in den Mittagsstunden. Des Morgens bei Sonnenaufgang kommt es nicht selten vor, daß der Tau gefroren ist. Die Wüsten haben die größten Schwankungen der Temperatur auf Erden. Die Gesteine springen mit lautem Knall, die Haut von Tieren wird schrumpelig, Menschen sehen schon im frühen Mannesalter wie Greise aus.

Kann es in der Wüste Tau geben? Ja. An sich enthält die Luft sehr viel Wasserdampf. Er kann nur nicht kondensieren und Regen geben, weil die Luft so heiß ist. Wird aber die Luft ausnahmsweise durch einen Wirbelwind in große Höhe gerissen und kommt damit in kalte Zonen, so bildet sich urplötzlich aus dem Wasser in Dampfform solches in flüssiger Form. Ein Platzregen stürzt vom Himmel. Sehr selten regnet es in der Wüste, man muß vielleicht zehn, zwanzig, vielleicht sogar hundert Jahre auf das Ereignis warten. Wenn es aber regnet, ist es immer ein vernichtender Wolkenbruch. Das Wasser stürzt die Wadis hinab und reißt sich mit Urgewalt ein. Kein Mensch hat mit einer solchen Katastrophe gerechnet und sich vorgesehen. Es ist darum schon richtig, wenn es paradox heißt: Die meisten Menschen ertrinken in der Wüste.

Doch wir wollen es genug sein lassen mit den trockenen Ausführungen. Ich mußte nur mit Nachdruck auf das Klima als den bestimmenden Faktor bei der Wüstenbildung hinweisen. Ich habe die Wüste außer am Toten Meer, am Sueskanal und beiderseits des Nils bei Kairo vor allem in Südtunis und Südalgerien auf tagelangen Fahrten im Auto kennengelernt. Aus der Fülle des Erlebens suche ich einige Fahrten von Tozeur in Südtunis heraus, weil sich hier auf nicht allzu großem Raume die Gegensätze drängen.

Wir hatten unsere Reise eigentlich ganz anders geplant, wir wollten gar nicht nach Tozeur. Der bitterkalte Winter von 1929 hatte aber, wie es ähnlich während der ganzen Eiszeit der Fall war, die Klimate der Erde etwas verschoben, so daß das Winterregengebiet des Mittelmeeres weiter nach Süden über den Atlas in die Sahara reichte. Die Platzregen und Wolkenbrüche hatten die Bahnen im Atlasgebiet an manchen Stellen unterbrochen. So mußten wir fahren, wohin wir konnten, nicht wohin wir wollten. Man soll mit dem Geschick nicht hadern, man weiß oft nicht, wie gut dasselbe es mit einem meint.

Tozeur war ein trefflicher Startplatz für Wüstenfahrten. Die würfelförmigen Häuser, auf deren flachen Dächern man lebt und schläft, liegen um einen sandigen, großen Marktplatz, geeignet, um Tiere und Zelte der Karawanen aufzunehmen. Kamele, und zwar die einhöckerigen Dromedare der Sahara, ruhen von langem Wüstenmarsch, Esel stehen geduldig daneben, Hammel werden von den in weiße Burnusse gekleideten Arabern gehandelt. Es wird gefordert, geboten und lange gefeilscht, denn die Hauptfreude am Kauf ist nicht das Ergebnis, sondern der Handel. Von der Höhe der Dächer blickt man nach drei Seiten auf die kahle Wüste. Die letzten Ausläufer des Atlas, eine lang sich hinziehende Kette, in der das kalkige Gestein steil in die Wüste untertaucht, begrenzen im Norden mit zackigen, aber niedrigen Sägezähnen den Horizont. Im Osten schimmert das weiße Salz des Schott Dscherid herüber. Im Westen dehnt sich unabsehbar die Wüste, die erst in weitester Ferne in das Dünenmeer der Erg übergeht. Die vierte Seite im Süden aber ist ein grüner, dichter Fruchthain, die Oase von Tozeur, in der im Schatten von vielen Tausend Dattelpalmen ein üppiger Fruchtgarten gedeiht. Wohin man sich also wendet, kommt man in gegensätzliche Landschaften, da gänzlich verschiedene Charakterräume rund um die Stadt aneinander grenzen.

Die Berge des Atlas besuchten wir bei el Hamma, zu dessen heißen Quellen uns ein Wüstenmarsch von 12 Kilometer Länge brachte. Es genügte diese Anstrengung völlig, um uns zu lehren, daß man nach dem Essen nicht durch die Sonnenhitze wandern soll. Zu sehen gab es auf dem Wege eigentlich nichts als Sand und Kies, beide blendeten die Augen mit ihrer gelben Farbe. So kamen wir müde in dem öden Neste el Hamma an. Hier belohnte uns nur das Studium der Bergformen, die durch das Sandgebläse der Wüstenstürme kahlgefegt sind. Harte Krusten überziehen alle Gesteine und schützen sie wie ein Panzer vor der Abtragung. Trotzdem waren einzelne Felsen durchlöchert, so daß der Wind hindurchpfeifen konnte, oder hatten tiefe Löcher, weil die pralle Sonne alle Feuchtigkeit und damit auch das Salz an die Oberfläche zieht. Von innen heraus verfaulen gewissermaßen alle Gesteine, nur ihre Krusten bleiben gesund, eine Wirkung der „Salzverwitterung". Der morphologische Geograph in mir lachte vor Freude, der physische Mensch aber jammerte vor Hitze und Durst. Als endlich ein klappriges Auto zufällig durch den Ort kam, siegte letzterer beim inneren Kampf. Ich fuhr heim, wenn mich auch der Ali am Steuerrad, die Situation richtig einschätzend, gewaltig übers Ohr haute.

Eindrucksvoller war unser Autoausflug in das Innere des Schotts Dscherid. Diese Salzpfanne ist die größte der Schotts, die in größerer Zahl am Atlasrand und auf den Hochflächen innerhalb des Gebirges liegen. Die gleiche niedrige Kette, die wir bei el Hamma besuchten, zieht ohne Unterbrechung als Schichtrippe weit nach Osten und bildet den Rand zwischen Gebirge und Wüste. Viele ergiebige Quellen kommen aus dem Gebirge und speisen üppige Oasen an ihrem Austritt. Ihnen kommen, weit von Süden her, Ströme des Grundwassers entgegen, die von den regenfangenden Hochgebirgen im Innern der Sahara gespeist werden. Wo nun das Gebirge aus der Tiefe an die Oberfläche taucht, wird das Grundwasser, welches in einer Wüste nie flächenhaft, wie bei uns, sondern nur in einzelnen Strähnen auftritt, auch zum Aufsteigen an das Tageslicht gezwungen. Wasser kommt also von beiden Seiten zum Wüstenrande. Jeder Tropfen Wasser enthält, in sich gelöst, etwas Salz. Beim ewigen Sonnenschein verdunstet das Wasser, das Salz bleibt zurück und reichert sich an. Die großen, flachen Pfannen am Gebirgsfuß sind die Sammelbecken für das Kochsalz. Diese galt es zu studieren.

Wir, Freund Thom und Frau, zwei Dresdener Geographiestudenten, die wir zufällig in Tunis getroffen hatten, und ich, fuhren dichtgedrängt im Auto mit einem Araber am Steuer in der Morgenfrische nach Osten, entlang der letzten Wüstenkette des Atlas. Oft haben wir das Auto verlassen, jedesmal, wenn es auch nur das Geringste zu beobachten gab, sind wir auch weite Strecken zu Fuß gegangen. Man nehme zum Studium von Wüstenerscheinungen ein kleines, langsames Auto, das des öfteren Pannen hat, damit man gezwungen ist, auszusteigen und sich die Zeit durch Beobachten verkürzt. Will man zu Fuß gehen, wird man zu abgespannt. Sitzt man auf hohem schaukelndem Kamel, ist man zu bodenfern, das Ab- und Aufsteigen ist auch zu mühsam, auch schläfert der Kameltrott ein. Sich auf einen Esel zu setzen, ist nicht zu raten, man weiß nicht, ob man dahinkommt, wohin man möchte, auch ist es dem Ansehen eines Europäers nicht dienlich, wenn er Meinungsverschiedenheiten mit einem Esel hat. Man nehme auf keinen Fall einen zu modernen Tourenwagen mit einem ehrgeizigen Chauffeur. Dieser frißt nur Kilometer und man sieht nichts vor lauter Hatz. Ein niedriges, klappriges Auto, aus dem man leicht ein- und aussteigen kann, und einen ganz in sein Schicksal ergebenen Ali als Lenker ist schon das Richtigste. Wir waren in jeder Beziehung gut bedient. Nur hätte unser Anhänger des Propheten die Mitnahme des Benzins nicht allzu sehr dem Schicksal überlassen sollen, dann hätten wir nicht auf der Rückfahrt das Auto in der einsamen Wüste stehen lassen und die letzten 5 Kilometer noch zu Fuß laufen müssen.

Oft klang es beim Fahren oder Wandern hohl, weil die Schuttkegel, über die wir am Gebirgsfuß fuhren, oberflächlich durch Kalk zu einer Kruste verbacken war, die hohl dem Untergrunde auflag. Wie Salz bei der Hitze und der Verdunstung ausblüht, so auch der Kalk, der dadurch alle Formen überzieht, sie festlegt und panzert, als sei von einem Riesenmaurer das Gebäude unserer Erde mit Zement verputzt worden. Solche Kalkkrusten sind typisch für kalkige Gesteine am Rande der Trockengebiete, wo es zwar noch regnen kann, die Verdunstung aber schon sehr beträchtlich ist.

Wir bogen nach Süden ab, hinein in die kahlste Wüste. Wo zuerst noch einzelne Gräser standen oder salzliebende Pflanzen fortkamen, hatte der ewige Wüstenwind kleine Sanddünen aufgeweht, die wie Windfahnen mit jedem Wechsel der Windrichtung ebenfalls umspringen. Mit den letzten Pflanzen hörten auch diese kleinen Sandhügel auf und tischgleich dehnte sich unabsehbar die weißglitzernde Ebene. Unser Autochen versuchte herzugeben, was an Pferdekräften ehedem in ihm geschlummert hatte. Aber Allah wollte es anders. Der Regen der letzten Zeit hatte die oberste Schicht des Salztons etwa 10 Zentimeter aufgeweicht, wodurch das Auto ins Schleudern geriet, sich einmal um sich selbst drehte und dann nur in den abenteuerlichsten Windungen vorwärts kam. Aber bald änderte sich der Boden und damit unsere Wegspur. Der schlüpfrige Salzton wurde von reinem Kochsalz abgelöst.

Als wenn in nordischen Breiten eine Seefläche zugefroren und nur etwas Schnee gefallen ist, so daß dadurch die Eisbahn nicht spiegelt, sondern stumpfweiß das Licht ungewiß zurückwirft, sah hier mitten in der heißen Wüste die steinharte, glatte Salzfläche aus. Zuerst hatten sich bei der Auskristallisierung des Salzes einzelne Vielecke von etwa einem Meter Durchmesser gebildet, die dem ganzen Boden eine Struktur gaben. Die Ränder zwischen den Polligonen waren etwas aufgepreßt und wenige Zentimeter erhaben. Ich beschreibe das etwas ausführlicher, weil in polaren Ländern solche „Polligonböden" im wissenschaftlichen Schrifttum in letzter Zeit oft beschrieben sind. Der Grund ihrer Ausbildung scheint mir bei beiden Ländern ein ähnlicher zu sein. Dort ein Arbeiten der obersten Bodenschicht über einem gefrorenen Untergrund infolge des häufigen Wechsels von Frieren und Auftauen, hier ein verwandtes Hin- und Herschieben der obersten Salzhaut auf fester Unterlage aus Salz infolge des Wechsels beim Auskristallisieren und Wiederauflösen. Darum schaltet sich auch die Zone der Vielecke zwischen dem noch etwas feuchten Salzton und dem trockenen festen Steinsalz ein.

Der Schott Dscherid ist fast 100 Kilometer breit. Eine Wegspur, eine „Piste", führt quer durch die Salzpfanne. Sie ist durch Pfähle in gleichem Abstand markiert, damit Reisende sich nicht verirren. Die Sicht ist nämlich ganz ungewiß. Die brütende Sonnenhitze über der schneeweißen Fläche bringt die Luft zum Flimmern. Rund um uns täuschten uns Fata Morganen. Kleine Salzpflanzen waren zu Bäumen und Sträuchern verzerrt, überall sah man Wasser, wo keines vorhanden war. Freund Thom ging voran. „Wie weit willst du denn in der Hitze noch laufen?" — „Nur bis zum Rande des Wassers, also keine 200 Meter, wie du an den Pfählen ablesen kannst." — „Drehe dich bitte um, und du wirst sehen, daß auch hinter uns in der gleichen Entfernung scheinbar Wasser ist, wo wir soeben trockenen Fußes wanderten." Wir schienen auf einer Insel mitten im Wasser zu stehen. Vom jenseitigen Ufer des Schotts trafen wir auf halbem Wege eine kleine Eselkarawane mit ihren schwarzen Führern. Sie

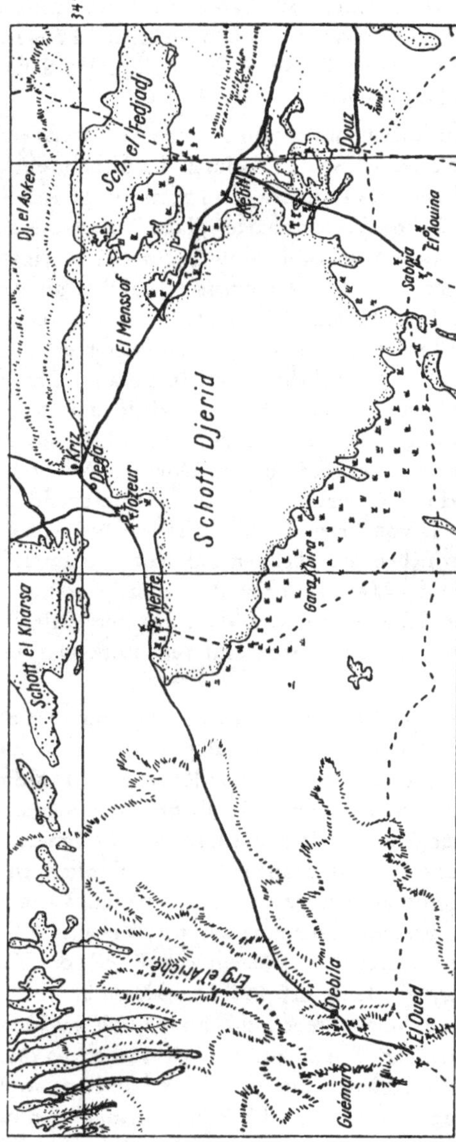

Schott Djerid in Südtunis

hatte dort viel Salzwasser durchquert. In prächtigen Kristallen war das Salz der konzentrierten Lauge an den Haaren auskristallisiert, so daß Mensch und Tier weiße Strümpfe anhatten.

Mit unserem Auto wäre ein Durchqueren des Schotts unmöglich gewesen. Als wir etwa die Mitte der Salzpfanne erreicht hatten, kehrten wir, von Hitze und Salzstaub durstig, nach Tozeur zurück. Wir haben weidlich geschimpft und uns nicht mit orientalischer Langmut in unser Schicksal ergeben, als wir die letzten 5 Kilometer müde und abgespannt wegen Benzinmangels wandern mußten.

Im Süden von Tozeur liegt die große Dattelpalmoase, eine von vielen in Südtunis und Südalgerien. Wer sich unter einer Oase nur einige wenige Palmen in der Nähe eines Brunnens vorstellt, irrt gewaltig. Es sind vielmehr ausgedehnte Palmenwälder, in denen oft 20 000–30 000 Palmen gedeihen. Dabei kann man von einer gut tragenden Palme etwa einen Zentner Datteln ernten. Gewaltige Mengen dieser Früchte stehen also jährlich zur Verfügung, so daß sich jede deutsche Hausfrau fragen wird, „was macht man denn mit all den Datteln, die bei uns vielleicht zu Weihnachten oder zum Nachtisch selten auf den Tisch kommen". Das ist in der Wüste gänzlich anders. Keine Karawane bricht auf, ohne die Datteln als Hauptnahrung mitzunehmen, keine Mahlzeit der Araber ohne diese Frucht. Sie wird in der verschiedensten Form genossen, süß, sauer eingelegt, frisch, getrocknet, zu Mehl gemahlen usw., ja, die Kerne geben, zerstampft und zermahlen, noch ein gutes Kamelfutter. Eine Araberin soll, bevor sie heiratet, über 200 verschiedene Gerichte von Datteln herstellen können. Die Kultur der Dattelpalme, welche erst die Araber bei ihrer Eroberung Nordafrikas mitbrachten und welche die von den Römern gepflegte Ölbaumkultur ablöste, erschloß erst zusammen mit dem etwa zur gleichen Zeit eingeführten Dromedar die Sahara, machte eine Durchquerung möglich, die vordem kaum jemals gelungen war. Es lohnt sich also, sich etwas näher eine Dattelpalmoase anzusehen.

Wir wanderten zu Fuß zur nahen Oase. Ich hatte einen Araberjungen zum Tragen meines Photoapparates genommen. Alle seine Freunde begleiteten uns, ständig um Bakschisch bettelnd. Besonders ein kleiner sechsjähriger Bengel, der nur mit einem knallgelben Hemd bekleidet war, umflatterte uns wie ein Zitronenfalter. Immer wimmerte er: „Un sous, Madame! Un sous, monsieur!", wobei er jedesmal sich auf den Kopf stellte, das ganze Körperchen entblößend, oder Rad schlug. Er war so niedlich, daß er natürlich zum Schluß für seine Arbeit in der Hitze gut entlohnt wurde und stolz abzog.

Das wichtigste an einer Oase ist das lebenspendende Wasser. Nur von seiner Ergiebigkeit hängt die Größe der Oase ab. Je wasserreicher die Quelle, je größer der Fluß, desto ausgedehnter der Fruchthain. Platz ist in der Wüste bis zur Verschwendung vorhanden, der Grund und Boden hat aber erst mit dem Wasser zusammen Wert. Das Nutzungsrecht am Wasser ist genau festgelegt und wird jedem Besitzer mit einer altertümlichen Sanduhr genau zugemessen. Es muß darum ein Damm mit wenigen Durchlässen quer über die Hauptwasserader kurz hinter dem Quellenaustritt gezogen werden, von dem aus das Netz der Gräben und Fließe sich verzweigt. Bei jeder Abzweigung liegt Lehm bereit, um die Ader zur rechten Zeit absperren zu können. Man besitzt also nicht nur Boden, sondern auch eine Menge Wassers und die Zeit, in der es einem zusteht. Man kann es verkaufen, vererben und ins Grundbuch eintragen lassen.

Vom Wasser hängt jegliches Leben ab. Es ist sogar altes Kriegsrecht und wird von Gläubigen und Ungläubigen geachtet, daß man das Wasser der Oasen schonen muß, es nicht durch Aas oder sonstwie vergiften darf. Die Städte und Dörfer, die niemals auf dem wertvollen Oasenboden, sondern nur an ihrem Rande in der Wüste liegen, sind oft zerstört worden. Die Oase ist ewig, solange das Wasser fließt. Die Siedlungen, die zu dem Fruchthain gehören, haben jedoch nur eine kurze Lebensdauer.

Der üppige Garten der Oase ist der Traum der Sehnsucht bei den Wanderungen durch die öde Wüste. Auf allen Zügen der Karawanen schwärmt man von seiner Fruchtbarkeit und seinem Reichtum, er ist das Paradies, der Garten Eden. Er lockt den Darbenden und Durstenden und wird bei der orientalischen Phantasie noch reicher und prächtiger, als er es an sich schon ist. Da nun die Nomaden der Wüste kriegerischer zu sein pflegen als die seßhaften Oasenbewohner, kommt ein Kampf und eine Zerstörung der Ortschaften in der Geschichte nur zu oft vor. Bisweilen bedrohen auch Wanderdünen die Siedlungen, die am Wasser der Oase halt machen. Auch im Westen von Tozeur schieben sich Dünen in bedenkliche Nähe der letzten Häuser des Ortes vor.

Wir wandern am Quellfluß entlang, der in stattlicher Breite einem Quelltopf entspringt und nach kurzem Lauf abgedämmt und aufgespalten wird. Wir betreten den schattigen Wald der Palmen. Es sind fast alles weibliche Datteln, nur wenige männliche stehen am Rande der Oase. Ihr Blütenstaub wird auf dem Markte gehandelt. An einzelnen Palmen ist man gerade mit der künstlichen Befruchtung beschäftigt und in die Wipfel gestiegen, in deren dichten Wedeln man kaum zu sehen ist. Die Dattel verlangt sehr viel Süßwasser, und zwar nur des Nachts. Bei Tage steht es für andere Kulturen zur Verfügung. Im Schatten der Palmen gedeihen daher Pflanzen fast aller Zonen. Wundervoll ist diese Üppigkeit und Fruchtbarkeit. Wie bei jeder Bewässerungskultur in heißen Ländern hat es der Mensch in der Hand, ob er Pflanzen des feuchten oder trockenen Klimas ziehen will.

Auf dem Boden grünen Gerste, Hafer und Weizen, aber auch in Überschwemmungsfeldern der Reis. Daneben wachsen Erdnüsse, Hennah, Zwiebeln und Gurken, Kürbisse und Melonen. Die Hitze ist so groß, daß Schatten nur erwünscht ist. Strauchobst und Baumkulturen gedeihen unter dem Schattendach der Palmen. Ostasiatische Sauerfrüchte, wie Apfelsinen, Mandarinen, Zitronen, treffen sich mit amerikanischen Opuntien und Kartoffeln oder den alten Kulturpflanzen des Mittelmeeres, dem Ölbaum und Wein.

Zum guten Fortkommen aller Kulturen ist außer der Bewässerung die Entwässerung fast ebenso wichtig. Wenn sie vernachlässigt würde, müßte der Boden in Kürze versalzen, weil die Verdunstung so groß ist. Mit unendlicher Mühe sind beide Systeme angelegt, indem die Gräben wie zwei Kämme ineinanderfassen. Die Entwässerung liegt etwa ein bis zwei Meter unter den Wasserzuleitungsgräben. Überall rauscht das Wasser in kleinen Kaskaden von oben nach unten und fügt das belebende Element zur Üppigkeit der Vegetation.

Zum Rande der Oase wird wegen der Verdunstung das Wasser bereits schwach salzig, besonders in den Entwässerungsgräben. Sofort gedeihen die Dattelpalmen nicht mehr so prächtig, sie stehen lockerer. Da der Schatten fehlt, wird auch die Bodenvegetation dürftiger. Noch weiter draußen stellen sich Steppengräser ein, bald aber salzliebende Pflanzen und schon sieht es aus, als ob es geschneit hätte, so blühen überall die weißen Salzkristalle aus. Dann dehnt sich südlich die Salzpfanne des Schotts Dscherid.

Die Oase ist nicht nur eine Insel der Fruchtbarkeit inmitten der öden Wüste, sondern auch der Feuchtigkeit. Wie überrascht es, auf einmal das Quaken von Fröschen, das Zirpen der Zikaden zu hören. Vogelgesang erschallt, Wiedehopfe fallen auf. Leider summen auch zahlreich die Moskitos, quälen die Menschen und, was schlimmer ist, bringen ihnen die Malaria. Es ist also fast so, als wäre ein Stück der feuchten Tropen, wie ich sie zur Genüge kennengelernt hatte, in die trockene Wüste versetzt. Oasen sind auch klimatisch Inseln, unterscheiden sich von den Tropen nur durch die Kühle der Nacht. Durch unsere ausgedehnte Wanderung durch die Oase Tozeur lernten wir den Typus einer Oase kennen, wie er sich oft in Nordafrika wiederholt, und zwar jedesmal, wenn reichliches Wasser aus Quellen oder Flüssen zur Bewässerung zur Verfügung steht. In Gabes, El Oudiane, Tougourt, Guerrara, Ghardaia, Laghouat, Nefta usw. trafen wir verwandte Landschaften. Es gibt aber auch völlig abweichende Bilder, wie der Besuch von El Wed, das El Oued der Franzosen, uns lehrte. Dahin gelangt man durch eine Wüstenfahrt quer durch die vierte ausgedehnte Landschaft, die im Westen an Tozeur grenzt.

Unser klappriges Kleinauto, das wir an den Tagen vorher benutzt hatten, genügte für diese Wüstenstrecken nicht; die hohen Dünen, die zu überwinden sind, erfordern einen besonders konstruierten Wagen. Wir mußten mehrere Tage warten, bis das auf zwölf breiten Rädern laufende Auto endlich eintraf.

Zwischen Tozeur und El Wed gibt es noch eine gut ausgefahrene Wegspur, eine Piste, die aber am zweiten Tage auf dem Wege nach Tougourt völlig aufhört. Der Weg führte zuerst stundenlang an Tausenden und aber Tausenden von Sandhaufen vorbei, die beiderseits des Weges sich unabsehbar aufreihten. Sie hatten sich um einzelnstehende dürftige Gräser und Sträucher etwa einen Meter hoch angehäuft; eine der trostlosesten Landschaften, die ich je sah. Sie wollte und wollte kein Ende nehmen, immer und immer wiederholten sich bis zum Verzweifeln diese gleichen gelben Sandhaufen, zwischen denen die Hitze stagnierte. Nur einmal in der Mitte des Riesenfeldes von Sandhaufen wurde die Eintönigkeit durch einen Brunnen unterbrochen, um dessen schwachsalziges, opalisierendes

Wasser sich acht Hirten gesammelt hatten. Von ihren Ziegen- und Schafherden sahen wir nur wenige Tiere. Der Rest hatte sich zwischen den Sandhaufen verkrümelt. Die Hirten selbst gehörten ganz verschiedenen Rassen an, Berber-, Araber- und Negerblut hatte sich vermischt.

Gegen Mittag hörten die Sandhaufen endlich auf. Eine hohe, 30 Meter messende blendende Düne bildete den Abschluß, sie war eine schöne Aussichtswarte beim einfachen Frühstück. Nach Süden und in unserer Vormarschrichtung nach Südwesten schob sich ein Dünenkamm hinter den andern. Den massigen breiten Sandrücken waren nur ganz oben scharfe Grate aus Sand aufgesetzt. Es waren die letzten Ausläufer des großen Sandmeeres der Erg, die es in den nächsten eineinhalb Tagen zu durchqueren galt. Wie das gemacht werden sollte, war uns vorerst noch ein Rätsel, wir waren ja aber nicht die ersten, die diese Route fuhren.

Mit einem weit verbreiteten Irrtum sei schon gleich jetzt aufgeräumt. Da sich die hohen Dünen so schön photographieren lassen, besonders wenn Kamele eine erwünschte Staffage bieten, so pflegt jeder Reisende aus einer Wüste solche Bilder mitzubringen. Dadurch setzt sich bei der Allgemeinheit die falsche Anschauung fest, als ob eine Wüste in der Hauptsache nur aus Dünen und einem großen Sandmeer bestände. Das ist zum Glück nicht der Fall, denn dann wäre sie sehr schwer passierbar. Vielmehr ist die nackte kahle Felswüste die Regel, Hammada genannt. Eine Hammada bietet dem Verkehr kein Hindernis, wenn nur in den nötigen Zwischenräumen Wasser vorhanden ist. Die Sahara ist in der Hauptsache eine Hammada, dann eine Kieswüste, eine Kewir, und nur als Ausnahme eine Dünenwüste, eine Erg. Ja, da Dünen aus Sand bestehen, Sand aber aus kleinen bis kleinsten gerollten Quarzkörnern besteht, so sammelt sich Sand nur in größeren Mengen an, wo in einer fernen Vergangenheit einmal Wasser geflossen ist. An uralte Flußläufe sind die heutigen Dünen gebunden, die Flüsse sind ausgetrocknet, aber ihrem alten Lauf folgt heute noch oft das Grundwasser. Daraus erklärt sich die im ersten Augenblick verwunderliche Tatsache, daß in Dünengebieten das Grundwasser häufig angetroffen wird. Ihm ist man verständlicherweise in der Tiefe der Dünentäler am nächsten, was für die Kultur der Dünenlandschaften sehr wichtig ist. Alles das sollten wir abends in El Wed überzeugend kennenlernen.

Auf hohem Dünenrücken fuhren wir langsam dahin und sahen lange Zeit nichts als Sand und nochmals Sand. Da war auf einmal unter uns im tiefen Dünental eine Dattelpalme, im nächsten Tal schon mehrere, dann noch mehr und endlich wurden überall die hohen gelbweißen Dünen in den tiefen Tälern vom dunklen Grün der Palmwedel unterbrochen. Da standen vierzig, dort sechzig, dann wieder nur sieben bis acht, aber auch einmal über vier- bis fünfhundert Palmen zusammen, immer aber von den hohen Dünen unterbrochen. Im ganzen zählt man viele Tausende von Palmen rund um den Ort El Wed.

Das eigentümliche an dieser Oase ist, das kein oberflächlich fließendes Wasser vorhanden ist, kein rauschender Bach zu hören, kein offener Brunnen zu sehen ist, sondern nur unsichtbar in der Tiefe das Grundwasser rinnt und die Lebensmöglichkeit für Pflanze, Tier und Mensch schafft. In den tiefsten Stellen der Täler gräbt man runde Löcher, wie trockene Brunnen und pflanzt in ihnen die jungen Dattelpalmen. Diese streben jetzt von selbst mit ihren Wurzeln zum Grundwasser, welches stets so reichlich vorhanden ist, daß man nicht zu bewässern braucht. Damit aber entfällt die Möglichkeit, unter den Palmen noch andere Kulturen zu ziehen. Der Eindruck, den diese Oase macht, ist mit dem der Bewässerungsoasen nicht in einem Atemzuge zu nennen, dort die oben geschilderte Üppigkeit der Kulturgewächse, hier dagegen wachsen einzig und allein Dattelpalmen auf dem kahlen Sande zwischen nackten Dünen. Die Sonne brennt erbarmungslos hernieder, wird von den hellen Dünen zurückgestrahlt und dörrt die Datteln, die dadurch besonders süß und wertvoll werden.

Auch in dieser Oase reißt die Arbeit nicht ab. Bei den in Wüsten stets ziemlich heftig wehenden Winden wird der Sand ständig von der Höhe der Düne in die Täler geworfen und droht die Palmen zu ersticken. Der Bauer muß in nie aufhörender Arbeit bei der Sonnenglut den Sand in Körben aus der Tiefe auf den Dünenkamm schaffen, bis ein nächster Wind ihn wieder hinunterweht. Wahrlich, eine Sisyphusarbeit!

Man ist freudig überrascht, mitten in diesen Dünen im Orte El Wed ein gut geführtes Hotel zu finden, das mit viel Geschmack und Eleganz dem Stile der übrigen Häuser angepaßt ist. Es gibt in den

Dünen kein Holz, da Palmenstämme zu wertvoll sind, es gibt auch keine Ziegelsteine. Der Sand aber ist gipshaltig. Bei der starken Verdunstung bilden sich viele Gipskristalle, die entweder in Zwillingsform auftreten oder blühenden Rosen nachgebildet erscheinen (Rosensteine). Aus diesen Steinen müssen alle Bauten hergestellt werden. Man wölbt die Decke über den einstöckigen Häusern. Von oben, vom hohen Minarett der Moschee, sehen die gewölbten Dächer aus, wie Kuchenbrötchen oder wie Tonnen. Als die Sonne farbenprächtig, wie in der staubigen Wüste immer, unterging, glitzerte und gleiste ganz El Wed, da die Kristalle der Gesteine aller Wölbungen das Sonnenlicht nach vielen Richtungen zurückwarfen. Auf dem nahen Marktplatz rüstete eine Kamelkarawane zum kühlen Nachtmarsch durch die Dünen. Wir verlebten den Abend unter glanzvollem Sternenhimmel im ummauerten Hofe unseres Hotels und freuten uns über das leise Gemecker einer Gazelle, die anmutig mit ihren zierlichen Gliedern auf den Gewölbedächern hin und her sprang.

Bevor wir am anderen Morgen zur eigenartigen Dünenfahrt mit dem Auto aufbrachen, hatten wir noch ein niedliches kleines Erlebnis. Freund Thom und ich hatten uns beide für die Reise durch die Kolonien der eleganten Franzosen nobel herausstaffieren wollen und waren beide auf den gleichen Gedanken gekommen, uns Papierkragen, Marke: „Nach dem Gebrauch wegzuwerfen", das Stück zu zehn Pfennig zu leisten. Sauberkeit und Eleganz sind aber Geschwister. Beide hatten wir nach dem Staub des vorigen Tages zufällig eine Erneuerung dieser Zierde unserer Kleidung für notwendig gehalten. Kaum hatte sich das schwere Auto in Bewegung gesetzt, als der arabische Portier angekeucht kam und hoch in der Hand einen schmutzigen Kragen schwang, den einer der Herren leider vergessen hätte. Wir dankten und fuhren neu an. Aber schon rannte ein zweiter Araber hinter uns her und schwang einen noch dreckigeren Kragen, welchen man leider auch im Zimmer habe liegen lassen. Die Freundlichkeit der Alis kostete uns natürlich etwas Trinkgeld. Bevor wir die Kragen hinter den ersten Dünen fortwarfen, erhob sich unter Gelächter ein edler Wettstreit, wem der dreckigere Kragen gehört hätte.

Mit einem weiten Bogen nach Norden ging es jetzt in das Dünenfeld mit unserem Auto. Lang sich hinziehende Dünenkämme, die sich ohne große Unterbrechung durch Täler dreißig bis fünfzig Meter hoch uns entgegenstellten, waren quer zu überschreiten. Der Vergleich mit einem wild erregten Meere, dessen Wogen Sturm und Dünung hoch aufpeitschten, das dann aber plötzlich erstarrt ist, drängt sich auf. Düne und Dünung sind ja die gleichen Worte. Wie sollte man bei dem ständig sich ändernden, von den Winden bewegten Sandmassen seinen Weg finden, wie die steilen Böschungen nehmen? Ganz selten im Jahre fährt einmal ein Wüstenauto diese Route, eine Wegspur ist nicht zu sehen.

Trotzdem hat die Kolonialverwaltung die beste Möglichkeit, die Dünenwellen zu überqueren, ausgekundschaftet und äußerst praktisch markiert. Sie hat einen Meter hohe Tetraeder, also dreieckige Pyramiden auf dreieckiger Grundlage, die von allen Seiten gleich aussehen, aus Zement geformt und in gewissen Abständen auf die Dünen gelegt. Wenn jetzt auch der Sand unter ihnen weggeweht wird und sie die Dünen hinunterkollern, immer ragt eine Spitze in die Luft und zeigt die Richtung an. Wir mußten oft auf der Höhe der Wälle aussteigen und Umschau nach der nächsten Dreieckspitze halten, die zuweilen kaum mehr aus dem Sande herausschaute, auch in einem Tale liegen konnte, trotzdem aber immer zu finden war.

Die steilen Böschungen der Dünen aufwärts schaufelte sich unser Auto selbst seinen Weg. Vorne waren zweimal vier breite Gummireifen angebracht, so daß der Wagen wie auf Raupenketten fuhr. Im Zickzack, ohne Weg, bald vor, bald zurück und wieder vor, den rieselnden Sand beiseite schiebend, so schob sich der Wagen hinauf. Dabei schaukelte er schlimmer als ein Fischdampfer bei Sturm in der Nordsee. Wer leicht seekrank wird, folge nicht unseren Spuren. Die Koffer rutschten hin und her, die Knochen bekamen manchen Puff, man mußte sich gut festhalten. Oft sprangen wir ab und kletterten trotz der Hitze nebenher. Aber wir kamen doch voran. Hinab fuhr das Auto einfach die steile Böschung hinunter. Da galt es nur rechtzeitig zu bremsen, damit es nicht mit dem Kühler in den Sand der nächsten Düne stieß. Leider paßte unser Chauffeur einmal schlecht auf, und schon saßen wir tief im Sand.

Weit und breit kein Mensch, keine Hilfe, keine Verständigungsmöglichkeit, kein Wasser, keine Nahrung! Zum nächsten Orte zu wandern ist es viel zu weit und viel zu heiß. Es half uns nichts, wir mußten zu Schaufel und Spaten greifen und trotz der Sonnenglut unser Auto ausgraben. Werkzeuge und Bretter zum Unterschieben unter die Räder waren in weiser Voraussicht mitgenommen worden. Nach einer Stunde Arbeit schob sich der Wagen weiter die nächste Düne hinan, und wir atmeten erleichtert auf. Ratternd, schnaufend, schaukelnd, mit dampfendem Motor, so wankte unser Wagen weiter, nahm aber einen Dünenkamm nach dem andern und brachte uns am Spätnachmittag heil aber müde nach Tougourt.

Tougourt ist berühmt wegen seiner artesischen Quellen, die von den Franzosen erbohrt sind. In dicken Strahlen sprudelt das kostbare Naß hoch empor, eine große Sehenswürdigkeit für alle Wüstensöhne, die sie staunend umstehen. Durch die wissenschaftliche Neuerschließung von Wasser haben sich die Franzosen ein großes Verdienst erworben, denn die Oasen konnten erheblich erweitert werden. Der Ort ist der Endpunkt einer Bahn von Biskra her und darum der Ausgangspunkt vieler Karawanen zur Durchquerung der Sahara. Das moderne Leben hat leider viel Urtümliches zerstört.

Eine Fahrt von zwei Tagen in einem guten Kleinauto brachte uns dann nach Westen über die Felswüste. Diese Hammada stieg langsam an, und zwar waren junge tertiäre Gesteine völlig waagerecht übereinander gelagert. Jede neue auflagernde Schicht hörte mit einer Stufe auf, zu der wir uns hinaufarbeiten mußten. Alle waren verschieden gefärbt, hellgelb, braun, rot, grün, oft dunkel bis schwarz, so daß man bis in weiteste Fernen den Aufbau ohne Mühe ablesen konnte. Bald fuhren wir auf heller Fläche und sahen den dunklen Rand der Schichtstufe vor uns, bald umgekehrt. Im einzelnen waren die Stufenränder abenteuerlich ausgestaltet und zogen den Blick immer wieder auf sich. Hohe Felsen in Pilzform, Wackelsteine, lange Bastionen mit überragenden oder überhängenden Deckschichten wechseln in vielfacher, oft fast lächerlicher Weise ab, machen die Fahrt interessant und bannen jede Müdigkeit, wenn auch keine menschliche Kultur die Wüste belebt. Das morphologisch geschulte Auge erkennt unschwer den Grund dieser absonderlichen Felsformen. Der sandbeladene, ewige Wüstenwind und -sturm streicht am Boden hin und formt als Sandgebläse Hohlkehlen am Fuß der Wände, so daß die oberen Felsschichten überhängen.

Nur dreimal trafen wir unterwegs Menschen. Zwei Reiter auf hohen, malerisch aufgezäumten Reitkamelen erinnerten an die Zeiten, als das Auto noch nicht die Poesie der Wüstenritte verdrängt hatte. Eine kleine Karawane, geführt von Arabern im weißen Burnus, begegnete uns ferner. Die dunkel gekleideten Frauen, die auf den Dromedaren unter hohen schwarzen Tüchern geschaukelt wurden, außerdem noch tief verschleiert waren, wurden von uns bei der Hitze nicht beneidet. Ein munterer Esel trippelte vorweg, er ist als kluger Wegsucher unentbehrlich. Er kann nicht wie die Kamele Durst ertragen und wittert darum auf weiteste Entfernung das Wasser zum Heil von Mensch und Tier. Eine selten reizvolle und malerische Volksgruppe, wie sie kein Künstler wirkungsvoller gruppieren könnte, lagerte endlich um einen Brunnen. Ein Araber war in den tiefen Brunnenschacht gestiegen, füllte den Tonkrug mit Wasser, der ihm am langen Turbanband hinuntergereicht wurde. Ein Kamel stand daneben und wartete geduldig, bis es getränkt wurde. Alle drei Begegnungen hatten ihre besonderen malerischen Reize und lösten Stimmungen aus, wie sie nur der unendlichen Wüste eigen sind.

So kamen wir ins Land der Mozambiten, einer mohammedanischen Sekte, die von den Rechtgläubigen fast noch mehr gehaßt wird als die Ungläubigen. Von dem Schwerte der Anhänger des Propheten verfolgt, mußten sie in die unwirtlichsten Zonen der Sahara fliehen, in das Schebka-Plateau, einer hohen Kalklandschaft, die durch einzelne Wadis tief zerschnitten ist. Das wenige Wasser, das der seltene Regen bringt, versickert sofort im Kalk, es sammelt sich tief unter der Oberfläche in einzelnen Adern. Darum sind die Lebensbedingungen der Mozambiten die denkbar schwierigsten. Der Kampf mit den Nachbarn zwingt zu großen Verteidigungsbauten, der Kampf ums Wasser zur Anlage sehr tiefer Brunnen.

Die Städte der Mozambiten, von denen ich Guerrara, Ghardaja, das heilige Beni Isguen und Beriane besuchte, liegen auf hohen Aussichtshügeln, sind mit festen Mauern umgürtet und bauen sich mit ihren kubischen Flachhäusern wie eine Stufenpyramide empor. Sie gipfeln in einem schlanken Minarett, der Aussichtswarte. Es hat einen Stil, der uns ungewohnt ist, die wir an die spitzen Nadeln mit umlaufenden Balkon denken, wie sie in Istanbul, Kairo oder Jerusalem zu sehen sind, der aber prachtvoll zum einheitlichen Stil der ganzen Städte paßt. Hier ist das Minarett ein schlanker, viereckiger Turm, der sich oben etwas verjüngt und in Zinnen ausläuft. Es ist die Krö-

nung der ganz aus einem Guß erdachten und gebauten Stadtanlage, die besonders bei Abend- und Morgenbeleuchtung sehr wirkungsvoll ist. Am Grunde sehr tiefer Brunnen gelangt man erst zu dem lebensnotwendigen Wasser. Es muß in mühsamer Arbeit gehoben werden. Tag und Nacht, jahraus, jahrein, knarren die Räder über den Brunnen, den vollen Eimer nach oben und gleichzeitig den leeren nach unten zu bringen, wobei Kamel und Esel dem Menschen helfen, der aber trotzdem die Hauptarbeitslast trägt. Das Wasser wird oben ausgegossen und fließt aus zahlreichen kleinen Kanälen zu einem breiteren Oasenfluß zusammen. Sieht man die Üppigkeit der Oasengärten, die mit denen von Gabes oder Tozeur wetteifern können, so möchte man zweifeln, daß jeder Tropfen Wasser erst aus großer Tiefe kunstvoll gefördert werden muß. Hört man aber die Musik des Arbeitsrhythmus, das ewige Knarren der Brunnenräder, die unablässig über den Städten lagert, so würdigt man erst die Leistung, der in ödester Kalkwüste lebenden Mozambiten.
Viele sympathische Züge machen das fleißige Volk liebenswert. Ich will zum Abschluß meiner Schilderung der Wüstenfahrten nur einiges zum Lobe von Mann und Frau dieses Wüstenstammes anfügen. In Beni Isguen, dem heiligen Orte, etwas südlich des Zentrums Ghardaja gelegen, waren nur alte, ehrwürdige Greise zu sehen, die, in lange weiße Burnusse gehüllt, in ruhigem Gespräch hin und her wandelnd den Marktplatz füllten. Keine Frau verläßt die Wohnung, kaum ein Kind ist zu sehen, vor allem vermißt man die tatkräftigen Männer. Das Oasenland, die Wassernutzung und Bewässerungszeit sind sehr teuer. Man geht daher in reifen Jahren in die algerischen Küstenstädte, erwirbt sich als Handwerker, besonders als Fleischer, ein gewisses Vermögen, verjubelt oder verpraßt es aber nicht, trotz aller Verlockungen daselbst, sondern spart, um sich im Alter in der Heimat Oasenbesitz zu erwerben. Die Liebe zur angestammten Scholle zwingt die Wüstensöhne selbst in die ödesten Räume zurück, die nur durch ihren Fleiß punktförmig in prachtvolle Kulturlandschaften umgewandelt sind.
Die Frauen sind sittenstreng. Das kann man ihren Nachbarn, den Ouled Nails, leider nicht nachrühmen. Von letzteren sahen wir viele Freudenmädchen, Bauchtänzerinnen, Gauklerinnen usw. zur ärztlichen Kontrolle in Ghardaja zusammengezogen. Wie groß war der Gegensatz zu diesen bei den Mozambiten! Wir wurden zu einer

Hochzeit geladen. Aber unsere Enttäuschung! Wir Männer „feierten“ abgesondert von allen Frauen. Auf der Straße hockten wir mit untergeschlagenen Beinen, die bald einschliefen, lauschten einem Märchenerzähler, den wir nicht verstanden, und bekamen hin und wieder das reihum gehende Mundstück einer Nargileh angeboten. Aber als Ehrengäste hatten wir den schweigsamen Bräutigam zwischen uns. Frau Thom ging es bei den weiblichen Teilnehmern des Festes ähnlich, nur sorgten kleine Kinder für etwas mehr Unruhe.

Am letzten Tage in Ghardaja besuchten wir zuerst den Marktplatz, den geräumigen Mittelpunkt der Stadt. Rund um den viereckigen Platz kann man unter „Lauben“ wandeln und handeln, die mit ihren romanischen Rundbögen einen ebenso einheitlichen Stil verkörpern wie die ganze Stadt. Ein wollener Wandteppich, ein kleines schönes Stück der Eingeborenenkunst, den ich nach langem Handeln erstand, hat lange Zeit mein Zimmer geschmückt, bis auch er mit vielen anderen Erinnerungswerten Bomben zum Opfer fiel. Dann stiegen wir hinauf auf die Höhe des von der Stadt eingenommenen Hügels und erkletterten das krönende Minarett. Der vor uns emporsteigende Araber rief laut etwas über die Stadt hinweg. Auf unsere Frage, was er gerufen, antwortete er: „Ich rief allen Frauen, die in den Höfen arbeiten, zu, sie hätten sofort in die Häuser zu verschwinden, weil Männer und noch dazu Nichtgläubige oben von dem Minarett in alle Höfe blicken könnten.“ Wir sahen keine der sittenstrengen Frauen.

Von oben aber sahen wir auf die Flachdächer, auf den Marktplatz, die umgürtende Festungsmauer und dahinter auf die unendliche Wüste, durch deren Kalkgestein sich ein tief eingerissenes Wadi schlängelte. In ihm grünte die Oase, der mit soviel Liebe und Mühe gehegte Fruchtgarten, die Lebensquelle der Bewohner.

Geographische Exkursionen mit meinen Studenten

„Herr Professor, machen wir nicht bald wieder eine Exkursion?", oder „Wo geht die nächste Exkursion hin? Ich möchte so gerne mit", oder „Sie haben ja erlaubt, daß ich das nächste Mal mit auf Exkursion darf. Wann führen Sie wieder eine und wohin geht sie?" Nicht ein- oder zweimal, nein, wohl hundertmal habe ich diese Frage in den verschiedensten Variationen in den letzten Kriegsjahren von meinen Studenten gestellt bekommen. Immer mußte ich die ungeduldigen Dränger vertrösten: „Wenn ich könnte, wie ich wollte und wie ich es für Ihre Ausbildung für unbedingt notwendig halte, lieber heute als morgen! Die Teilnahme an einer größeren Exkursion kommt meiner Überzeugung nach dem Studium eines vollen Semesters gleich, soviel lernt man auf derselben. Sorgen Sie dafür, daß die Bahn die Studienfahrten wieder erlaubt, und es soll morgen irgendwo hingehen. Deutschland ist so vielgestaltig, in der Natur- und Kulturlandschaft so abwechslungsreich, es ist so schön, daß es mir nicht schwer fallen wird, der Exkursion eine lehrreiche Aufgabe zu stellen."

In früheren Jahren kamen auch oft Frankfurter Freunde und Bekannte zu mir mit der Bitte: „Wie ich höre, wollen Sie demnächst wieder eine Reise mit Ihren Studenten machen. Das würde mich auch sehr interessieren. Darf man sich einmal anschließen? Ich trage selbstverständlich alle Unkosten für mich." „Aber gerne, nur muß ich leider darum bitten, daß Sie vorher eine kleine Prüfung in Morphologie, Klimatologie und Anthropogeographie bestehen, und zwar in Ihrem eigenen Interesse. Denn als älterer Herr werden Sie natürlich andauernd von jüngeren Semestern ausgefragt und wollen sich doch nicht blamieren. Auch muß ich bitten, wie alle Teilnehmer, ein wissenschaftliches Protokoll zu übernehmen, das später in unserer Bücherei aufbewahrt wird." „Was, so wissenschaftlich geht das zu?" „Na und ob! Es ist mehr als einmal auf jeder Exkursion vorgekommen, daß sich die Gemüter erhitzten und wir abends um zwölf Uhr immer noch debattierten, wenn wir auch am kommenden Tage um sechs Uhr zu einem langen Tagesmarsch aufbrechen mußten." „Daß Sie körperlich viel von Ihren Studenten verlangen, hörte ich schon. Aber ich dachte, es sei mehr eine Reise zum Abschluß des Semesters mit Empfängen bei Kurverwaltungen, Werkdirektoren und so." „Nein, es ist ja keine Reise, Ausflug oder Fahrt, sondern eine wissenschaftliche Exkursion zur Ausbildung und Schulung meiner Schüler im Beobachten." „Dann bin ich doch wohl nicht richtig unterrichtet und falsch am Platze. Ich bleibe also doch lieber zu Hause und wünsche viel Vergnügen!" „Danke, dafür braucht man nicht zu sorgen. Wenn gesunde, junge Menschen zusammen sind, kommt die Lust und der Frohsinn von alleine."

Den wäre ich auf anständige Weise wieder losgeworden. Ich bin ja sonst gern gefällig, aber im Frieden mußte ich schon die Zahl der studentischen Teilnehmer auf höchstens zwanzig beschränken, wenn die Gruppe arbeitsfähig bleiben sollte und wir überhaupt ein Unterkommen finden wollten.

Trotzdem habe ich stets gern ältere Kollegen mit auf größere Exkursionen genommen, wie ich es immer begrüßt habe, wenn mehrere Assistenten und Doktoren an der Studienfahrt teilnahmen. Die Aussprache über die einzelnen wissenschaftlichen Probleme wird eine tiefere, wenn nicht zu junge Semester zusammen wandern. Auch haben sie mir stets prächtig geholfen, indem sie einfachere Fragen den jüngeren Studenten noch einmal klarlegten und mich dadurch sehr entlasteten.

Eine größere Exkursion, die zehn bis zwölf Tage dauert, ist für den Leiter eine sehr große geistige und körperliche Anstrengung. Von morgens früh bis abends spät muß man auf alle Fragen der Studenten eingehen und selbst aus Bemerkungen, die im Anfang töricht erscheinen, noch einen guten Kern herausschälen. Trotzdem man älter ist als die Zuhörer, soll man körperlich das gleiche leisten. Ich stand immer auf dem Standpunkt, daß Offizier und Soldat das gleiche essen und gleich untergebracht sein sollen. Für den Professor darf niemals eine Extrawurst gebraten werden, wenn er das Vertrauen und die Zuneigung seiner Schüler behalten will. Dabei ist es selbstverständlich, daß alles so sparsam und billig wie möglich eingerichtet wird, damit auch der ärmste Student teilnehmen kann. Es wäre völlig ausgeschlossen, daß der Professor in einem vornehmen Hotel, die Studenten aber in einem einfachen Gasthof nächtigten. Es wird einmal am Tage, und zwar nach dem Marsche am Abend, warm gegessen und natürlich für alle das gleiche. So komme ich nach einer großen Exkursion stets ganz erschlagen wieder zu Hause an, muß mich erst einmal gründlich ausschlafen und mich von meiner Frau pflegen lassen.

Allen Anstrengungen und Mühen zum Trotz sind die Stunden, die ich mit meinen Studenten auf mehr als vierzig Exkursionen zubrachte, die schönsten des von mir so sehr geliebten Lehrberufs gewesen. Daß auch meine Schüler mit Begeisterung an unsere gemeinsamen Wanderungen zurückdenken, weiß ich. Denn jedesmal, wenn sich alte Frankfurter Geographen unter sich oder mit mir treffen, kommt sehr bald das Gespräch auf dies oder jenes Erlebnis, die Augen leuchten auf, und die Stimmung wird froh. Viele Lebensfreundschaften, ja, auch manche glückliche Ehe haben ihre Wurzel auf diesen Exkursionen gehabt. Ich möchte die Stunden, wo ich mit der Jugend jung und froh war, nicht aus meinem Leben missen.

Für meine Assistenten war die Vorbereitung sehr mühevoll. Hatte ich den Plan aufgestellt, so galt es, das Kursbuch zu wälzen, an die Gasthöfe zu schreiben und den Preis festzulegen. Seitdem wir einmal Tag für Tag in Sachsen Kalbsbraten mit Blumenkohl bekommen hatten, mußte der Assistent sogar den Speisezettel vorher festlegen. Die Antworten waren ganz verschieden. Der brave Bauernwirt aus dem Neste Schierbrook im Oldenburgischen schrieb auf all unsere Wünsche, und zwar, nachdem wir nach 14 Tagen unseren Brief mit Antwortpostkarte wiederholt hatten, nur die beiden Worte: „Kommt man." Ich sagte sofort: „Das Essen wird gut, das Quartier aber mäßig." Und es war auch so. Eine riesige Schüssel Milchreis mit Pflaumen, gebratene Leber usw. dampfte auf dem Tisch und wurde immer wieder gefüllt.

Die Exkursionen standen entweder unter einem gemeinsamen Leitgedanken, indem ein wissenschaftliches Problem untersucht wurde, oder indem eine Landschaft, ein Gebirge, eine Küste in ihrer Eigenart studiert wurde. Gern ging ich im ersten Jahre zur Küste und nach Norddeutschland, im zweiten in die Mittelgebirge und im dritten ins Hochgebirge, damit jede Studentengeneration alle drei Charakterlandschaften unter wissenschaftlicher Führung kennenlernt. Wie ernst wir es mit der Wissenschaft nahmen, mag man daraus sehen, daß wir vor dem Aufbruch mehrere Sitzungen des Geographischen Seminars für die Behandlung der Probleme der Exkursion opferten. Ging es in die Alpen, so war ein volles Semester nötig, um die wichtigsten Fragen vorher durchzunehmen. Dann hatten aber Lehrer und Schüler auch Gewinn von der Reise.

Auf der Exkursion selbst wurde sofort bei jedem Objekt, das sich uns bot, halt gemacht und es wissenschaftlich erklärt. Es wurde als Beispiel genommen für ähnliche Erscheinungen in anderen Landschaften oder Klimaten. Ein Schuttkegel wurde besucht. „Sagen Sie einmal, Fräulein X., müssen die Steine in einem Schuttkegel kantig, kantengerundet oder gerollt sein? Wo kommt der Schutt her? Was können Sie also erwarten? Gehen Sie hin und sehen Sie sich die Sache an!"

An einem Gletscher: „Herr Dr., Sie sind ja Sportlehrer. Sie wissen, daß man einen Gletscher, der Spalten hat, nur angeseilt betreten darf. Wo treten bei einem Eisstrom Spalten auf, wo nicht?" „Spalten, wo das Eis unter Zugkräften steht; keine, wo es unter Druckkräften steht." „Sehr richtig! Wo dürfen wir oder Sie mit Ihrer Klasse also unsern Gletscher ohne Seil nicht betreten? Wie verlaufen die Spalten unter dem Neuschnee, wo wir sie nicht sehen?"

Zwei unterhalten sich eifrig über abseitige Fragen, vielleicht über die Oper. Ich platze mitten dazwischen: „Was war das eigentlich für eine Dorfform, durch die wir eben gingen?" „Ich habe leider nicht aufgepaßt." „War die Dorfflur verkoppelt? Was wurde angebaut? Wohin geht der Absatz? Wie waren die Hausformen? Ist es ein reines Bauerndorf, wohnen in ihm Handwerker oder Industriearbeiter? Gibt es Großgrundbesitz? Die Augen auf, meine Damen!"

„Stehen wir auf der gleichen Höhe mit jenem Vorsprung oder jener Terrasse? Bitte, lesen Sie auf der Karte, mit dem Horizontglas oder dem Barometer unsere Höhe ab. Ein Geograph muß jeden Augenblick wissen, wie hoch er sich befindet."

„Wie alt ist wohl dieser Wald? Ist es Forst oder Bauernwald? Kommt hier Reutbergbetrieb vor?"

„Wenn wir jetzt durch die Stadt gehen, wollen wir niemand fragen, sondern nur beobachten, wie das Straßennetz sich verzweigt, wie die Stile der ältesten Häuser sich vom Kern nach außen hin wandeln, wo die Kirchen, die Marktplätze usw. liegen. Wir wollen sehen, ob wir die Geschichte der Stadt richtig nur durch Beobachten herausbekommen. Herr Y., Sie haben sich ja zu Hause gerade mit dieser Stadt beschäftigen wollen. Ich darf Sie bitten, uns später zu verbessern und uns dann in einem Vortrag die Entwicklung zu erläutern."

Jeder Teilnehmer erhält vor dem Aufbruch einen Tag zugewiesen oder ein Sonderproblem zugeteilt, das er nach dem Schrifttum gründlich bearbeiten muß, so daß stets ein Sachverständiger vorhanden ist. Ich vermeide es, so gut es geht, sogenannte „Bergpredigten" zu halten, d. h. draußen in der Natur geschlossene Vorträge zu veranstalten, wie es im Hörsaal üblich ist. Dafür pflege ich des Abends nach dem Essen das Geschaute noch einmal zusammenzufassen, was bei einem Glase Bier und einer Zigarre in aller Formlosigkeit geschieht, woran sich eine Debatte knüpft. Je anstrengender ein Tag war, je größer das Erleben, um so lebhafter ist merkwürdigerweise die Aussprache am Abend. Wenn der Körper auch müde ist, der Geist will noch nicht zur Ruhe kommen. Zwanglos geht die Aussprache in den gemütlichen Teil über, bei dem gescherzt und gelacht wird. Ganz köstliche Abende haben wir erlebt, wo man jung mit der Jugend war, wo gesungen, vorgetragen, in Pantoffeln getanzt wurde und der Wein kreiste, „bis Hahnenschrei verkündet den kommenden Morgen". Wieder lehrt die Erfahrung, daß, wenn man am Tage viel vom Geist und Körper verlangt hatte, der Abend nur um so schöner wurde. Es ist dies nur ein scheinbarer Widerspruch.

Am Ende der Exkursion wird ein großes Protokoll verfaßt. Jeder Teilnehmer hat einen Tag oder eine Sonderfrage zu behandeln, die erst am Ende ausgelost werden, wodurch die Aufmerksamkeit bei allen Teilnehmern während der ganzen Reise gewährleistet ist. Jedes Lichtbild, vor allem auch die Scherzaufnahmen, kommen in das Protokoll. Meine Instituts- und Privatbücherei, die beide zur gleichen Zeit durch Feuer vernichtet wurden, bargen wahre Schätze an diesen wissenschaftlichen Niederschriften.

Ich glaube, jetzt wird mir jeder zugeben müssen, daß ein großer Unterschied zwischen einer Erholungsreise und einer wissenschaftlichen Exkursion besteht, was für jeden Teilnehmer, vor allem aber für den Leiter, gilt. Ich habe das mit starker Unterstreichung hervorgehoben, weil ich jetzt meine Leser einladen möchte, unbeschwert genießend einige wenige Tage mit der frohen Schar meiner

Studenten zu wandern, zu schauen und sich zu erfreuen. Es ist nur schwer, aus der Fülle schönster Erinnerungsbilder geeignete Lichtpunkte auszuwählen.

Es ist mein Geburtstag, den meine Schüler irgendwie herausbekommen haben. Wir sind Ende Mai in *Flüelen* am Vierwaldstätter See. Ich werde geweckt, indem sie mir vor meinem Fenster ein Ständchen bringen und mir das liebe Geologen- und Bergmannslied singen: „Glück auf, Glück auf, der Steiger kommt.“ Die Sonne lacht, wir wandern in der Morgenfrische zum Delta der Reuß, die mit ihrem kalten Wasser sofort im See untersinkt und die Fülle ihrer zentralalpinen Gerölle liegen läßt, so daß das Delta rasch wächst. Dann fahren wir mit der Gotthardbahn durch das eiszeitlich umgeformte Tal aufwärts, wobei alle Stufen in Kehrtunnels überwunden werden. In Göschenen steigen wir aus, besichtigen den Tunneleingang des Gotthards und wandern die Schlucht durch das Urgestein über die Teufelsbrücke und den „stiebenden Pfad“ hinauf zum hohen, breiten Längstal von Andermatt. Unsere Untersuchungen, die sich mit der Verkehrsgeschichte Andermatts beschäftigten und in der Bauweise der Häuser die Zeit der reichen Fuhrwerkbesitzer, den Niedergang nach dem Bau des Tunnels und den neuen Aufschwung im Zeichen des Autos und Autobus leicht wiedererkannten, will ich hier nicht wiedergeben, wie ich auch nicht auf Glazialmorphologie oder Almengeographie eingehen möchte. Wir waren unten am Vierwaldstätter See im blühenden Frühling gewesen, jetzt aber über 1000 Meter höher noch im ersten Tauen des Schnees, so daß die Bächlein von den Bergen sprangen. Wir wollten über die Furka nach Gletsch. Dort war aber noch tiefster Winter mit Lawinengefahr. Es wäre eine Winterhochtour und nur für geübte Skiläufer zu zwingen gewesen. Kurz entschlossen warfen wir unseren ganzen Reiseplan um und versuchten ein Unterkommen in Locarno zu finden, das damals noch wegen der Konferenz berühmt war.

Während wir uns draußen an den fast noch unter dem Schnee blühenden Alpenblumen, wie Dryas und Soldanella, erfreuten, auch die Bedeutung der Pässe Gotthard, Furka und Oberalppaß im Wechsel der Zeiten klarzulegen suchten, telephonierte mein lieber Dr. Gl. lange mit Locarno mit dem Erfolg, daß er uns gut und preiswert in einer Villa unterbrachte. Schnell ging es nach Göschenen hinunter, elektrisch durch den Gotthard und mit fast beängstigender Geschwindigkeit in das Schweizer Kolonialland, den Kanton Tessin, wo wir in Bellinzona die drei Zwingburgen der Urkantone, die trotzig und malerisch das Land bewachen, bewunderten. Ein warmer Frühsommerabend empfing uns mit linden Lüften in Locarno und lud uns ein, in Booten mit Lampionbeleuchtung auf der spiegelnden Seefläche des Lago Maggiore zu schwärmen.

Wie lehrreich war der Tag gewesen! Der Vergleich der deutschen und italienischen Seite der Alpen drängte sich auf. Drei verschiedene Klimate an einem Tage waren passiert und in ihrer Wirkung auf Felsen, Gewässer, Pflanzen und Menschen studiert, die eiszeitlichen Formen des Reuß- und Tessintals verglichen worden, die Deltas dieser Flüsse und das der Maggia kurz nacheinander besichtigt worden. Vierwaldstätter See und Lago Maggiore ähneln sich und sind doch so verschieden in Entstehung und kultureller Bedeutung. Deutsche und italienische Almwirtschaft, Bauweise der Häuser, Anlage der Dörfer und Städte, der so grundverschiedene Volkscharakter war nebeneinander gestellt worden. Beide Tallandschaften sind durch den Paß getrennt, solange der „stiebende Pfad“ noch nicht überbrückt war. Erst der Bau der den Felsen umgehenden Brücke im späten Mittelalter, wo etwas unterhalb Andermatt die wildschäumende Reuß gegen den Berg drängt, schuf eine der wichtigsten Verkehrslandschaften der Erde, die bis weit nach Italien und Deutschland ausstrahlte und die Geschichte beider Länder maßgeblich beeinflußte. So war dieser Tag wahrlich lohnend gewesen.

„Wenn das Wetter morgen so schön ist wie heute, gehen wir über die *Fuorcla Surley*. Wir müssen aber bei Sonnenaufgang aufbrechen, denn es wird ein anstrengender Tag.“ Und das Wetter war und blieb schön, so daß mit der jungen Sonne einer meiner großartigsten Exkursionstage emporstieg. St. Moritz schlief noch, als meine frohe Studentenschar beim ersten Morgengrauen singend durch das Bad zog. Wir betraten den ernsterhabenen Hochwald und stiegen schweigend bergan. Die ersten Strahlen der Sonne fielen durch die Tannenwipfel und ließen die betauten Spinnfäden aufblitzen. In der Morgenkühle stieg es sich leicht. Ich gehe voran und bestimme die Geschwindigkeit, die in den Alpen von Anfängern immer zu schnell genommen wird. So erreichen wir ohne Erhitzung die Waldgrenze und zugleich den kleinen Hahnensee, an dessen Ufer windzerzauste Arven zwischen Latschen als letzte Vorposten des höheren Baumwuchses den Kampf gegen die Unbilden des Höhenklimas aufnehmen. Jetzt öffnet sich der Blick und das Auge schweift über das in Licht gebadete Hochtal des Oberengadin, wo der junge Inn die fünf blauen Seen von Maloja bis St. Moritz miteinander verbindet. Weit, frei und offen, wie es den höheren Stufen des alpinen Formenschatzes entspricht, ist die Landschaft. An unserer Aufstiegseite des breiten Tales grüßt die getreppte Gestalt der Margna, von der jenseitigen Talflanke der Gipfel des Julier herüber, der durch Kare der Eiszeit halb aufgezehrt ist. Bis zur Höhe unseres Sees reichten die Gletscher des Eiszeitalters, bis hier hinauf sind alle Formen abgeschliffen und gerundet, höher aber zackig und zersplittert. So ist der Julierpaß wie ein U ausgehobelt. Unser Hahnensee liegt an der Flanke der Bergwand, abgedämmt durch eine eiszeitliche Moräne.

Dann ging es im Zickzack durch Alpenmatten bergan, auf denen das Vieh im blumigen Grase schwelgte. Je höher, desto weiter der Blick auch nach Norden über Samaden hinaus bis nach Zernez und dem Schweizer Nationalpark. Die Vegetation zieht sich mehr und mehr in einzelne Blumenpolster zusammen, zwischen denen die Felsen und der Schutt heraustreten. Nur noch Galtvieh, rehbraune Ziegen und Schafe, naschen hier oben an dem saftigen Futter. Neben uns, bei der klaren Höhenluft zum Greifen nahe, klebt jetzt schon der Hängegletscher des Corwatsch an den steilen Hängen des Berges. Murmeltiere pfeifen schrill – und da sehen wir auch einen Dickwanst sein Männchen machen, bevor es, husch-husch, in einem Loch im Felsschutt verschwunden ist. Jetzt dauert es nicht mehr lange und wir haben steigend die Paßlücke auf der Höhe der Bergflanke gewonnen, die wir durchschreiten sollen, die Fuorcla Surley! Wenige Felsen sind zu umgehen, da liegt eines der großartigsten Alpenpanoramen vor uns!

In hehrer Majestät erglänzt gerade in der Mitte unseres Blickfeldes die schneeige Bernina, begleitet von nicht minder großartigen Trabanten. Mit ihren 4052 Metern überragt sie alle übrigen Schneehäupter und ist von hier aus gesehen wirklich die Königin der Bergwelt. Gewaltige Schneewächten speisen weite Firnmulden, aus denen sich Gletscher in wilden Kaskaden zu Tal schieben. Der Piz Morteratsch mit seinem felsreichen Gipfel, der sich von der Bovalhütte aus gesehen stark in den Vordergrund rückt, tritt hier links neben der Bernina bescheiden hinter der Herrscherin zurück. Rechts von ihr, etwas weiter zum Vordergrund und in seiner ganzen Größe überschaubar, schimmert das Schneehaupt des Piz Rossegg, dessen Gletscherströme sich mit denen der Bernina vereinen und am Zungenende nur durch Moränen von ihnen getrennt sind. Bald schieben sich die Eisströme von der Bernina vor die des Piz Rossegg, bald umgekehrt, jedesmal den anderen Gletscher stauend. Weiter nach rechts zieht die hohe Schnee- und Eiskette fort und gipfelt in der gleichförmigen Eispyramide der Bella Vista. Ganz im Vordergrund stürzt unser Berg, auf dem wir stehen, ab zum tiefen Rosseggtal, so daß wir die ganze Berninagruppe von ihren erhabenen Häuptern bis zum Zungenende ihre Gletscher bewundern und mit einem Blick umfassen können. Schweigend, schönheitstrunken, ich möchte wohl sagen, anbetend saß die rauhe Schar meiner Studenten angesichts dieser Wunderwelt von Schnee, Eis und Fels. Erst nach einer Stunde sammelte ich sie zur wissenschaftlichen Aussprache, die ich hier nicht wiederholen will.

Dann ging es die Bergflanke abwärts, stets die Bernina vor uns, die höher und mächtiger emporwuchs. Unten im Rosseggtal kamen wir zu dem reißenden Abfluß der Eismassen, wo die Gletschermilch verwildernd zwischen den Geröllbänken hin und her pendelt. Einen Abstecher machten wir noch zu den Moränen und zum Gletschereis, ohne uns lange aufzuhalten, da wir am kommenden Tag den Morteratschgletscher studieren wollten. Auf langem Marsche ging es talauswärts, zuerst oberhalb der Baumgrenze im wilden Hochtal, zu dem Lawinen- und Muhrenbahnen hinabführten. Ein Rudel Gemsen äste hoch oben an den Hängen des Morteratsch und ließ bei den kühnen Sprüngen Gesteinstrümmer zu Tal hüpfen. Dann traten wir in den Wald ein, und lustig warf das Echo unsere Studenten- und Marschlieder zurück, die unseren weiten Weg zum fernen Pontresina abkürzen halfen. Mit Aussichtswagen fuhren wir nach St. Moritz zurück, voll Dank für diesen unvergleichlich schönen Tag.

Zum Lobe meiner heimischen Universität Frankfurt am Main sei gesagt, daß wohl andere Hochschulen eine schönere Umgebung in unmittelbarer Nähe haben, wie Freiburg i. Br., Heidelberg, Innsbruck, Bonn oder Marburg, daß aber kaum eine andere eine abwechslungsreichere weitere Umgebung hat, mit der sie durch Bahnen und gute

Straßen verbunden ist, als die Johann-Wolfgang-Goethe-Universität. Darum hat kaum eine andere deutsche Hochschule ein besseres Exkursionsgebiet als Frankfurt. Wir haben dies als Verpflichtung empfunden und im Frieden möglichst viele Exkursionen mit unseren Studenten gemacht.

Unmittelbar nördlich der Stadt liegt der Taunus, dessen höchster Gipfel, der Feldberg, mit seinen 880 Metern gerade noch in die Zone der Latschen hinaufreicht. Der Altkönig mit seinen wohlerhaltenen Ringwällen, der bei gutem Wetter von der Stadt aus das Bild des Gebirges beherrscht, ist der schönere Berg. Der Limes, der römische Pfahlgraben, schließt beide Aussichtsberge ein. Seine Kastelle, besonders die Saalburg, erlauben ein eingehendes Studium der militärischen römischen Provinzkultur, die sich mit ihren geraden Straßen quer über die prähistorische Landschaft legte. Meine Schüler haben in mehreren guten Arbeiten die Entwicklung der jüngeren Kulturlandschaft geklärt, vor allem die Zeit der fränkischen Landnahme studiert, die sich noch heute in vielen Zügen unserer Kulturlandschaft widerspiegelt. Dabei stellt die Ackerbau- und Industriezone der Tiefe eine fortgeschrittenere Entwicklungsstufe dar als die Wald- und Ackerbauzone der Höhe. Die Hochfläche des Taunus überzieht gleichförmig steil aufgerichtete Gesteinsschichten des Untergrundes, von denen nur die härteren als Bergzüge herausragen. Diese Rumpffläche oder Fastebene ist so charakteristisch für deutsche Mittelgebirge, daß meine Studenten bereits von der „ollen, ehrlichen Rumpfebene“ sprechen.

Der Rand des Taunus, die „Höhe“, ist kein einfacher Abbruch, vielmehr haben sich einzelne Schollen gehoben und gesenkt, von denen jede ihr besonderes geologisch-morphologisches und kulturgeographisches Gepräge hat. Aus den Spalten drangen die Heilquellen hoch, welche die Bäder Nauheim, Homburg, Soden, Wiesbaden, Kreuznach, Münster a. St. usw., alle durch besondere Reize ausgestattet, entstehen ließen. Mehrere kleine Flüsse durchqueren in engen Tälern gerade die höchsten und härtesten Gebirgszüge und bilden treffliche Beispiele für Durchbruchstäler.

Der Rhein, der bei Bingen im Engtal das Gebirge durchsägt, ist das klassische Durchbruchstal. An seinen Talhängen und den seiner Nebenflüsse kann man die Zerschneidung eines Berglandes in Terrassen und die dabei entstehenden Formengruppen so prächtig klarlegen, daß es selbst ein Unbegabter verstehen wird. Aber man muß hinauf auf die Berge an beiden Seiten des Stromes. Dort wird man dann aber auch durch unvergleichliche Blicke belohnt. Hier oben lernt man erst die Rheinlandschaft richtig würdigen und sieht das mit Burgen und Zollstätten gezierte Verkehrsband in einer Pracht, die der weintrinkende Dampferpassagier nicht ahnt. Daß ich und meine Freunde den blumigen Trunk zu schätzen wissen, hat manche fröhliche Exkursion gezeigt. Bacharach, Kreuznach, Hattenheim, Rauhental, Eberbach, Eltville, Bingen, Gunthersblum, soviel Namen von gutem Klang, soviel Abende mit edlem Trank.

Die Nebenflüsse des Rheins winden sich in eingesenkten Mäandern dem Strome zu; Mosel, Lahn, Nahe und Main haben uns oft die Gesetze einer Flußentwicklung lehren müssen. Besonders die Aussicht von der Gans zwischen Kreuznach und Münster a. St. ist in dieser Hinsicht eindrucksvoll, man kann vorher auf dem Rebenhange des Tempelberges die Strandgerölle der Tertiärmeere des geologischen Mainzer Beckens besuchen. Die Weite des Rheingaus, auf dessen breiten Terrassen des Rheines edelste Tropfen heranreifen, ist mir im Laufe der Jahre auch landschaftlich noch mehr ans Herz gewachsen als das enge Durchbruchstal. Oberhalb Mainz pendelt der Rhein, frei hin und her schwingend, durch die Oberrheinische Tiefebene und schuf eine Auenlandschaft von ganz besonderem Reiz. Die abgeschnittene Rheinschlinge des Kühkopfs wurde von uns gern besucht, weil Verlandungszonen mit Sumpfvegetation ein Vogelparadies, leider auch ein Eldorado für Mücken (die Frankfurter Schnaken) geschaffen haben und weil man leicht ein Studium des Randes des rhein-hessischen Plateaus mit Besuch bei den lieben Freunden in Guntersblum damit verbinden konnte.

Gegenüber liegt der Odenwald, dessen Bruchstufe zur Rheinebene und den verlassenen Neckarschlingen schon im zeitigen Frühling in der Blütenpracht der Obstgärten prangt. An der uralten Verkehrslinie der Bergstraße liegen die Städtchen mit den altehrwürdigen Gaststätten aufgereiht. Lößschluchten, wie ich sie in China nicht schöner sah, führen hinauf zum Odenwald mit den im eigenen Grus erstickenden Granitverwitterungen der Felsenmeere. Nach Norden taucht das Gebirge ganz langsam unter die Ebene unter, zuerst rücken die Berge auseinander, dann dringt die lößbedeckte Fläche rings um einzelne Kuppen herum. Endlich schauen nur noch wenige

Hügel aus der Waldlandschaft südlich Frankfurt heraus; ein lehrreiches Beispiel eines ganz allmählich ausklingenden Gewölbes.

Der kristalline Odenwald und Spessart haben oft zu Vergleichen angeregt. Auf beiden lagert der waldreiche Buntsandstein und bildet die erste der süddeutschen Schichtstufen. Einzelne losgelöste Vorposten, wie im Aschafftal und bei Mehrholz, zeugen von einer früheren weiteren Ausdehnung dieser Decke. Der Main trennt beide Gebirge, er durchbricht die sich hebende Scholle zwischen Lohr, Wertheim, Miltenberg und Klingenberg, füllt dann das Senkungsfeld von Seligenstadt-Hanau auf, um wieder zwischen Offenbach und der Furt von Frankfurt einer jungen Hebung entgegenzuarbeiten. Basaltdurchbrüche waren mit diesen Bewegungen verbunden, bescheiden bei Frankfurt und Hanau, ausgedehnter im Hessischen Landrücken, noch großartiger in den Decken der Hohen Rhön, am gewaltigsten im Domvulkan des Vogelsberges.

Alle diese Gebirge mit ihrer wechselnden Natur und Kultur sind beliebte Ziele unserer Exkursionen gewesen. Das Rhein-Main-Gebiet ist aber außerdem als verkehrsreiches Becken im Herzen des alten Deutschen Reiches zu allen Zeiten die Schöpferin hoher städtischer Kultur gewesen. Viele Klein- und Mittelstädte konnten wir vergleichend studieren. Alle haben bei alter Geschichte ihre verborgenen Reize. Zu solchen Vergleichen locken die größeren und Großstädte geradezu heraus: *Frankfurt*, die alte Krönungs-, Handels- und Messestadt, die Stadt der Straßen, die alte Kulturstätte mit dem gotischen Kern und dem Geburtshaus Goethes, *Mainz*, der geistliche Mittelpunkt mit der alten, die Entwicklung hemmenden Festung, *Wiesbaden*, das luxuriöse Weltbad, *Darmstadt*, die Residenz eines deutschen Kleinstaates, *Offenbach*, die Industriestadt auf Leder, *Höchst*, eine solche der Chemie, *Hanau*, die Hugenottenstadt, und *Aschaffenburg*, das Zentrum des Schneidergewerbes in guter Verkehrslage. Dabei wissen wir, daß diese kurze Charakterisierung nur einen Teil, nicht das volle blühende Leben dieser Organismen trifft.

Wir können und konnten vom Geographischen Institut der Johann-Wolfgang-Goethe-Universität zu Frankfurt am Main aus wahrlich schöne und abwechslungsreiche Exkursionen führen.

Es ist in keiner Weise empfehlenswert und nachahmenswürdig, daß man, wenn man nicht ganz seefest ist, am Morgen vor einer stürmischen Seefahrt auf nüchternen Magen zwei große Schnäpse trinkt und weiter nichts zu sich nimmt, wie das eine meiner Studentinnen für richtig fand. Das Opfer, welches Poseidon dargebracht werden mußte, wurde dadurch nur noch unangenehmer. Sie war nicht die einzige, welche opferte. Denn mit aller Gewalt pfiff die Bora von den Bergen bei Pola auf die Adria hernieder, als meine Exkursion sich anschickte, rund um die *Halbinsel Istrien* nach Laurana zu fahren. Der kleine Dampfer stampfte, schlingerte und rollte in abenteuerlichen Sprüngen auf den wilden Wellen, so daß selbst Freund Sch. sein Frühstücksei erst aß, als wir das Südkap P. di Promontore passiert hatten und im Archipel des Quarnero ruhigeres Fahrwasser erreicht hatten.

Der Kreis der Teilnehmer war bereits erfreulich zusammengewachsen. Großartiges Erleben hatten die letzten Tage bereits gebracht, an denen wir Venedig, Chioggia und die Brentamündung, Triest, die Reka-Schwinde bei St. Canzian, den Karst des Tschitschen-Bodens, die südlichste deutsche Ritterburg in Mitterburg (Pisino) mit der Foiba-Schwinde daselbst, den Canale di Leme bei Rovigno usw. besucht hatten. Auch die Adria hatte sich uns bereits von sonnigster und heiterster Seite gezeigt, als wir von Triest nach Bovigno zur Besichtigung der Zoologischen Station fuhren. So wäre das Frühlingswetter nicht typisch gewesen, wenn uns der kalte Fallwind, die Bora, nicht mit aller Gewalt gepackt hätte. Und doch waren wir alle ehrlich genug, uns der ruhigeren See zu erfreuen, als wir den Windschutz der hohen Ostküste der Halbinsel erreicht hatten.

Jetzt machte das Beobachten wieder Freude. Die Kalkwände der Küste, an denen wir entlang fuhren, waren von vielen Höhlen durchsetzt, entweder Karsthöhlen, wie sie die unterirdische Wasserzirkulation im durchlässigen Kalk erzeugt, oder Brandungshöhlen, wie sie die Meereswogen am Strande schlagen. Nicht selten lagen letztere heute viele Meter über dem Meeresspiegel, anzeigend, daß sich seit ihrer Entstehung ganz Istrien gehoben hat. Da aber andererseits am Canale di Leme, an der Arsamündung und an anderen Punkten das Meerwasser tief in die Täler hineinreicht, sind diese ertrunken und das Land gesenkt, wodurch sich eigenartige Schaukelbewegungen der Halbinsel, Nachklänge der Auffaltung der Alpen und des Karstes ergeben.

Wir waren abends in einer freundlichen Villa am Gestade der Adria in Laurana gut untergebracht und ergingen uns unter Palmen, Ölbäumen und Steineichen, während der Wellenschlag des immer noch unruhigen Meeres zu unseren Füßen schäumte. Unsere Zoologen sammelten „Frutti del Mare“ auf der Brandungsplatte, auf der die salzigen Wogen im Kalk scharfe Rillen und Karren chemisch herausgelöst hatten. Wir ruhten vor der Anstrengung des kommenden Tages, an dem wir den Auf- und Abstieg vom Meeresspiegel bis zum Gipfel des 1400 Meter hohen Monte Maggiore geplant hatten. Ein alter liebenswürdiger österreichischer Offizier bot sich uns freiwillig an, die Führung zu übernehmen.

Am anderen Morgen ging es in aller Frühe los. Wir befanden uns in Meereshöhe, völlig im Bereich der mittelmeerischen Kulturlandschaft. Der Villengürtel in gepflegten Parks, der sich am Strande bis zum Weltbad Abbazia mit schattigen Promenaden hinzieht, wird sehr bald oberhalb von bäuerlicher Kultur abgelöst. Die Steinhäuser stehen in kleinen ummauerten Gärten, in denen auf blutrotem Boden, der Terra rossa, über den Bodenfrüchten die Baumanpflanzungen gedeihen. Ölbäume, Pistazien, Aprikosen, Pfirsiche, Mandeln, überall dazwischen die Weinrebe oder einzelne nur mit Bewässerung zu ziehende Sauerfrüchte gedeihen durcheinander und standen teilweise im schönsten Blütenflor. Weizen, Mais, Zwiebeln, Tabak, Melonen usw. wachsen am Boden. Zypressen, Opuntien und Agaven geben ein südländisches Gepräge, bis weiter hinauf mit der Wallnuß schon heimische Bilder auftauchen. Die sonnigen Wege leiten aber nicht geruhsam in Windungen bergan. sondern streben direkt steil der Höhe zu. Die schmalen Pfade sind Treppen. Nichts ermüdet so sehr, nichts geht so über die Knie, wie ein langdauerndes Treppensteigen. Schon eine Turmbesteigung ermüdet. Hier ging es aber 300 bis 400 Meter auf Treppen steil bergan und, was noch schlimmer war, bei der Heimkehr müde und matt wieder bergab.

Oberhalb dieser mediterranen Kulturzone war das rote Erdreich, das man unten mühevoll gesammelt und terrassiert hatte, abgespült. Kahl und nackt trat der weiße Kalk zutage. Der Regen war am Felsen hinuntergelaufen, jeder Tropfen hatte etwas Kalk chemisch aufgelöst, so daß die Bahnen des abrinnenden Wassers sich tief eingenagt hatten. Die Kalkrippen zwischen diesen Rinnen waren messerscharf. Wo Klüfte und Fugen im Gestein auftraten, hatte sich das Regenwasser gesammelt und auch sie chemisch erweitert. Karen nennt man die Rinnen, Schratten die Rippen. Eine „Verschrattung" ist an eine Karstlandschaft gebunden, aber nur geneigte kahle Hänge zeigen diese Formengruppe in schöner Ausprägung. Ist die Neigung des Bodens flacher, so sammelt sich in den Karen die Terra rossa, und höher hinauf schwarzer anmooriger Boden. Wird die Oberfläche zu flach, so werden die chemischen Rückstände nicht fortgespült und auf dem sich bildenden Boden stellt sich Vegetation ein, die langsam den Kalk überzieht. Darum ist eine Verschrattung des Karstes zum Glück nicht überall vorhanden. Er würde zu seiner Wasserlosigkeit dann noch schier unpassierbar sein. Ich darf kurz am Rande bemerken, daß in den Alpen, dort, wo Kalk zu einer Verkarstung der Berge geführt hat, auch häufiger eine unwegsame Verschrattung eintritt, wie z. B. das Gottesackerplateau oder das Steinerne Meer lehrt, weil die erst kurze Zeit zurückliegende eiszeitliche Vergletscherung alle chemischen Rückstände abgeschrappt hat und der nackte Kalk der auflösenden Wirkung des Regens ausgesetzt ist. Man stelle sich den Karst in Istrien nicht zu kahl vor, weswegen die Karsterscheinungen oft nur unterirdisch auftreten. Ihrem Studium sollte die istrische Exkursion in erster Linie dienen.

Unser liebenswürdiger Führer rückte von der Spitze immer mehr an den Schluß unserer Truppe. Ob wir noch nicht bald genug gesehen hätten, ob wir wirklich an einem Tage auf den Monte Maggiore hinauf und wieder hinunter wollten? Wenn die Preußen auch viel leisteten, das könne doch nicht unser Ernst sein. Ja, weiter oben sei er zu Fuß noch nie gewesen. Wenn man schon einmal auf den Gipfel wolle, so führe man doch über Abbazia mit einem Auto hinauf. Die Jahreszeit sei auch noch viel zu früh. Er riete dringend zur Umkehr. Als wir freundlich aber energisch ablehnten, bat er, ob er für seine Person nicht umkehren dürfe. Wir dankten für seine freundliche Begleitung und wünschten ihm gute Heimkehr. Er muß in Laurana Wunderdinge von den Preußen erzählt haben, denn wir wurden wie Helden bewundert, als wir am Nachmittag heimkehrten, zwar müde, aber uns keiner besonderen Leistung bewußt. Der Kalk des Berges wird in einzelnen Bändern vom tonigen Flysch abgelöst. Sofort werden die Formen weicher, schmiert der Boden und ändert sich die Pflanzen- und Tierwelt. Die Zone mittelmeerischer Gewächse, die nur einen schmalen Küstenstreifen einnimmt, hatten wir bereits verlassen. Als wir in einen hohen Buchenwald eintraten, der im ersten Frühlingsgrün prangte, hätte man meinen können, im heimischen Odenwald zu sein. Leberblümchen, Anemonen und Priemeln zierten wie bei uns den Boden. Es folgten Bergweiden, die noch nicht bestockt waren. Die Ställe und Heuschober mit ihren tief herunterreichenden Strohdächern fielen bereits ganz aus dem Rahmen heraus, den man sich um ein mediterranes Bild denkt.

Der Weg auf den Gipfel führte bald wieder durch Kalk, der die ganze obere Hälfte des Berges zusammensetzt. Wir mußten uns durch niedriges Gestrüpp hindurchwinden, das einer Macchie ähnlich war. Besonders in Dolinen, also in den Versickerungstrichtern des Wassers, wucherte es wild. Die Aussicht vom bescheidenen Gipfelgasthaus enttäuschte, dafür wurden wir aber reichlich belohnt, als wir uns etwas nach Osten zur Paßstraße Fiume—Görz wandten.

Wir standen an einer erdgeschichtlich sehr bemerkenswerten Stelle. Die Alpen sind hier im Südosten ausgeklungen, sie gehen in das gleichaltrige Dinarische Gebirge über. Dazwischen schiebt sich mit völlig waagerechter Lagerung der Kalkschichten der Tschitschenboden, der mit hoher Schichtstufe nach Istrien abfällt. Wir hatten das stark verkarstete Plateau vor wenigen Tagen besucht. Wir hatten in den niedrigen schmutzigen Steinhütten der Slovenen nur einige Eier zu essen gewagt. Die Gesteinsschichten richteten sich unter unserem Standpunkte plötzlich empor in einer Torsion, wie ich sie so schön noch nicht gesehen. Die Schichtstufe geht darum in eine Schichtrippe über, welche den Hohen Gipfel des Monte Maggiore bildet. Nach Südosten aber ist das ganze Gebirge an einem Querbruch über 1000 Meter abgesunken und im Meere ertrunken. Nur die höchsten Rippen ragen als Inseln aus der spiegelnden Adria heraus. Es ist das der Archipel des Quarnero mit der Insel Cherso. Dieses lehrreiche, aber auch landschaftlich wundervolle Bild lohnte den mühsamen Aufstieg in hohem Maße.

Leider aber herrscht auf Exkursionen nicht immer eitel Sonnenschein, nicht jeder Gipfel, der mühsam erstiegen ist, lohnt die Anstrengung durch eine Herz und Geist erhebende Aussicht. Regentage sind in unserem Klima unvermeidlich. Wir wissen, daß die einzige Regel, die auf die Dauer unser Klima beherrscht, der ständige Wechsel des Wetters ist. Wir sind mit unseren Anzügen darauf eingerichtet und huldigen dem Grundsatz: bei praktischer Kleidung gibt es kein schlechtes Wetter. Jedenfalls habe ich es immer abgelehnt, Schönwetter-Geographen heranzubilden, denn ich weiß aus jahrelanger Erfahrung, daß der Häuser bewohnende Mitteleuropäer die Natur fast nur im Ruhezustand zu sehen bekommt. Sie arbeitet viel mehr bei Regen, Gewitter, Sturm, Frost und Tauwetter, dann sieht man die gestaltenden Kräfte unmittelbar an der Arbeit, die man bei Sonnenschein oft nur aus den Wirkungen folgern muß.

Regenwetter hat sonderbarerweise eine psychologische Nebenerscheinung im Gefolge. Ist man erst einmal ordentlich durchgeregnet und naß, tropft es vom Hut in den Kragen, sind die Hosen an den Knien feuchte Lappen und hört man das Wasser bei jedem Schritt in den sogenannten wasserdichten Stiefeln quatschen, dann überkommt mit der Wurstigkeit eine Heiterkeit und Fröhlichkeit die Gruppe, wie selten bei Sonnenschein. Auch haftet die Erinnerung gern an solchen Stunden.

Wißt Ihr noch, liebe Freunde und Wandergefährten, wie wir in den Allgäuer Alpen vom Hohen Ifen abwärts stiegen?

Wir hatten im regenreichen Juli Dauerquartier in der Frankfurter akademischen Skihütte bezogen, die im Winter auf der Fuchsfarm bei Riezlern im kleinen Walsertal frohes Sporttreiben sieht. Wir „kochten uns selbst" und lebten entsprechend billig, primitiv, aber gesund. Wegen des „Schnürlregens" hatte ich schon mehrere Kollegstunden eingeschoben, die in enger Stube am warmen Kachelofen zwischen trocknenden Kleidern abgehalten wurden. Da brach endlich eines Morgens die Sonne durch und der Nebel hob sich. Schnell entschlossen planten wir den Aufstieg auf den 2232 Meter Hohen Ifen. Im ewigen Zickzack steigt der Pfad bergan, führt dann über Kalkrippen am wilden Karstfeld des Gottesackerplateaus entlang, um endlich mit einer kleinen, aber fröhlichen Kraxelei das schräggestellte Gipfelplateau zu gewinnen. Jetzt ist der höchste Punkt nicht mehr fern.

Wir hatten Glück. Zwar ballten sich die Wolken, sie ließen aber die Berghäupter frei, so daß der Säntis, der Bregenzer Wald, die Oberstdorfer Gipfel und die Lechtaler Alpen klar waren. Der schwierige Aufbau der Ketten hier an der Grenze der West- und

Ostalpen konnte angesichts der übersichtlichen Natur gut klargelegt werden. Besonders zum Bregenzer Wald und dem aus der Ferne herüberschimmernden Bodensee, schaute man tief in den Alpenkörper, als sei er für Studienzwecke aufgeschlitzt. Die Rast hatte sich schon auf eine Stunde ausgedehnt, die Gipfelzigarre war geraucht und alle frühstückten. Ich photographierte. Als ich aber nach dem Säntis blickte, sehe ich auf einmal drohend schwarzes Gewölk mit Sturmeseile heraufziehen, das in wenigen Augenblicken bei uns sein mußte. Ich brülle: „Aufbruch! Hinunter vom Plateau!" Und schon saust der geübte Sportlehrer, Herr T., vorweg, ich hinterher, und in den Abständen, wie sie mit dem Einpacken der Eßsachen fertig sind, meine Studenten in langer Reihe. Wir hatten den Einstieg in die Felsen noch nicht erreicht, als mit dem Nebel ein Unwetter losbrach, das unter Blitz und Donner wahre Wasserfluten über uns ausschüttete. Wir hatten als Abstieg den weiteren, aber sanfteren Weg gewählt. In den Latschen sammelte ich meine Korona, war froh, sie vollzählig zu sehen, wenn auch naß, ja, triefend, so doch froher Laune. Pfui, was waren die Alpenrosen und Legföhren naß! Der Strichregen, mit Graupeln untermischt, peitschte ins Gesicht. Kein trockener Faden war mehr an uns. Der Weg war ein rauschender Bach. Beim Marschieren half nur festes Auftreten, dann bekam der Nachbar die Spritzer und man selbst nicht! Trotzdem erklangen im rauschenden Regen unsere Marschlieder und rissen Humor und Scherz nicht ab. Mehrere Stunden dauerte dieser wäßrige Rückzug bis zur Fuchsfarm.

Die Exkursion brachte aber auch noch sonnige Aussichtstage, als wir vom Bacherloch zum Rappensee stiegen, am nächsten Tag den Heilbronner Weg und die Mädelegabel bezwangen und am dritten am Kratzer vorbei über die aussichtsreichen hohen Grasberge zum Oytal und Oberstdorf abstiegen. Wer an der Exkursion teilnahm, wird trotz dieses unvergleichlichen Abschlusses doch mit besonderer Liebe des Abstiegs im Unwetter vom Hohen Ifen gedenken.

Doch wir wollen diese kurzen Bilder von studentischen Exkursionen nicht gerade mit einem Regentag beschließen, es gibt der heiteren Tage übergenug, so daß nur die Auswahl Mühe bereitet. Bleiben wir bei der letzten großen Alpenexkursion, die ich noch kurz vor Kriegsbeginn führen konnte, so schwanke ich, ob ich bei dem sonnigen Morgen verweilen soll, an dem wir von Kufstein durch das Kaisertal zum Stribsenjoch angesichts des drohenden Totenkirchl und der anderen Häupter des Wilden Kaisers aufstiegen, oder bei dem weiten Rundblick vom Kitzbühler Horn, oder bei der einsamen Gletscherpracht des Moserbodens im Kaprunertal. Wollte ich das eindrucksvolle Erlebnis unseres Besuchs der Großkare im Schobergebirge schildern, so würde am Abschluß doch wieder die Flucht vor einem alpinen Unwetter stehen, das mit gewaltiger Pracht über uns hereinbrach. Als heiterer Ausklang sei vielmehr unsere Fahrt über die Glocknerstraße, der Besuch der Pasterze und die Sicht auf den Groß-Glockner, gewählt, weil viele meiner Leser mir auf dem Wege mit ihren Erinnerungen folgen und die rohen Striche dieser flüchtigen Skizze mit eigenen Farben untermalen können.

In dem kleinen Bruck bei Zell am See hatten wir bei freundlichen Wirten ein gutes Unterkommen gehabt, hatten uns Fahrkarten für eine Fahrt im Postautobus über die Glocknerstraße besorgt und warteten jetzt auf den Wagen. Immer wieder rollte ein voller Autobus nach dem anderen von Zell heran, dazwischen fuhr die Kette der Privatwagen vom schweren Tourenwagen bis zum leichtesten Töff-Töff und knatterten die Motorräder. Der Sonnentag schien alle Wagen der Ostalpen zur Fahrt gerade über unseren Paß eingeladen zu haben. Zum Glück aber bricht ja alle Welt ungefähr um die gleiche Morgenstunde auf, so daß dann eine Hochflut von Autos die Straße emporbrandet, die sehr bald abebbt. Unser Warten diente uns nur zum Vorteil.

Die Nebel stiegen, Wolken ballten sich, der heitere blaue Himmel aber herrschte vor, als wir endlich abfuhren und über eine Felsstufe, den der Bach in einem Tobel durchsägt, in das breite Fuschertal gelangten. Hier sahen meine Studenten, wie wir ein ähnliches Tal schon vorher im Kapruner Tal durchwandernd studiert hatten, jetzt in rascher Folge noch einmal alle typischen Formen, die die vierfache Vergletscherung der Eiszeit einem alpinen Tal aufgeprägt hat: den flachen Boden, den der schlängelnde Bach heute auffüllt, die übersteilen Felswände an beiden Seiten mit den jungen Schuttkegeln, den ebenso steilen Abschluß des Tales, kurz, die Ausgestaltung eines U-förmigen Glazialtales. Immer jedoch lenkten die schimmernden Gletscher, die im Hintergrund und an beiden Talflanken alle Hochtäler in strahlendem Glanze erfüllten, die Blicke auf sich. Massenwolken, hell beschienen, stiegen an den Gipfeln empor und zauberten über den festen Zacken und Zinnen des Hochgebirges ein zweites, sich stets wandelndes, mit runden Kuppen und Wölbungen.

Bald nachdem man das liebliche Fusch verlassen hat, steigt die Straße schräg mit wenigen Zickzack-Ausschlägen am östlichen Talhang empor. Die Berge scheinen zu wachsen, das Tal tiefer zu werden. Unschwer erkannten wir, wie hoch der eiszeitliche Gletscher stand, da bis zur Schliffgrenze alle Vorsprünge rundabgeschliffen, oberhalb dagegen vom Froste zersplittert waren. Auf der Paßhöhe stiegen wir aus und genossen das gewaltige Panorama. Es umfaßt immer noch die Nordseite der Glocknergruppe, also alle jetzt bereits bekannten Eishäupter, unter denen die Glocknerin mit ihren silberreinen, weißen Schneehängen und die Eispyramide des Johannisberges am strahlendsten sind. Der Groß-Glockner, wohl mit fast 3800 Meter der höchste, aber nicht der zentrale Gipfel, versteckt sich noch hinter letzterem Berg.

Die Fahrt ging dann oberhalb der Baumgrenze durch unübersichtliches Felsengewirr, bei dem rundgeschliffene Berghöcker mit kleinen Tümpeln und Mooren wechselten. In Windungen holt sie weit nach Süden aus. Die Straße nach Heiligenblut, wo wir nächtigen wollten, zweigt ab. Wir aber fuhren zuerst zum Glocknerhaus und zur Franz-Joseph-Hütte, wo wir etwa um elf Uhr eintrafen. Es wimmelte von unzähligen Menschen, so daß der erste Eindruck nicht der einer Bergeinsamkeit, sondern der eines Rummelplatzes war. Also weg von hier, denn Naturgenuß verlangt Frieden und Ruhe. Wir stiegen schnell hinab zum machtvoll hingegossenen Eisstrom der Pasterze.

Ohne Gefahr betritt man seine Oberfläche an dieser Stelle. Unterhalb der Schneegrenze erkennt man im Eis jede noch so kleine Spalte, die alle geschlossen sind. Entzücken andere Gletscher durch die Farbwunder ihres Spaltengewirrs, so fehlen sie zwar hier an der Pasterze. Die Geschlossenheit der Eismasse verfehlt aber nicht, tiefen Eindruck zu hinterlassen. Unter dem Johannisberg, den wir jetzt von der anderen Seite erblickten, sammelt sich in einem weiten Firnbecken der Schnee, wird zum körnigen Firn und schiebt sich abwärts. Zwei schwarze Felsgruppen, der große und kleine Burgstall, engen den zähen Eisstrom ein. Eine Stufe zwischen ihnen zwingt das Eis zum Zerbrechen, so daß es in einem Eissturz ein wildes Spaltengewirr bildet. Noch oberhalb der Grenze des ewigen Schnees sind die Spalten oft zugeschneit und schwer erkennbar. Sofort unterhalb des Burgstalls preßt sich das Eis wieder zusammen, zumal sich seitlich von den hohen Gipfeln neue Eismassen mit dem Hauptstrom vereinen, eine Mittelmoräne vom Burgstallfelsen zwischen sich lassend. Der ganze Eiskuchen friert zu einer kompakten Masse zusammen und bildet das breite weiße Band, welches das Tal in ruhiger, dem Auge nicht sichtbarer, sondern nur meßbarer Geschwindigkeit durchmißt. Wir dringen bis zur Mittelmoräne vor und lagern uns dort für mehrere Stunden. Denn unendlich viel gibt es zu sehen, zu bewundern und, zumal für Anfänger, zu lernen.

Wir sitzen gerade unter den Steilabstürzen des majestätischen Herrschers der Bergwelt, des Groß-Glockners, dessen schneeiges Haupt im Sonnenglanz glitzert. Von seinen Schultern fällt der Mantel aus Eis und Schnee in edlem Faltenwurf der Eiskaskaden zu uns hernieder. Zwar ist der Groß-Glockner nicht der Ausstrahlungspunkt aller Grate, nicht das Zentrum der ganzen Gruppe — das ist der Johannisberg —, aber als höchster Gipfel, der alle noch so machtvollen Berghäupter überragt, doch der König unter den Eisriesen. Es ist an der Gruppe reizvoll und eigenartig, daß ein Seitengrat höher emporsteigt als der Mittelpunkt des ganzen Berglandes. Der Eisstrom der Pasterze, der beim zentralen Johannisberg seinen Ursprung hat, schmiegt sich wie eine gewaltige Schleppe zu Füßen des Herrschers und bildet den Saum seines Krönungsmantels.

Neidisch blickten wir einzelnen Bergsteigergruppen nach, die sich anschickten, den Gipfel zu ersteigen. Mit den bergunerfahrenen Anfängern, die ich bei mir hatte, wäre es nicht ratsam gewesen, ihnen zu folgen. Auch bietet erfahrungsgemäß der Ausblick von einem Gipfel auf ein Bergland dem Geographen niemals so viel wie der Anblick einer Berggruppe von einer mittleren Höhe aus. Und doch wäre ich gern mitgestiegen, hätte die Gletscherschründe und -abstürze aus der Nähe gesehen und die reine Höhenluft geatmet. Die Bergsteiger wurden mit der Entfernung kleiner und kleiner, waren schließlich nur noch Gletscherflöhe, die bald hinter Felsen verschwanden, bald in blaue Eisspalten untertauchten oder langsam über Firnfelder krochen.

Wir trieben unsere Studien an dem Eis und Gletscher in aller Ruhe und Genauigkeit, sahen die Gletscherkörner, wie die großen die kleinen auffressen, beobachteten das Einschmelzen kleinster Schmutzteile und das Heraustauen großer Steine. Wir saßen auf Blöcken der Mittelmoräne und aßen von Gletschertischen, deren Decksteine zur Sonne hin abrutschten. Wir stiegen bis zur Grenze des Schnees empor, sahen und hörten Spalten aufreißen. Mit starker Geschwindigkeit eilten Schmelzwasserbäche über das Eis, fraßen sich auftauend ein, bis sie gurgelnd an einer Spalte in die Tiefe stürzten. Kurz, alles, was in einem Kolleg über Gletscherkunde theoretisch gelehrt wird, konnte hier in der Natur leichtverständlich gezeigt werden. So gingen die Stunden hin und es wurde Abend.

Der Autoschwarm und das Menschengewimmel hatte sich verzogen, einsam blieben wir alleine bei der Franz-Joseph-Hütte. Die Sonne ging hinter dem Groß-Glockner unter und vergoldete mit einem Strahlenkranz die Firnhäupter aller Bergriesen. Abendfrieden und Schatten senkte sich auf den Eisstrom zu unseren Füßen. Die glückhafte Stimmung, die dieser erfolgreiche Tag in uns auslöste, konnte keinen besseren Ausdruck finden als in schlichten Volksliedern, die uns Fräulein U. mit ihrer hellen klaren Stimme in der reinen Höhenluft sang.

Dann brachte uns schnell ein Autobus nach Heiligenblut in unsere Quartiere.

Meeresrauschen

Tiefe Stille herrscht im Wasser,
Ohne Regung ruht das Meer,
Und bekümmert sieht der Schiffer
Weite Fläche rings umher.
Keine Luft nach keiner Seite,
Todesstille fürchterlich,
In der ungeheuren Weite
Reget keine Welle sich.
(Schubert)

Ungezählte Künstler haben versucht, uns das Wesen des Meeres näherzubringen. Der Maler hält den Stimmungswert eines Augenblicks fest, der Dichter und Schriftsteller schildert die Wasserwüste in allen Regungen und Bewegungen ihres wechselvollen Aussehens, der Tonkünstler läßt uns Sturm, Wellenrauschen und sogar die Meerestille miterleben. Der Wissenschaftler andererseits untersucht das Meer in seiner Größe, den Bewegungen des Wassers und seinem Inhalt. Fast alle Naturwissenschaften beschäftigen sich mit ihm, ja, es hat sich ein besonderer Zweig derselben, die Meereskunde oder Ozeanographie, zu einem stattlichen Stamm entwickelt. Wir Geographen, die wir die Oberfläche der Erde in allen ihren Äußerungen zu studieren haben, müssen das Meer kennen, wenn wir nicht auf den größten Teil unseres Studienobjektes verzichten wollen. Die Laien machen sich oft eine wenig mit den Tatsachen übereinstimmende Vorstellung von der Größe des Weltmeeres. Wir Menschen leben nun einmal mit geringen Ausnahmen auf dem Lande. Unsere Karten stellen fast nur die Landoberfläche dar und legen den Rand immer in das Meer, das darum zerstückelt wird. Manche überrascht es sogar, wenn man ihnen sagt, daß es viel mehr Wasser auf der Erde gibt als Land. Wenige nur wissen, daß das Meer doppelt so groß ist wie das Festland. In Wahrheit ist das Verhältnis wie sieben zu drei, entfallen doch von den 510 Millionen Quadratkilometern der Erdoberfläche 361 Millionen Quadratkilometer auf das Meer und nur 149 Millionen Quadratkilometer auf das Land. Selbst unsere größten Erdteile sind also eigentlich nur Inseln im Weltmeer.

Viele Wochen, ja Monate meines Lebens habe ich mich auf dem Meere aufgehalten, habe es in allen Stimmungen erlebt, bei Sturm, Dünung, Regen, Nebel, Windstille und Sonnenglanz. Als Norddeutscher, dessen Vorfahren seebefahrene Männer waren, scheine ich die Sehnsucht nach dem freien Meere im Blute zu haben. Jedenfalls habe ich mehr als andere stets das Verlangen gespürt, fremde Zonen und Meere zu befahren und kennenzulernen, war doch dieser Trieb die Hauptursache, meinen mir so lieb gewordenen Beruf zu ergreifen.

Nicht kann ich mit einem Künstler in Wettbewerb treten, den Wissenschaftler möchte ich tunlichst zum Schweigen bringen. Ich will aber versuchen, mein Erleben der verschiedenen Weltmeere zur Darstellung zu bringen, um auch in anderen womöglich die Sehnsucht nach der weiten Ferne zu wecken.

Alle Schiffahrtsgesellschaften und Reiseunternehmungen pflegen auf ihren Aushängeschildern einen Luxusdampfer darzustellen, der bei Sonnenschein ein spiegelglattes Meer durchschneidet. Wohl gibt es solche Stimmungen auf allen Meeren, wohl kann selbst das weiteste und wildeste Meer einmal wie ein „Ententeich" aussehen. Es dürfte aber doch die Ausnahme sein. Ohne auch nur das geringste Hindernis zu finden, kann sich das Spiel der Winde auf der freien Meeresfläche entwickeln, selbst der leiseste Hauch kräuselt die Oberfläche. Aber größere Wellen entstehen nur, wenn der Wind dauernd aus der gleichen Richtung mit einer gewissen Stärke weht. Nicht der stärkste Sturm erzeugt die höchsten Wellen, denn er kappt die Wellenberge und wirft die Kämme, sie vor sich hertreibend und zersprühend, in die Wellentäler. Sie bilden sich viel mehr, wenn durch Wochen und Monate starker Wind immer und immer wieder das Wasser aufrührt und die Wogen, sie verstärkend, vor sich hertreibt. Wind, Bewegung, Wellen und Wogen, Rieseln und Rauschen, nicht Ruhe und Stille, sind die Urelemente der See. Wer dies nicht mag oder will, bleibe daheim!

Meeresstille! Wir fahren von Catania durch das Ionische Meer nach Osten. Es ist Frühling, das wechselnde Winterwetter des Mittelmeeres ist vorüber, es wird schon beständiger. Der Kapitän und die Herren Offiziere haben weiße Mützen auf und weiße Jacken an. Also muß die Sonne scheinen, und sie tut es auch. Damit haben die Passagiere die Berechtigung, die Sommerkleider hervorzuholen, die Herren die Strandanzüge, die Damen Badeschuhe und recht bunte Bademäntel und darunter ein Badekostümchen in homöopathischen Portionen. Der Lebenszweck der meisten ist am heutigen Tage, zu braten, um am Abend mit Genugtuung zu konstatieren, daß man eine Nuance brauner geworden ist. Man liegt auf Liegestühlen, prall der Sonne ausgesetzt, hat eine schwarze Riesenbrille auf, die selbst eine häßliche Dame nicht anziehender macht, und versucht möglichst wenig zu denken, was den meisten nicht allzu schwer fällt. Es wird warm. Nur der eigene Fahrtwind bringt Kühlung.

Da taucht am Horizont ein weißer Punkt auf, er wächst höher und jetzt erkennt man, daß es ein Segler ist. Wir nähern uns ihm, ja, wir scheinen seinen Kurs zu kreuzen. Wer einen Photoapparat besitzt — und jeder Mittelmeerreisende nennt einen sein eigen, von der Kleinstkamera bis zum größten Kurbelkasten ist alles vertreten —, holt ihn aus der Kabine und macht sich schußbereit. Es ist ein Schoner, dessen Leinwand sich malerisch im glatten blauen Meer spiegelt. Aber er macht nicht die geringste Fahrt, keine Bugwelle ist zu sehen, schlaff hängen die Segel am vollgetakelten Mast und an der Gaffel herunter. Die Schiffer liegen faul an Deck und warten schicksalsergeben auf den ersten Windhauch. Meeresstille ist Windstille! Unser Dampfer rauscht an dem Segler vorbei, der dem Kreuzfeuer unserer Apparate standhält. Er wird kleiner und kleiner und ist bald unter den jenseitigen Horizont untergetaucht.

Ein anderes Bild: Es ist Wochen später. Wir sind im gleichen Meer, nur weiter im Osten. Ithaka war gerade prächtig zu sehen und hatte Schulerinnerungen an den Dulder Odysseus wachgerufen, die von allen humanistisch Gebildeten durch das Aufsagen ungezählter griechischer Verse erneuert wurden. Das zackige Gebirge von Leukas versank hinter uns, an Backbord taucht das kleine Eiland Paxos und bald das erste Kap von Korfu auf. An Steuerbord begleiten uns das noch im leuchtenden Weiß des Winterschnees prangende hohe Bergland von Epirus und später das noch höhere und wildere von Albanien. Inseln und Festland geben einen so vollständigen Windschutz, daß auch nicht die geringste Kräuselung den Meeresspiegel trübte. Jetzt war es in Wahrheit ein Spiegel, was man auf hoher See selten erlebt. Doppelt sieht man alle gebirgigen Küsten, oben und unten. Sie liegen im Dunst, bläulich, fast durchscheinend gegen das Licht, nach entgegengesetzter Seite aber voll angestrahlt und in Sonnenglanz getaucht. Das ist ein Meer, um auf ihm zu rudern, sei es wie Odysseus, die Griechen und Römer, sei es wie die Flotten der Venezianer. Es erzieht aber nicht zur kampfesfrohen Weltfahrt, wie unser sturmdurchtobtes Nordmeer.

Aber auch dort kommt hinter Inseln und Schären ruhigste, glatteste See nicht selten vor, wenn auch draußen Wellengewoge und Dünung steht. Wie flüssiges Silber oder Blei lag das Meer. Ich stand vorne im Bug des Schiffes. Der scharfe Kiel durchschnitt den Spiegel, das Wasser bäumte sich beiderseits hoch und rauschte ohne Unterlaß an den Schiffsflanken entlang. Aus mehreren Öffnungen spritzte das Kondenzwasser in hohem Bogen und verstärkte das Rauschen der Fahrt. Diese gleitenden Geräusche und das Vibrieren der Maschine sind die nie abreißende Musik, die nervenberuhigend den Reisenden begleiten. Wir sind im weiten Vest-Fjord zwischen den Lofoten und Norwegens Küste. Viele Wasservögel schwimmen auf der teichglatten Meeresfläche, Lummen, Raub- und Lachmöwen, und fliegen bei unserem Nahen auf. Die bunten Papageientaucher mit ihrem großen Schnabel flüchten, wasserschlagend mit tollpatschigen Bewegungen, seitlich und fallen bald wieder ein. Sie fügen zu dem sonnigheiteren Bild einen lustigen Zug.

Jetzt versetzen wir uns einmal zu den Philippinen. In der breiten Binnensee zwischen Luzon und Mindoro-Masbate herrschte völlige Windstille und Ruhe, aber dafür auch tropische Hitze. Flimmernd liegt Land und Meer. Die Urwaldinseln sind im Dunst kaum mit ihrer Küste zu erkennen, nur die hohen Gipfel sind klar. Unter den Vulkangestalten entzückt vor allem die ebenmäßige Gestalt des 2374 Meter hohen Mayon. Das Wasser blendet, es blenden auch die emporquellenden Massenwolken, die das Abendgewitter vorbereiten. Es ist eine Lichtfülle, kaum zum Ertragen.

Ein anderes Mal fahren wir in die Bucht von Manila. Zwischen hohen, erloschenen, urwaldbedeckten Vulkanen öffnet sich die Bucht ins Innere von Luzon. Die sperrende Festung auf dem Felseneiland Corregidor ist passiert, es ist Abend. Der Dampfer beeilt sich, die Maschinen geben her, was sie können, da wir vor Sonnenuntergang zur Paßkontrolle in Manila sein wollen. Schnell durchfurcht der Bug die spiegelglatte See. Gelb in Gelb ist Meer und Himmel, wenige Orangetöne mischen sich bei. Nur wo die Bugwelle an beiden Schiffsseiten hochbrandet, ist sie grün-blau. Ich stehe vorne im Bug, meinem Lieblingsplatz, und kann mich an den Farben nicht sattsehen. Plötzlich taucht ein mächtiger Hai vorne vor dem Dampfer auf und legt sich gerade vor das Schiff. Trotz unserer großen Geschwindigkeit von wohl zwölf bis vierzehn Knoten hält sich der Hai während der ganzen Fahrt durch die Bucht stets vorn am Bug auf. Er spielt geradezu mit der Bugwelle, ist bald etwas voraus, bald etwas steuerbord oder backbord, jetzt sieht man die spitze Rückenflosse, jetzt den helleren Bauch und das grimme Maul. Wenn einem der Raubfisch auch noch so unsympathisch ist, man muß doch den kühnen, eleganten Schwimmer bewundern. Das Farbwunder mit diesem Riesenfisch darin ist mir unvergeßlich.

Schließlich sei noch ein kleines Erlebnis bei spiegelglatter See erzählt. Wir sind auf dem Stillen Ozean, der heute seinen Namen mit Recht verdient. Es ist so ruhig, daß unser „Prinz Waldemar“ sogar außerbords angestrichen wird und die Schäden und Schrammen mit weißer Ölfarbe ausgebessert werden, die bei der letzten Landung am Pier entstanden waren. Die Matrosen hingen trotz der guten Fahrt unseres Dampfers frei über dem Wasser, saßen auf einem schmalen Brettchen, das an zwei Stricken gehalten wurde. Alles roch nach Ölfarbe. Ich stehe mit einer Hamburger Dame an der Reeling, wir blicken erst den emsig malenden Matrosen zu. Da erwacht wieder der lehrhafte Professor in mir, den wir ja so schwer nur zum Schweigen bringen:

„Wissen Sie auch, gnädige Frau, daß wir in diesem Augenblick über die tiefste Stelle aller Ozeane, die „Emdentiefe“, hinwegfahren, daß 10 793 Meter Wasser unter uns sich befinden?“

„Oh Gottogott! Man darf da garnich an denken! Is ja gräsig! Igittigitt!“

Leicht bewegte See! Sie scheint mir fast die Regel auf den Weltmeeren zu sein. Ich möchte sagen, zum Glück. Sie bietet für den Reisenden und den Seemann den höchsten Genuß. Das Schiff liegt noch so ruhig, daß selbst der empfindlichste Magen nicht revoltiert.

Die See bekommt ihre eigene Farbe und spiegelt nicht nur die Himmelsfarbe wider. Sie wird dunkler, blauer. Wenn jetzt einzelne Wellen bereits branden und in das blaue Gewoge wenige weiße Tupfen des schäumenden Salzwassers kommen, dann noch die Sonne scheint und vereinzelt Wolkenballen leuchtend am Firmamente schwimmen, so sind das die beglückendsten Stimmungen einer Seefahrt.

Durch Wochen hindurch erlebte ich so das Meer. Die Nordsee zeigte sich mir in dieser Pracht an manchem Sommertag. Skagerrak und Kattegat, ferner die Ostsee, der Atlantik vor Spaniens und Portugals Küsten brachten solche Glückstage, der Pazifische Ozean und das Südchinesische Meer nicht minder. Vor allem herrschte Tag für Tag im Indischen Ozean die gleiche freudig erregte Stimmung, sowohl auf meiner Hinfahrt vom Roten Meer bis nach Penang vor der Küste Hinterindiens, als auch auf der Rückreise. Ich fuhr beide Male zur Zeit des Wintermonsuns, des sanften Landwindes von Asien her, der ruhig bewegten See und des beständigen Wetters. Der Reisende, welcher in den Sommermonaten den gleichen Weg wählt, darum in den feuchten, stürmischen Sommermonsum kommt, wird den gleichen Ozean ganz anders erleben. Sein Weg führt durch Regen und Sturm und wird für manche ein Leidensweg sein. Wer es irgend kann, wählt darum für eine Ostasienreise die Zeit des Wintermonsuns.

In den Wintermonaten ist es auf den Hochländern Asiens eisigkalt. Nicht nur Sibirien, sondern Iran, Tibet, Turkestan und die Gobi sind wahre Eiskeller. Die Luft verdichtet sich wegen der Kälte, ein ausgedehntes Maximum mit dem Zentrum um den Baikalsee bildet sich. Nach allen Seiten strömt mit lindem Wehen die Luft ab, so auch zum Indischen Ozean, wo im Winter der Nordhalbkugel die über dem warmen Meer aufgelockerte Atmosphäre ein Minimum bildet. Der Gegensatz des Luftdrucks ist nicht sehr groß. Der vom Lande wehende Wintermonsun wird darum in der Nähe der Küsten des Kontinents keine hohen Wellen bilden. Es herrscht Sonnenschein und Trockenheit. Im Sommer ist alles gerade umgekehrt, wir wollen darauf nicht eingehen: Minimum über Asien mit Zentrum über dem Fünfstromland, großer Luftdruckgegensatz, heftige Stürme vom feuchten Meer zum Land, Regen und wildes aufgeregtes Meer. Man muß im Sommer schon sehr seefest sein. Ich bin zwar noch nie seekrank geworden, müßte aber lügen, wollte ich nicht zugeben, daß eine Fahrt bei ruhiger See genußreicher ist als bei Sturm.

Mit leichtem, beruhigendem Schaukeln gleitet der Dampfer durch die blaue Flut. Bei jedem Wellenberg wird das Rauschen der Bugwelle etwas stärker, bei jedem Wellental schwächt es eine Kleinigkeit ab, so daß die rhythmische Bewegung von einem gleichlaufenden An- und Abschwellen des Meeresrauschens begleitet wird. Dunkelblau ist die Farbe des Wassers in den Tälern, heller in den Bergen, weiß und schäumend in der Bugwelle, weiß auch die über die weite See verteilten Tupfen der brandenden Wellen. Trifft unser Schiff einen Wellenberg, so fliehen kurz vorher die fliegenden Fische vor dem Ungetüm. Sie streichen im Wellental entlang, um nach einem Segelflug von mehreren hundert Metern wieder in der blauen Flut des nächsten Wellenberges zu verschwinden. Glitzernd und schimmernd, unwahrscheinlich, wie eine Märchenerscheinung, huschen sie einzeln, paarweise, zu dreißig bis vierzig scheinbar aus dem Nichts geboren und verschwinden wieder auf Nimmerwiedersehen. Es ist kein Wunder, daß sich manche kleine Schiffsgeschichten um diese Meeresbewohner ranken.

Für das Institut für Meereskunde hatte ich meinem Freunde Prof. Dr. A. Merz zuliebe, dem späteren Leiter der großen von ihm erdachten Deutschen Atlantischen Expedition, auf der er sein Leben ließ, es unternommen, alle vier Stunden tags und nachts ozeanographische Beobachtungen zu machen. Mein Expeditionsfreund Dr. Roesicke unterstützte mich in dieser auf die Dauer anstrengenden Arbeit. Es mußte Wasser geschöpft werden zur Bestimmung des Salzgehaltes und der Temperatur. Die Lufttemperatur wurde mit den genauesten Instrumenten gemessen, vor allem stellten wir die ersten Verdunstungsmessungen auf See an, wozu wir ein neues Instrument ausprobierten und aufstellten. Ich will hier nicht über die Resultate berichten, ich möchte nur zu schildern versuchen, welche unvergeßlichen Stimmungen mir unbeabsichtigt bei diesen Beobachtungen, besonders bei den Nachtterminen um vierundzwanzig und vier Uhr, geschenkt wurden. Zuerst lachten die Passagiere und lächelten die Offiziere über unseren Eifer und dachten, er wird schon bald erlahmen. Als wir aber durchhielten, wollte man sofort Resultate sehen. Als wir aber sagen mußten, daß wissenschaftliche Ergebnisse stets nur in geduldigster Kleinarbeit gewonnen werden, ließ man uns in Ruhe, sehr zum Vorteil unserer Aufgabe.

Besonders in der ruhigen Nacht war es angesichts des stets wolkenfreien Sternenhimmels eine Lust, wenn man erst das Bett und die Kabine verlassen hatte. Das Rauschen des Meeres schien lauter zu sein. Schwarz wie Tinte lag die wogende See, nur die wenigen brandenden Wellen schimmerten weiß. Die Mastspitze beschrieb gleichförmige Kreise zwischen den Sternbildern. Hoch stand der Orion, tief der große Bär. Der südliche Sternenhimmel, der in der Nähe des Äquators ja gleichzeitig zu übersehen ist, kann den Vergleich mit dem nördlichen nicht aufnehmen, da selbst das südliche Kreuz bitter enttäuscht. Wo man auf der Erde aber unsere nordischen unvergleichlich schönen Sternbilder sieht, gedenkt man der Heimat, man fühlt sich in weitester Ferne nicht verlassen, sondern sagt sich, daß die Lieben zu Hause im gleichen Augenblick den gleichen Anblick genießen können.

Das Schiff zieht stetig seine Bahn. Bis auf die Wachen ruht alles. Da glast es mit kurzen Doppelschlägen von der Brücke her. Ein Ruf vom Ausguck, daß auf Wache alles in Ordnung ist und die Lichter brennen, tönt über das schweigende Meer. Einzelne Gestalten tauchen aus dem Schiffsrumpf auf, die neue Wache, beziehen ihre Posten, nur wenige Worte werden gewechselt. Dann geht die Freiwache schnell zur Koje. Ruhe tritt wieder ein. Einsam nur wandelt der wachhabende Offizier auf der Brücke hin und her, her und hin und hin und her. Wir grüßen ihn auf seinem verantwortungsvollen Posten, werfen noch einen Blick über das wogende Meer hinauf zum Himmelsdom mit seiner Sternenpracht und suchen, befriedigt, unsere Pflicht erfüllt zu haben, unsere Kabine wieder auf. So war es Nacht für Nacht durch lange Wochen.

Nebel! Bei diesem ungemütlichen Kapitel wollen wir uns möglichst kurz aufhalten, müssen aber doch wohl mit wenigen Worten darauf eingehen, will man nicht einen zu rosigen Eindruck vom Meer und von der Seefahrt erhalten. Nebel bildet sich, wenn warme und feuchte Luft sich mit kalter mischt oder über kaltes Wasser (oder Land) streicht. Da kalte Strömungen im Meer nicht selten sind, sei es, daß Wasser aus hohen Breiten in niedere verfrachtet wird, sei es, daß es aus kalter Meerestiefe an die Oberfläche steigt, so sind die Grenzzonen warmer und kalter Strömungen und die Gebiete mit sogenanntem „Auftriebwasser“ nebelreiche Gewässer.

Vom Nebel ist eigentlich wenig zu erzählen. Es ist das Wesen des Nebels, daß man nichts sieht. Nebel und Wollsachen, Nebel und ein steifer Grog gehören zusammen, wie – na, wie ein Geograph und Karten. Bei Nebel friert man. Bei Nebel heulen die Sirenen, tuten die Dampfpfeifen, läuten die Schiffsglocken, sind Offiziere, Mannschaft und auch Passagiere ungemütlich, nur der Kapitän ist der ruhende Pol in der Erscheinungen Flucht. Nein. Nebel liebe ich nicht!

Und doch kann ausnahmsweise auch Nebel schön sein. Am Nordkap herrschte die reinste Waschküche, alles grau in grau, es war wirklich auch nichts zu sehen. Einzelne liebenswürdige Reisende wollten den Kapitän persönlich für das Wetter verantwortlich machen. Nur des Nordkaps wegen und der Mitternachtssonne halber hätten sie die ganze Reise gemacht, alles andere könne ihnen gestohlen bleiben, sie wollten Schadenersatz haben und was derartige Freundlichkeiten mehr waren. Nur um die Nörgeler zu befriedigen, setzte der Kapitän ein Boot aus und ließ einen Offizier an Land rudern, um auszukundschaften, wie es dort aussähe.

Begeistert kam er zurück: „Alles ausbooten! Schnell, schnell!“ Nur widerwillig und mißmutig kletterten wir in die Boote, glaubten wir uns doch genasführt. Nach dem Schall der Schiffsglocke suchten wir den Landeplatz. Auch dort alles in dichtestes Grau gehüllt. Wir stiegen trotzdem den steilen, beschwerlichen Pfad zum 300 Meter hohen Fjeld empor und sollten es nicht bereuen.

Auf halber Höhe teilte sich der Nebel. Es wurde lichter und zugleich mit jedem Meter des Anstiegs rosiger, röter, wonniger, befreiender, bis unter einem strahlend hellen Himmel beim Scheine der Mitternachtssonne rosenrot das Nebelmeer unter uns lag. Unendlich weit konnte man sehen. Wenige dunkelviolette Wolkenstreifen zogen sich am Horizonte hin, sonst war der Himmel mit gelben, ja, grünen Tönen licht und weit. Schwarz ragten von allen Inseln die Kliffs aus dem rosigen Nebel heraus, sämtliche Eilande sind oben von der Hochfläche des Fjelds waagerecht abgeschnitten. Als wir an den Rand desselben traten und in die Schlünde und Gründe des Kliffs hinabblickten, hörte man die Schiffsglocke tönen, rauschte die Brandung zu uns empor. Wir aber sahen nur rosenrot den Nebel wallen, hin und her wogen und um die Felsen ziehen. Da war der Nebel, von außen gesehen, wahrlich eine Pracht.

So erlebten wir die Mitternachtssonne; Weißt du noch?

Bewegte bis grobe See und Dünung! Dieser und die folgenden Abschnitte gereichen nur seefesten Leuten zur Freude. Bedauernswert sind doch die Menschen, die beim ersten lebhaften Schaukeln kreidebleich werden, kein Essen mehr sehen oder riechen können und jeden Witz über die Seekrankheit als persönliche Beleidigung auffassen. „Darf ich Ihnen das Essen nicht lieber draußen auf Deck in der frischen Luft servieren?" fragt der Steward. „Ich wäre Ihnen sehr dankbar", antwortet der zu bemitleidende Gast. Der hilfsbereite Steward bringt ein Tischchen, eine Decke, ein großes Tablett und darauf Suppe, Fleisch, Gemüse und Nachtisch. Der Gast gießt die Suppe über Bord, wirft Kotelette und Stangenspargel hinterher und spendet auch den Pudding den Fischen. Er spricht gelassen: „Warum der Umweg?"

Die Geschichte ist weder von mir erdacht, noch von mir erlebt. Darum schnell zurück zu eigenem Erleben.

Wir sind in der Biskaya. Das übelbeleumdete Meer zeigt sich uns, wie wir befürchtet hatten, so daß unsere kleine „Orotava" in einem Tanzschritt über die Wellen tänzelte, der jede Regel vermissen ließ. Auf der Hinfahrt hatten wir Zement geladen und lagen noch ziemlich tief, auf der Rückreise dagegen waren wir durch eine Deckladung Bananen so topplastig, daß der Dampfer die übermütigsten kindlichen Sprünge und Hopser machte. Herr Kapitän Müller verließ nicht die Brücke und spielte nicht sein geliebtes Scheffel-Bord, in dem er Meister war, immer ein untrügliches Zeichen für grobe See. Bei Tisch wurden die Schlingerleisten aufgedeckt. Schon ihr bloßer Anblick wirkt auf manchen Magen appetitvernichtend. Die Zahl der Mittagsgäste war auf ein Drittel zusammengeschrumpft. Die geschickten Stewards mußten die Treppen mit der Suppe in der Hand im Sprunge nehmen und konnten nur bedienen, wenn unser Schiff waagerecht lag. Die Suppe, das Wasser, der Wein beschrieb in den Tellern und Gläsern die unberechenbarsten Schaukelbewegungen. Das Essen und Trinken von Flüssigkeiten wurde zur Jonglierkunst, da die Feuchtigkeit bald als zu großer Schwall in den Mund kam, bald die Lippen floh. Die Seefesten erlebten manchen unfreiwilligen Spaß. Auch die Spiele an Deck wurden jetzt erst reizvoll, da man bei allen Geschicklichkeitsübungen immer die Eigenbewegung des Schiffes berechnen mußte.

Gern spricht man vom unendlich weiten Meer, vom unendlich fernen Horizont, von der Unendlichkeit der Wasserwüste oder prägt ähnliche Ausdrücke. Ich muß gestehen, daß ich die „Unendlichkeit" wohl nacheinander erlebt habe, wenn Tage und Wochen nichts anderes zu sehen war als Wasser und Wasser, daß aber jeder einzelne Rundblick vom Bord eines Schiffes auf mich einen sehr begrenzten Eindruck machte. Bei ruhiger See, bei Sonnenaufgang und -untergang hat man noch ehesten das Gefühl „unendlicher" Raumweite. Je bewegter das Meer, je höher die Wellen, desto enger wird das Blickfeld. Man muß schon ziemlich hoch stehen, auf der Brücke, im Funkhaus oder im Ausguck hoch am Maste, um einen freien Überblick zu haben. Das ist für mein Gefühl der Hauptgrund, warum ich die bewegte oder grobe See nicht so liebe wie die ruhige. Es fehlt ihr das Befreiende, das Beglückende, was ein weiter, „unendlicher" Horizont stets auf einen Sohn der Ebene ausübt. Darum ist für mich der Ausblick von einem Gipfel auf das Meer, z. B. vom 630 Meter hohen Pik von Penang, viel erhebender und schöner als der Aufenthalt mitten im wogenden Ozean, wo der Blick engbegrenzt nur den nächsten Wellenberg trifft.

Es waren darum die Fahrten durch die Passatzonen des Stillen Ozeans viel erhebender, als die durch die Passatgebiete des Atlantischen. Ich passierte diese in der Nähe der afrikanischen Küste zwischen Madeira und den Kanarischen Inseln. Überrascht war ich von der Heftigkeit der regelmäßig wehenden Winde und von der Höhe des Wellengewoges, das dadurch erzeugt wurde. Ich hatte mir meine Vorstellung nach dem Passatgebiet des westlichen Großen Ozeans gebildet, einer ausgesprochenen Schönwetterregion mit Windstärken drei bis vier, mäßig bewegter See und einem heiteren Himmel mit einzelnen Massenwolken. Im Atlantischen Ozean herrschten dagegen Windstärken sechs, teilweise sogar sieben, und entsprechend eine stärker bewegte See. Sie machte sich besonders auf der Rückreise bemerkbar, als wir gegen den Nordostpassat andampften. Es kamen schon einige Spritzer über Bord. Wir machten viel weniger Fahrt als auf der Hinreise, da wir gegen Wind, Wellen und Strömung ankämpfen mußten. Der Himmel war auch hier heiter, weht doch der Passat äquatorwärts in stets wärmere Gebiete, kann darum immer mehr Feuchtigkeit aufnehmen. Sein Herrschaftsbereich ist eine ausgesprochene Trockenzone.

Eine Herde von Schweinsfischen, von Delphinen, tauchte mit lustigen Wellensprüngen aus einem Wasserberg auf, durchsetzte das Tal und verschwand im nächsten Berg, um alsbald wieder für einen kurzen Augenblick sichtbar zu werden. Sie begleitete das Schiff lange Zeit zur Freude von Passagier und Mannschaft. Die Matrosen scheinen eine besondere Liebe gerade für diese Meeresbewohner zu haben. Jedesmal, wenn ich auf meinen Fahrten durch viele Meere der Erde Delphine springen sah, begeisterten sie sich am fröhlichen Getümmel der Tiere. – Einsam zog auch ein Wal seine Bahn. Zuerst verriet er sich durch einen Wasserstrahl, den er ausblies, dann erst sahen wir die dunkle Masse seines Körpers zwischen den Wellen. Wir hätten ihn bei der groben See kaum entdeckt, wenn er uns nicht von der Brücke herab gezeigt worden wäre.

Die vom Winde unmittelbar erzeugten Wellen haben keine gleichmäßige Gestalt, da der Wind viel zu unregelmäßig mit Stößen wechselnder Stärke einfällt. Er bläst bald hier, bald dort gegen die Flanke der Wellenberge. Sobald der Wind nachläßt, glätten sich die Wogen. Es entsteht aber noch keine ruhige See. Die unregelmäßige Zackenlinie des Wellenkammes weicht einer gleichförmigen Rundung. Auch die Hänge und Flanken der Wellen werden glatter. Wie kleine, langgezogene Hügelreihen mit wohlgerundeten Formen im einzelnen ziehen dann die Wellenkämme vor dem, jetzt allerdings erstorbenen, Winde her. Man nennt diese ererbten Formen einer Windsee Dünung.

Der Dünung kann etwas Unheimliches innewohnen. Der Himmel ist heiter, kein Lüftchen rührt sich, auch die Oberfläche des Wassers ist im einzelnen glatt. Da hebt sich ein langer Wellenrücken nach dem andern mit unwiderstehlicher Gewalt aus dem Schoße des Meeres und bildet eine großzügige Rippung des Meeresspiegels, ohne daß man die Ursache erkennt. Man kann sie auch unmöglich erkennen, da die Dünung eine ererbte Form und eine posthume Wirkung ist, die Ursache, der Wind oder Sturm, aber erstorben ist. Das Schiff stampft, wenn die Dünung von vorne oder achtern kommt, es schlingert, kommt sie von der Seite, und rollt, wenn der Kurs quer zur Dünung verläuft.

Ein großartiges Erleben war für mich die Fahrt längs der Westküste der Philippinen bei sehr hoher Dünung, völlig ruhiger Luft und prächtigem Sonnenschein. Unser mittelgroßer Dampfer wurde von der Dünung auf den Rücken genommen, als wenn es ein kleiner Kork wäre. Wir fuhren die Flanke des Wellenrückens hinab und schienen uns direkt in das dunkelblaue Grab des Meerwassers einbohren zu wollen. Der Bug nahm schon Wasser über. Dann richtete sich aber unser Schiff langsam auf, um nun den Berg vor uns zu nehmen. Auf dem hohen Dünungsrücken hatte man eine unvergleichliche Aussicht auf die Vulkane Luzons, die sich in vollendetem Ebenmaß an der Küste aufreihen. Sie sind in dunkles Urwaldkleid gehüllt, da sie erloschen sind; haben nur in den tieferen Lagen hellgrüne Rodungsinseln, auf deren Kulturland Zuckerrohr, Reis, Bananen und andere Gewächse gedeihen, um am Meeresgestade mit einem Saum von Kokospalmen geziert zu sein. So lagen sie in majestätischer Ruhe am Ufer des langhin wogenden Meeres.

Wie Till Eulenspiegel freute ich mich drunten im Dünungstal auf die herrliche Aussicht droben auf dem Wellenberg. Dort aber kam schon das angenehme Gruseln über einen, das man beim Eintauchen und Einbohren in die herrlich blaudurchleuchtete Wasserflut empfand. So wechselte Stimmung und Glücksgefühl von Dünungsberg zu Dünungstal.

Sturm, Taifun, Orkan! Nur ein begnadeter Künstler kann es wagen, den Aufruhr der Elemente zu schildern, der bei den größten Windstärken auf See herrscht. Draußen auf dem Wasser wogt und wallt eine aufgepeitschte Flut, wird der Gischt vor dem Sturme hergeblasen, fällt aufklatschend auf die nächste Welle und drückt sie hernieder, fällt in das Wellental, füllt es auf, um sofort wieder emporgeblasen zu werden. Wie ein Ackersmann mit der Sense ein Kornfeld niedermäht und die Garben vor ihm zu Boden sinken, so kappt der Sturm die hohen Wellen. Er treibt die Salzflut vor sich her und wandelt das Gewoge in ein wüstes Auf und Ab ohne Regel und Gesetz. Die grauen, am Himmel niedrig dahinjagenden Wolkenfetzen, untermischt mit Regenböen, färben das Meer grau in grau. Der überall sich bildende Schaum und Gischt legt einen weißen, schnell sich wandelnden Schleier über den hell- oder dunkelgrauen Unterton. Bewegung, Unruhe, Aufruhr, wohin man blickt!

Das Schiff selbst aber tanzt aufgeregt mit unberechenbaren Bewegungen inmitten dieses wüsten Gewoges. Bald nimmt es am Bug, bald am Heck, bald steuer-, bald backbord Brecher über, die gurgelnd durch die Klüsen abströmen. Es klatscht und kracht. Es knarrt hier ein Mast und schlägt dort eine Tür. Dazu pfeift der Wind im Tauwerk und faucht um Ecken und Kanten. Ein wahrer Hexensabbat von Tönen erfüllt die Luft, als wollte man das Motiv des Fliegenden Holländers und den Walkürenritt gleichzeitig zu Gehör bringen. Wer von den Passagieren sich noch blicken läßt, kraucht an den Wänden entlang oder tastet sich an gezurrten Leinen vorwärts. In den merkwürdigsten Schräglagen und in Schlangenlinien bewegt sich die Mannschaft über Deck.
Nur der Kapitän steht wie ein Fels auf der Brücke. Er ist und bleibt der ruhende Pol in der Erscheinungen Flucht.
So ähnelte sich der Sturm, ob er die Nordsee aufwühlte, den Eintritt ins Schwarze Meer ungastlich machte, in der Ägäis tobte oder mich im Gelben Meer so durchschüttelte, daß ich in meiner Kabine aus dem Bett geworfen wurde. Von manchen Stunden stürmischer Seefahrt will ich nur von meiner Fahrt durch das Ägäische Meer eine kurze Schilderung zu geben versuchen.
Es war in der zweiten Hälfte des März, als wir von Konstantinopel, das jetzt Istanbul genannt wird, nach Athen fahrend das Ägäische Meer von Norden nach Süden querten. Ich hatte mich auf die Reise gefreut, da ich hoffte, daß die Sonne Homers auch lachend bei meiner Fahrt am Himmel stände. Leider wehten aber bereits im Marmarameer die Nordwinde, die berühmten Etesien der alten Griechen, mit beträchtlicher Stärke. Als wir aber die Dardanellen passiert hatten, auch die kahlen Gebirge der Inseln Imbros und Lemnos hinter uns hatten, wuchs der Wind zu immer größerer Heftigkeit an und entwickelte sich zu einem regelrechten Sturm. Ich hätte nicht gedacht, daß in einem so engen Meer, das doch im Windschutz hoher Inseln liegt, die Windsbraut sich derartig austoben könnte. Aber das gerade zu passierende Stück dieses Meeres liegt doch offen genug und ist in Wahrheit so weit, daß genügend Raum zum Austoben der Etesien vorhanden ist. Wir fuhren mit dem Winde und wurden von Wind und Wellen geschoben. Unsere brave „Lützow“ stampfte gehörig und nahm wohl oder übel zahlreiche Brecher über.

Wir erfuhren durch Funkspruch, daß uns auf Gegenkurs der auch dem Norddeutschen Lloyd gehörende Dampfer „Stuttgart“ begegnen würde. Wir wollten das Schwesterschiff begrüßen und durch Dippen der Flaggen ehren. Wir hielten darum auf die Rauchfahne zu, die vom Sturme verweht am Horizont auftauchte. Näher und näher schob sich das stattliche Schiff, hatte aber so mit Sturm und Wellen zu ringen, daß häufig die ganze vordere Hälfte unter den Brechern und dem Wasserschwall verschwand, da es ja den Wind und die Wellen gerade gegen sich hatte. Um den Abstand zwischen den Schiffen zu verringern, drehten wir bei, wurden aber sofort derartig vom Sturme gefaßt, daß unser gutes Schiff sich schwer auf die Seite legte und eine gewaltige Welle selbst das obere Deck überspülte.

Dort stand „Mutti“, eine liebe Dame, die aber an die zwoeinhalb Zentner wog. Es war für Poseidon ein besonderer Spaß, sie von unten zu fassen, bis zur Hüfte zu durchnässen und flach hinzulegen. Wäre nicht der kräftige Bootsmann hinzugesprungen, hätte der Scherz des Seegottes übel auslaufen können. Dort stand auch der ewige Nörgler, der scheinbar bei keiner Reisegesellschaft fehlen kann. Kein Essen war ihm gut genug, die Eier immer zu weich oder zu hart, der Kaffee zu warm, der Tee zu kalt, die Gesellschaft paßte ihm schon gar nicht. Jetzt kam die Strafe: Die heranbrausende Welle nahm ihn, warf ihn gegen eine Treppe und ließ ihn mit gestauchtem Arm liegen. Da freie Arztbehandlung an Bord ist, legte er sich ins Lazarett, wollte nicht wieder gesund werden, um „die Direktion auf Schadenersatz verklagen“ zu können. Aber in Port Said war er, wie der Steward richtig prophezeit hatte, wieder gesund. „Wie haben Sie denn das fertig bekommen?“ „Ich habe ihm einfach erzählt, daß in Port Said laut Kanalgesetz alle Kranken in Quarantäne kämen. Wann sie entlassen würden, hinge von den mohammedanischen Ärzten ab. Die Behandlung dauerte meist sehr lange, damit das Arzthonorar höher sein könne. Dies gehe natürlich auf Kosten des Passagiers. Am nächsten Tag war er gesund!“ So erlebt man selbst beim Sturm erheiternde Momente.

Der *Taifun* ist ein Drehsturm gewaltiger Stärke, wie er im westlichen Stillen Ozean und an der Küste Ostasiens auftritt. Die Jesuitenpatres in Zikaweih bei Schanghei, die ich besuchen und deren meteorologische Station ich besichtigen konnte, haben sich um die

Erforschung und Vorhersage dieser Katastrophen große Verdienste erworben. Sie entstehen vornehmlich zur Zeit des Monsunwechsels im Frühling und vor allem im Herbst. Wenn es dann in der Gegend von Yap und der Marianen zu einem heftigen tropischen Regen kommt, kondensiert dort der Wasserdampf, es wird plötzlich auf kleinem Raum viel Wärme frei. Dadurch lockert sich die Luft stark auf, es entsteht ein lokales, aber tiefes Minimum, in das von allen Seiten die Luft mit gewaltiger Kraft wirbelnd gerissen wird. Im Zentrum steigt die Luft, wie in jedem Minimum, in die Höhe, es entstehen Platzregen, wieder wird Wärme frei, so daß nach dem Prinzip der Selbstverstärkung der Luftdruck noch geringer, der Wirbel noch heftiger und der Taifun noch machtvoller wird. Orkanartige Winde stürzen allseits zum Mittelpunkt des Wirbels. Dieser bewegt sich im Bogen vorwärts und zieht, immer den Wasserstraßen folgend, zu den Philippinen, zum Süd- und Ostchinesischen Meer beiderseits Formosa und zu den Küsten Chinas, Koreas und Japans. Zum Glück ist die Bahn eines Taifuns nur ziemlich schmal und übertrifft selten 100 Kilometer. Auf diesem Wege aber wird, wo das Zentrum eine Landschaft passiert, restlos alles zerstört, die Kulturen vernichtet, Häuser abgedeckt und Bäume entwurzelt. Schiffe, die auf See von ihm überrascht werden, sind sehr gefährdet. Doch ist die Vorwärtsbewegung auf seiner Bahn so langsam, daß ein Dampfer ihm ausweichen kann, wenn er rechtzeitig gewarnt worden ist. Darum gewinnt der Taifun-Warnungsdienst von Zikaweih für ganz Ostasien und die Nachbarmeere so große Bedeutung.

Wir fuhren zur Zeit des Herbstmonsunwechsels von den Palauinseln nach den Philippinen, die wir in der Straße von St. Bernardino queren wollten. Ruhig und heiter waren Luft und See, kein Reisender dachte an Gefahr. Der Funkspruch aber warnte vor einem unseren Kurs in der Nähe der Ostküste der Inselgruppe kreuzenden sehr tiefen Taifun. Das Wetterglas fing auch schon an zu fallen. Einzelne Wolkenstreifen bildeten sich am südlichen Himmel. Der Kapitän war vom Barometer nicht fortzubringen, und der Verkehr zwischen Funkbude und Brücke wurde immer lebhafter. Immer noch ruhig lag die See, der Luftdruck aber fiel erschreckend schnell.

Wie zieht der Taifun? Wie tief ist sein Zentrum? Welche Windstärken sind zu erwarten? Ja, wenn nicht die Funkstellen so weit auseinander lägen und wir nicht das einzige Schiff, wie im Stillen

Ozean immer, weit und breit wären, könnte man Antwort auf diese und viele andere lebenswichtige Fragen erhalten. So aber hilft nur seemännische Erfahrung, Fingerspitzengefühl und Glück. Wenn wir uns beeilen und der Taifun seinen Kurs beibehält, so kommen wir noch an ihm vorbei und erreichen die schützende enge Meeresstraße zwischen den Waldbergen. Wehe jedoch, wenn der Wirbelsturm seine Bahn ändern sollte und uns gerade in dieser Straße fassen sollte! Dann würde das Schiff rettungslos auf die Küste und die Korallenriffe geworfen und würde zerschellen! Sollen wir nicht doch lieber zurück und in die Weite des Stillen Ozeans ausbiegen? Dann kommt die Post nicht rechtzeitig nach Hongkong und zur Heimat. Das geht nicht! Also einige Kohlen mehr auflegen und losfahren!

Jetzt begann eine glänzend gewonnene Wettfahrt zwischen unserem Dampfer und dem Taifun. Wir rüsteten uns aber für schwere Ereignisse. Trotz immer noch klarer Luft und ruhiger See wurden Leinen gezurrt, die Luken geschlossen, die Boote klar gemacht und alles zur Sturmfahrt gerüstet. Der Himmel wurde im Süden dunkler, Wolken bildeten sich aus dem Nichts und wurden nach Süden getrieben. Wind kam auf, die See blieb ruhig. Wenn, ja, wenn der Taifun nicht abbiegt, kann es glücken. Die stets schwärzeren Rauchwolken unseres Schornsteins werden nach schrägachtern gefetzt. Schon heult der Wind im Tauwerk. Ich gehe nach vorne in den Bug. Man kann sich nur an den Leinen über Deck bewegen. Die Musik des Sturmes wird lauter und wilder. Man darf die Hand und bald die beiden Hände nicht mehr loslassen. Das Schiff liegt bei dem starken Winddruck schräg, sonst aber ruhig, denn die See ist immer noch überraschend glatt. Die Windbahnen, die in den Taifun hineinführen, sind nicht lang genug, als daß sehr hohe Wellen entständen. Die ersten Regenböen peitschen heran. Schrill pfeift der Sturm in der Takelage, als seien alle bösen Geister losgelassen. Will man nicht umgeblasen werden, muß man sich unter fünfundvierzig Grad gegen den Sturm stellen.

Jetzt kommt es darauf an, wer wird siegen? Die nächsten zehn Minuten müssen den Entscheid bringen. Der Käpten zieht Ölzeug an und setzt den Südwester auf! Das sieht bedrohlich aus!

Da erschallt vom Ausguck der Ruf „Land in Sicht!“ Und bald sieht man auch von Deck zwischen den Wolkenfetzen und Regenböen die Urwaldberge und gerade vor uns die nur schmale Einfahrt der Meeresstraße. Nach einer Stunde richtet sich das Schiff auf, spiegelglatt ist zwischen den Bergen die See. Wir versammeln uns mit dem wohlgemut lächelnden Kapitän im Rauchzimmer und trinken einen wohlverdienten Whisky-Soda. Nur etwa drei Stunden hatte mein ganzes Erlebnis mit dem Taifun gedauert.

Einen *Orkan* habe ich auf freiem Meere bislang noch nicht erlebt. An der Küste Borkums aber, auf welcher ostfriesischen Insel ich dreieinhalb Jahre weilte, habe ich mehr als einen bestanden. Traurige Stunden schauerlichen Erlebens waren mit ihnen verbunden, wenn man hilflos am Lande stand und in naher Sicht Vorpostenboote auf dem Riff saßen, die Kameraden in dem Tauwerk hingen, bis sie abfielen, und man zähneknirschend am Ufer stand, ohne Rettung bringen zu können. Die Brandungswellen überschlugen die hohe Strandmauer, faßten sie von hinten und spülten den Dünensand fort. Jetzt konnte die Mauer der gewaltigen Wucht von Wind und Wellen nicht widerstehen. Als erst die ersten Steine gelockert waren, brachen immer größere Quader heraus. Mit einer Gewalt, die man für unmöglich gehalten hätte, wenn man nicht selbst Zeuge der Zerstörung gewesen wäre, wurde dann die Mauer eingerissen, so daß bald eine Wunde von über hundert Metern klaffte und ein Durchbruch der ganzen Insel Borkum drohte.

Ich sehe noch im Geiste, wie sich bei dem Orkan alle Ziegel auf den langen Dächern der friesischen Bauernhäuser sträubten, als ständen den Bauten die Haare zu Berge aus Sorge, weggefegt zu werden. Ich sehe noch, wie einer unserer Hauptleute, ein Hüne von Gestalt und kräftig von Statur, der sich auf die Straße hinausgewagt hatte, um zum Strande zu gehen, von der Gewalt des Sturmes zu Boden geschleudert und die Straße in ihrer ganzen Länge hinabgerollt wurde, bis er zerschunden und zerbeult in einer Nebenstraße landete. Ich sehe Steine und Äste durch die Luft sausen, die Möwen aber, die kühnen Flieger, sich scheu, wie eine Herde Gänse, im Windschutz des Dorfes auf den Weiden am Boden herumdrücken. Doch genug von Wind, Wetter, Sturmgebraus und Orkangeheul! Wir wollen diese heiteren Blätter nicht zu sehr mit ihnen beschweren. Auch bei einer Symphonie darf das Fortissimo nicht überwiegen, falls sie noch erfreuen soll. Meeresrauschen ist mir aber eine so liebgewordene Musik, daß ich sie nicht entbehren kann und ihr von Zeit zu Zeit lauschen muß.

Jong, Kuenari und Mollebei, meine trefflichen Hausboys

„Jong, You saveh this fellow glas belong luk-luk: No glas belong drink, belong luk-luk." „Yes, me saveh, glas he sleep on top belong table insite house belong You." „Yes, me like him. You go, You kitsh him, he come!"

Auf deutsch: „Jong, hole mir mein Fernglas aus meinem Zelt" oder wörtlich übersetzt: „Jong, kennst du mein Glas zum Sehen, nicht das Glas zum Trinken, zum Sehen?" „Ja, ich weiß, das Glas schläft (liegt) oben auf dem Tisch in deinem Haus (Zelt)." „Ja, ich will es haben, gehe hin, hole es und bringe es!"

In dieser wenig schönen, aber amüsanten Sprache verkehrten wir auf unserer Forschungsreise in Neuguinea mit unseren Jungen, Soldaten und Trägern. Sie nennt sich Pidgin-Englisch. Es ist ein Gemisch von Wortstämmen aus dem Englischen, Deutschen, Malayischen, Französischen, den Eingeborenensprachen, so daß man oft nicht weiß, wie man es schreiben soll, aneinander gefügt mit möglichst wenig Grammatik. Die Sprache wandelt sich von Küste zu Küste, ist in China anders als in der Südsee, aber auch hier örtlich schon verschieden. Artikel, Mehrzahl, Deklination und Konjugation gibt es nicht, dagegen sind Redublikationen häufig.

Als wichtigste Worte lernt man zuerst: Kai-kai = essen, Me no like = ich mag nicht, Bello = Feierabend, Limlimbo = Nichtstun, Spazierengehen, Kanaka belong bush = Buschkanaker, das beliebte Schimpfwort.

Die Sprache eignet sich wenig dazu, tiefere Seelenregungen auszudrücken, philosophische Gedankengänge zu erörtern oder religiöse Disputationen zu pflegen. Dazu ist sie auch nicht ersonnen. Pidgin soll von bussines kommen, es ist also eine Sprache zum reinen praktischen Gebrauch. Auch mit meinen Hausjungen konnte ich nur in dieser Sprache verkehren, die ich in der Hauptsache von ihnen erst lernte. Über ihr Innenleben konnte ich mich mit ihnen, wie leicht verständlich ist, kaum unterhalten. Wenn man aber durch eineinhalb Jahr hindurch Freud und Leid einer Expedition geteilt hat, kennt man sich trotzdem in- und auswendig so genau, daß man keine

Geheimnisse gegenseitig hat. Mir sind meine drei Hausboys gute Kameraden geworden, die ich trotz der anderen Hautfarbe sehr zu schätzen wußte und denen ich eine dankbare Erinnerung bewahre. Doch ich muß sie erst einmal meinen Lesern vorstellen.

Da ist zuerst Jong, ein kleiner lebhafter Junge im Alter von etwa 13 bis 15 Jahren. Er stand noch im Pubertätsalter, also in einer Entwicklungsstufe, in der bei allen Eingeborenen die Intelligenz besonders wach ist, um schon mit 25 bis 30 Jahren erheblich einzuschlafen. Er stammte aus dem Küstendorf Bogadjim im innersten Winkel der Astrolabe-Bai in Neuguinea gelegen. Dort hatte die Neuguinea-Kompagnie, wie im nachbarlichen Konstantinhafen, ausgedehnte Plantagen, so daß er seit jungen Jahren bereits mit Deutschen zusammengekommen war und sich hatte anwerben lassen, um als reicher, angesehener Mann später in die Heimat zurückzukehren. Er schwärmte oft von dem schönen Augenblick, wenn er als „Finishtimer“ in sein Dorf einziehen würde. Ich werde noch viel von ihm zu erzählen haben. Er war wohl der jüngste unter den 150 schwarzen Expeditionsteilnehmern, jedenfalls der heiterste und lustigste, immer zu kleinen Streichen aufgelegt, ließ sich necken und neckte wieder.

Mein zweiter Hausboy war Kuenari. Ich schätzte sein Alter damals auf etwa 25 Jahre, kann es natürlich nur schätzen, da es in Neuguinea kein Standesamt oder Eingeborenenregistrierung gibt, auch die Leute selbst an ihrem Alter wenig Interesse haben. Er stammte aus der Umgebung von Eitape, einem Küstenort und Regierungssitz zwischen der Sepikmündung und der holländischen Grenze. Er hatte drei Dorfgenossen bei unseren Trägern, war aber ihr anerkanntes Oberhaupt. Nicht dumm, praktisch veranlagt, kräftig von Körperbau, wußte er sich Respekt zu verschaffen, so daß die Boys ihm gehorchten, ohne es nötig zu haben. Er sprach eine papuanische, Jong eine melanesische Sprache, sie konnten sich, wie alle Schwarzen der Expedition, nur auf Pidgin-Englisch verständigen. Die Sprache hat aber mit der Rasse nichts zu tun. Er war gut gebaut, hatte energische Gesichtszüge, für einen Papua kaum wulstige Lippen, keine zu breite Nase, der Wulst über den Augen war mäßig ausgebildet. Die Augen waren, wie bei allen, dunkelbraun, das schwarze Haar kraus und verfilzt. Er war ernster veranlagt und der Junge, mit dem ich, wenn auch nur selten einmal, Rat pflegen konnte. Er ist mir am treuesten überall hin gefolgt, war auf allen Vorstößen und Entdeckungsfahrten mein ständiger Begleiter. Ich verdanke ihm viel.

Mein dritter Hausboy war Mollebei. Er wollte und sollte eigentlich gar nicht mein Boy werden, sondern der unseres zweiten Ethnologen Dr. Thurnwald. Dieser hatte ihn in jüngeren Jahren auf einer früheren Expedition durch Buka und Bougainville als ständigen Begleiter schätzen gelernt. Da Thurnwald aber wider Erwarten über ein Jahr in der Heimat zurückgehalten wurde, übernahm ich ihn erst einmal und behielt ihn dann auch. Er war schon über 30 Jahre alt. Seine Intelligenz und Tatkraft hatte gegen früher erheblich nachgelassen, wie Thurnwald bestätigte, jedenfalls ragte er nicht aus der Masse heraus. Er stammte aus Buka, war, wie alle Leute dieser Insel, wirklich pechschwarz, hatte zahlreiche Narbentätowierungen im Gesicht und beide Ohrläppchen mit großen Löchern versehen, um Schmuck darin unterzubringen. Alle Bukaleute sind weiche Naturen, auch Freund Mollebei, er sogar so ausgeprägt, daß er den Beinamen „das Tränentier“ erhielt. Ich konnte ihn nicht zu schwereren Arbeiten verwenden. Darum wurde er mein Wäscheboy und hatte dafür zu sorgen, daß jeden Abend ein frischgewaschener Tropenanzug mit Unterwäsche für mich bereit lag. Mit Absicht sage ich frisch- und nicht reingewaschen, denn das wäre zu viel verlangt gewesen nach den Märschen durch Sumpf und Urwald, nach den Umarmungen mit befreundeten Eingeborenen und vielen schmutzigen Arbeiten. Er war für die Wäscherei hervorragend geeignet, denn er hatte Greifzehen. Seine großen Zehen konnte er, wie das öfter bei den Südseeleuten vorkommt, abspreizen, selbst feine Gegenstände damit fassen und festhalten, was ihm beim Waschen sehr zugute kam. War mir ein Stück Papier zu Boden gefallen und ich bei der Tropenhitze zu faul, mich zu bücken, so zog ich meine Pfeife heraus, pfiff dreimal, das Zeichen für Mollebei; er kam nach einiger Zeit, war auch zu faul, sich anzustrengen, ergriff mit der Greifzehe das Papier und reichte es mir.

So hatte ich drei Diener. War das nicht zu großartig für mich, der ich leider nie mit Glücksgütern gesegnet war? Nun, ich konnte es mir schon leisten. Jeder Boy bekam monatlich sechs Mark, dazu sein Essen und seine Kleidung neben kleinen Geschenken. Als wichtigstes Eigentum mußte jeder Junge eine „tradebox“ besitzen, eine Kiste aus Kampferholz, die beim Auf- und Zuschließen dreimal wundervoll klingelte. Darin sammelte man sein ganzes Hab und Gut, schloß sie immer wieder auf und zu und freute sich am Klingeln und an der Mehrung herrlicher Güter, als da sind: ein Messer, ein Gürtel, ein abgelegter Tropenhelm, ein Sporthemd und als Schönstes ein Paar riesige, extra für die breiten Füße der Kanaker angefertigte gelbe Schnabelschuhe. Man sieht, Praktisches und Tand durcheinander.

Das Essen unserer Leute war einfach, aber so gesund, daß sie sich zu sehr kräftigen Männern im Laufe der Expedition trotz aller Strapazen entwickelten. Sie bekamen des Morgens um sechs Uhr eine Menge Reis mit Fisch, Büchsenlachs, und des Abends um achtzehn Uhr Bohnen mit Fleisch. Durch diese Abwechselung wurde vermieden, daß die Mangelkrankheit Beriberi, die bei anderen Expeditionen bei einseitiger Reisnahrung nur zu oft wütete, bei uns aufgetreten ist. Einmal in der Woche gab es Tee mit viel Zucker und Schiffszwieback. Wenn so auch jeder Boy nicht allzu viel Wechsel in der Speisenfolge hatte, so mußten doch viele, viele Nahrungslasten in den Urwald, der eine Trägerkarawane nicht ernähren kann, bei unseren Vorstößen geschleppt werden.

Die Kleidung war noch einfacher. Sie bestand aus einem deutschen Militärgürtel, so daß auf dem nackten Nabel das Koppelschloß mit dem Spruch „Gott mit uns“ thronte, und einem Hüfttuch, letzteres war rot, was auf dem schwarzen Körper sehr gut wirkt. Nur an Festtagen und wenn Gäste zu bewirten waren, bekamen die Hausboys, reine, weiße Hüfttücher, waren dann aber auch nicht wenig stolz. In jedem Monat stand ihnen ein neues Labalab, wie die Hüfttücher hießen, zu.

Nicht nur das weibliche Geschlecht – ich spreche von Neuguinea! – ist etwas eitel, auch die Herren der Schöpfung leiden unter dieser Schwäche. Weiß auf der dunklen Haut steht den Leuten gut. Das wissen sie genau, denn sie haben ein großes Schmuckbedürfnis. Jong war beim Fällen von Bäumen durch einen Ast am Kopf verletzt worden; Dr. Bürgers, unser Arzt und Zoologe, verband ihn, und zwar mit einer weißen Binde, die wie ein Turban nun seinen Kopf zierte. Über zweierlei wunderte sich in der Folgezeit unser Arzt, erstens, daß sehr viele Träger mit den kleinsten Wunden kamen und möglichst große weiße Verbände haben wollten und zweitens, daß die kleine Schramme an Jongs Kopf gar nicht heilen wollte. Als er aber über die Wunden etwas Zellstoff legte, obenauf aber schwarzen Leinenstoff band, der auf der dunklen Haut kaum zu sehen war, hob sich der Gesundheitszustand der Truppe merklich. Eines Tages kommt mein etwas eitler Jong, der es liebte, nach Kanakerart sein verfilztes Haupthaar etwa zehn Zentimeter hoch als Krone zu tragen, mit völlig kahl geschorenem Kopf zu mir. Es entwickelt sich dieses Gespräch:

„Jong, what name, You long-long! You luk out all same Kanaka belong kalabus!“ (Jong, was ist los, bist du verrückt geworden [langdenkend]! Du siehst genau wie ein Eingeborener in dem Gefängnis aus!“

„No, Master, me no longlong! Garas on top belong kokosnussbelong me, he got plenty laus to much!“ (Nein, Herr, ich bin nicht verrückt! Das Gras auf meiner Kokosnuß [= das Haar auf meinem Kopfe] hatte zu viele Läuse.)

Man wird verstehen, daß ich fortan dafür sorgte, daß bei allen meinen Boys regelmäßig das Gras ihrer Kokosnüsse gemäht wurde. Haarschneiden und Rasieren ist nicht ganz einfach, da weder Rasiermesser noch Scheren vorhanden waren. Sie mußten es machen, wie sie es von Jugend auf gewohnt waren, indem sie ein Stück Bambus längs zerrissen, wodurch eine scharfe Schneide entsteht. Der Bambusstreifen wurde in Form einer Schleife gelegt, jedes Haar einzeln in die Schleife genommen und jetzt durch Zuziehen derselben abgeknipst. Zieht man in Europa schon lustige Grimassen beim Rasieren, so draußen in verstärktem Maße auch beim Haarschneiden, lustig für den Zuschauer, nicht für das Opfer!

Die Arbeitseinteilung zwischen meinen Hausjungen war folgende: Mollebei hatte, wie gesagt, meine Wäsche und Kleidung zu versorgen. Er hatte dafür zu sorgen, daß jeden Morgen und Abend zwei Kanister mit Frischwasser zum Begießen des Körpers zur Stelle waren. Wenn er nicht vergessen hatte, Wassersäcke an die Zeltbahn zu hängen, wurden diese durch die regelmäßigen nächtlichen Gewittergüsse ohne große Mühe seinerseits von selbst gefüllt. Die Last seiner Arbeit war also selbst von Eingeborenenschultern zu tragen. Außerdem mußte er mich besonders bei Bootsfahrten begleiten, da er als Buka auf dem Wasser zu Hause war.

Kuenari hatte für mein Haus und Zelt zu sorgen. In unserem Hauptlager am mittleren Sepik, beim Orte Malu gelegen, von den Kanakern Ambunti genannt, besaß ich ein Haus, d. h. ein großes, weitüberragendes Dach aus geflochtenen Palmenblättern, unter das ich mein Zelt hängen konnte und das groß genug war, auch noch einen schattigen Platz für meinen Zeichentisch, auf dem ich meine Karten der Neuentdeckungen entwarf, meinen Liegestuhl und eine Waschvorrichtung zu gewähren. Dieses Haus hatte er zu reinigen, die Tropenkoffer aus Blech an die richtigen Plätze auf Baumstämme zu legen, damit sie nicht rosteten. Die Hauspfähle hatte er nach Termiten zu untersuchen und sie alle zwei bis drei Monate zu erneuern. Diese lichtscheuen Tiere fressen das Holz von innen auf, so daß nur die Rinde übrigbleibt. Der bei der Abenddämmerung häufig vor dem Gewitter einsetzende Sturm wirft einem dann leicht Haus und Zelt zusammen, was nicht gut für das Moskitonetz und die anderen Sachen ist.

Von meinem Haus in Malu, zu dem ich nach meinen Urwaldmärschen in gewissen Abständen immer wieder zurückkehrte, hatte ich eine herrliche Aussicht über den Sepik-Strom, der mit gewaltigen Wassermassen in großem Bogen an unserem Lagerberg entlangzog. Jeder Strom hat etwas Heiliges, Mystisches an sich. Wenn der Verstand auch sagt, es ist ja nur eine Abflußrinne der heftigen tropischen Regen, die besonders in den Monaten November bis März in verschwenderischer Fülle niedergehen, so erlebt das Gemüt den Strom doch wesentlich anders. Ohne Unterlaß drängen sich die Wasser in wirbelnder Masse stets von Westen, aus dem Unbekanten kommend, an den Urwaldbergen vorbei, ohne aufzuhören schieben sich die Fluten, wie eine lebende Ader, vorwärts, ewig, ewig, ohne zu erlahmen. In gleichförmigem Rhythmus des Jahres hebt sich der Spiegel, der Strom tritt über die Ufer und füllt den weiten Grassumpf an beiden Seiten, ebbt dann ab, das Wasser zieht sich auf das Strombett zurück, um wieder anzuschwellen. Er trägt die Flotten von Einbäumen der Papuas auf seinem Rücken, ist ihnen eine treffliche Verkehrsader, sendet ihnen Nahrung durch Fische und Wasservögel, birgt aber auch die zahlreichen, schreckenerregenden und gefährlichen Krokodile. Es ist leicht begreiflich, daß der Strom, die ewige Wasserader, bei den Eingeborenen die gleiche göttliche Verehrung genießt wie Sonne und Mond.

Über den heiligen Strom hinweg blickte ich von meinem Hause auf die mit dichtem Urwald bestandenen formenschönen Berge des Hunsteingebirges, das ich im Laufe der Zeit auf mehreren Vorstößen durchquerte und kartierte. Dort lag der Seerosensee, dort der Wasserfall am Hunsteinfluß, dort auf der Hunsteinspitze hatte ich zehn Tage im Nebel gesessen, bis eine unvergleichliche Aussicht auf das von keinem vor mir gesehene Zentralgebirge mich reichlich belohnte. An der anderen Seite lag der Zuckerhut, an dem sich das Dorf mit dem großen Versammlungshaus befand, dessen Wände mit vielen Köpfen verspeister Feinde verziert waren. Überall Stätten der Erinnerung an glücklich überstandene Mühen und Gefahren!

In diesem meinem Hause, das mir Kuenari sauber hielt, verlebte ich Stunden der Ruhe und inneren Einkehr. Des Morgens weckten mich das dumpfe Gackern des Buschhuhns, das tiefe Gurren der Tauben oder das plappernde Gezänk der weißen Kakadus. Etwas später konnte der hohl klingende Ruf der Krontaube erschallen, worauf bald ein Schuß anzeigte, daß für uns Europäer ein wohlschmeckender Mittagsbraten erlegt sei. Das Gekreisch und Gekrächs der überaus zahlreichen gelben Paradiesvögel störte nur. Man hörte sie sehr oft. Bei ihrem Leben in den Kronen der höchsten Urwaldriesen aber sah man sie sehr selten, meist nur als ob ein goldener Sonnenstrahl durch das Blätterdach gehuscht sei. Ertönte jedoch das tiefe Trommeln des Kasuars, des Königs der Wälder, dann erwachte bei Kuenari und seinen Freunden die Jagdleidenschaft. Er zog mit meinem Drilling los, um sich Schmuckfedern, Krallen und reichlich Fleisch, mir die köstliche Leber zu erobern, was zuweilen auch gelang. Ein Seeadler horstete am Fluß und zog hoch über ihm seine Kreise. Dröhnte es in der Luft, als ob ein Zug sich nähere, so war es das Ehepaar der Nashornvögel, das, er voran, sie hinterher, regelmäßig über mein Haus seinen Abendflug nahm. Das Flußufer war belebt durch Reiher. Es fischten am Ufer die kleinen, stahlblauen neben den weißen Kronenreihern, es zogen im eleganten Fluge mit eingezogenem Kopf am krummen Halse die stattlichen weißen Edelreiher über den Strom dahin und fielen auf die Schlafbäume ein.

Dann wurde es Abend, mit schwarzem Gewölk kam die Dämmerung, kam die Abkühlung, aber auch der Blitzregen des Wetterleuchtens im Gebirge oder, wie meine meteorologischen Beobachtungen als genauen Mittelwert ergaben, jeden zweiten Tag ein Tropengewitter.

Orkanartiger Sturm, Platz- und Wolkenbruchregen, der auf das Laubdach trommelte, Krachen und Poltern der Donner, Blitz auf Blitz in pausenloser Folge. So tobte das Unwetter, bis meist mit einem gewaltigen Donnerkrachen aus nächster Nähe das Gewitter nachließ, der Regen aber noch stundenlang herniederrauschte. Mein Hausdach mußte schon dicht und fest sein, um diesem Ansturm standzuhalten, die Zeltbahnen mußten von Kuenari geschlossen werden und die Kisten und Kasten gut verstaut sein.

Mit der Dämmerung fielen aber auch die Wolken von Moskitos in unsere Häuser ein und über ihre Opfer her. Mein Hausboy mußte das Moskitonetz, ohne das man nicht schlafen kann, vorsichtig über mein Bett spannen und alle Mücken, die trotzdem im Innern surrten, restlos töten, wenn nicht von meiner Seite auch ein tropisches Gewitter aufziehen sollte. Die Anopheles, die durch ihre Stiche die Malaria überträgt, verdrängte, je länger ein Platz von uns benutzt wurde, um so mehr die unschuldige, nur juckende Kulex. Überaus lästig sind sie beide. Wenn Kuenari dann noch dafür gesorgt hatte, daß genügend sauberes Wasser zum Entwickeln unserer Photoplatten zur Stelle war, womit wir uns fast jeden Abend im Hauptlager beschäftigten, waren seine Tagespflichten erledigt und er konnte schlafen gehen.

Was war nun die Arbeitsleistung von Jong? Er war mein persönlicher Diener, Laufbursche, Kellner bei Tisch, Geschirreiniger und vor allem mein wissenschaftlicher Assistent! Endlich mußte er meinen lieben, kleinen, braunen, kurzhaarigen Dackel, Master „Müller", betreuen, füttern, waschen und mit ihm spielen, was beide Kinder noch nötig hatten. Er fühlte sich darum auch für alle Untaten Müllers verantwortlich, Müller steckte die Klapse, er die Schelte ein und beide zogen mit hängenden Ohren ab.

Einst hatte Dr. Bürgers zu Weihnachten einen wundervollen Edamer Käse, seinen Lieblingswunsch, eingelötet geschenkt bekommen. Er öffnet ihn, schneidet ihn durch, beriecht ihn, kostet ihn und sagt: „Ganz prächtig! Nur etwas trockener könnte er noch sein. Doch dem ist leicht abzuhelfen. Ich stelle ihn wenige Tage bei meinem Zelt in den Halbschatten, dann wird er in der Vollendung sein." Gesagt, getan, nach acht Tagen will nun Dr. Bürgers sich zum Abendessen einem schlemmerhaften Genuß hingeben und seinen Edamer hervorholen, findet aber nur zwei leere Halbkugeln aus Blech, in der einen nur noch einen mehr als schäbigen Rest einer roten Käserinde. „Verdammt! Sollten das Termiten gewesen sein? Aber der Tisch steht doch mit allen vier Beinen in Wasserbehältern!" Da fällt sein Blick auf Müller. Der liegt faul mit dickem, dickem Bauch in der Sonne, kaut träge und ein verräterisches Stück roter Rinde schaut noch aus seinem Maule heraus.

Im gleichen Augenblick fliegt auch ein Stück Holz in der Richtung, wo Müller lag. Das sieht Jong, er muß für seinen Schützling eintreten und ruft: „No, big fellow Master Doktor! Me no like! Master Müller, he is sik, Bell belong him he is strong to much! He no like kaikai this fellow day and asterday!" (Nein, großer Herr Doktor! Das will ich nicht haben! Herr Müller ist krank, sein Bauch ist ganz dick und er will nicht fressen heute und gestern!") Man erlasse mir, das Donnerwetter wörtlich wiederzugeben, das sich über den Verteidiger der angeblichen Unschuld entlud.

Durch einen Kampf mit Lux, dem scharfen Dobermannpinscher des Herrn Stollé, hatte Jong seine Eignung zur wissenschaftlichen Assistenz erworben. Und das kam so: Es war bei der Hinfahrt am Anfang der Expedition von Rabaul zur Sepikmündung; ich machte meine ozeanographischen Beobachtungen und hatte Jong, der erst wenige Tage in meinem Dienst war, beim Schöpfen des Meerwassers das wertvolle Thermometer aus Glas, von denen ich nur drei besaß, zum Halten gegeben. Er war dabei in die Nähe von Lux gekommen, der ihn, seinem Naturell entsprechend, heftig anknurrte. Jong verteidigte sich und schlug ihm das Glasthermometer um die Ohren, das natürlich splitternd zerbrach. Mein Ärger über den Verlust entlud sich in einer Tracht Prügel über den armen, unschuldigen Jong. Er behandelte aber seitdem alles, was Instrument hieß, also alles, was der Master an merkwürdigen Dingen zur Arbeit benötigte, mit einem Heidenrespekt und hat nie wieder etwas zerbrochen. Dabei war er geschickt und gelehrig.

Bei meinen dreimal täglich um 6,14 und 20 Uhr abzulesenden Beobachtungen der meteorologischen Werte und des Wasserstandes hielt er Papier und Bleistift und paßte genau auf, daß die richtige Reihenfolge innegehalten wurde. Beim Entwerfen meiner Karten konnte er den Peiltisch aufstellen, ihn mit der Wasserwaage einrichten, kannte Koordinatenpapier, Zirkel, Gummi usw. Er lernte sehr schnell das Siedethermometer aufzustellen, was nicht jeder meiner

Studenten kann, und vergaß nie, es an jedem Morgen und Abend auf meinen Vorstößen auszuführen. Er hatte die beiden Aneroide und das Schleuderthermometer, die zum Vergleich abzulesen sind, im richtigen Augenblick zur Stelle. Er half beim Photographieren, jagte mit starkem Wortschwall die Eingeborenen, die sich vor die Linse stellten, beiseite oder holte sie heran, wenn ich sie aufnehmen wollte. Kurz, er war in jeder Weise anstellig, gelehrig und allert. Er half abends beim Entwickeln. Er verwaltete den Sack mit den begehrten Tauschwaren, die Glasperlen, Ringe, rote Farbe, Angelhaken und konnte gut Ethnologika einhandeln, beinahe so gut wie der unübertreffliche Baion, der Hausboy Dr. Roesickes.

Bei Tisch bediente er mit der Kunst eines Oberkellners, hatte seine Hände vorher gewaschen, ein reines Labalab um, bot von links die Speisen an, verschüttete nie etwas und konnte einen richtigen Whisky-Soda mischen. In Notfällen konnte er zusammen mit Mollebei sogar unseren Koch Pivas vertreten und auf Vorstößen ein ganz brauchbares Essen in einer halben Stunde bereiten, also die Krontaube oder einen anderen Vogel braten, dazu einen „Tin schlachten", d. h. eine Konservendose öffnen und herrichten. Jong war also trotz oder wegen seiner Jugend ein sehr brauchbarer Boy und intelligent.

Man darf die Klugheit der Schwarzen allerdings nicht nach europäischem Maße messen. Dafür sei ein Beispiel erzählt: Dr. Roesicke war zu der Anschauung gekommen, daß die Volksstämme am Sepik nahe Beziehungen zu den Stämmen an der Küste nördlich von ihnen hätten. Um dies nachzuprüfen, wollten wir die Sprache vergleichen und wählten dazu die Zahlwörter, die wir in Malu am Sepik aufgenommen hatten. Mein nicht dummer Boy Kuenari, dessen Heimat genau nördlich an der Küste lag, wurde also gerufen und gebeten, in seiner Sprache bis zehn zu zählen, was er im Pidgin-Englisch natürlich sofort konnte. Was eins in seiner Muttersprache hieß, wußte er, nach einigem Nachdenken auch zwei, dann mußte er aber erst seine Dorfgenossen rufen, die sich nach langem Überlegen einigten, was fünf und zehn hieß. Die übrigen Zahlwörter gäbe es nicht, oder sie wüßten sie nicht. Wohl glaubten sie zu wissen, was „drei Bäume" hieß, aber nicht die Zahl drei. Man sieht, abstraktes Denken liegt ihnen unendlich fern. Ihre Klugheit ist eine durchaus praktische.

Meine drei Hausjungen hatten also wohl zu tun. Jeder hatte im Hauptlager Malu seinen wohlabgegrenzten Tätigkeitsbereich; ich würde mich aber einer ganz groben Übertreibung schuldig machen, wenn ich behaupten wollte, es hätte sich jemals in der Südsee ein Schwarzer überarbeitet. Das kommt zum Glück der Leute nicht vor und lag auch meinen Hausboys nicht. Lange Stunden konnten sie zusammen hocken und palavern oder sie spielten trotz ihres Alters „Master". Es wurde nachgeahmt, wie der „kiap" (Herr Stolle = Häuptling) vor seinem Zelt auf und ab ging, wie „Master Garas" (Gras = Herr Ledermann), der Botaniker Pflanzen einlegte, wie „Master Firewood" (der Ethnologe Dr. Roesicke, der nur wertloses „Feuerholz" sammelte) mit den Papuas handelte, wie „Master Mark" (ich selbst, der ich Marken errichtete) durch ein Fernrohr schaut oder wie „Master Pollice" (der Polizeimeister Herr Tafel) schalt. Dabei wurden sie niemals gehässig, wie das unsere Schulkinder ihren Lehrern gegenüber werden können, sondern folgten nur ihrem Nachahmungstrieb mit oft witziger Beobachtungsgabe. Stundenlang auch konnten sie stets die gleiche schwermütige Strophe singen, die hoch begann, in halben Tönen tief und tiefer sank, und leise ausklang. Jong liebte die Maultrommel zu schlagen. Mollebei flocht sich gerne Armbänder aus Bast. Kuenari war geschickt im Holzschnitzen. Doch was soll ich Einzelheiten berichten. Ich will vielmehr jetzt einen Tag auf einem meiner Vorstöße durch den Urwald schildern und dabei besonders meiner Hausboys gedenken. Ich wähle dabei nicht einen ereignisreichen Tag heraus, wie ich es in meinem oben angeführten volkstümlichen Buch getan habe, sondern, um mich nicht zu wiederholen, einen ganz gewöhnlichen Normaltag.

Herausgreifen will ich einen Tag des großen dreimonatlichen Vorstoßes vom oberen Aprilfluß zur zentralen Wasserscheide. Wir, d. h. Herr Polizeimeister Tafel, meine drei Hausboys, etwa zehn „Policeboys" und fünfzig Träger, haben das Lager V am rauschenden oberen Aprilfluß bezogen. Wir sitzen mitten im Urwaldgebirge. Der über Steinbänke polternde Fluß mag fünfzig Meter hoch liegen, während die Gipfel, über die wir in den letzten Wochen hierher zogen, sich zwischen 1500 und 2000 Meter hielten. Heute sollte es wieder bergan gehen. Herr Tafel mußte zurück, um vom Bambusberg, wohin wir bereits Proviant gebracht hatten, diesen nach vorne zu schaffen.

Es ist fünf Uhr morgens, also noch dunkel. Alles schläft, ruhige Schnarchtöne kommen unter manchem Moskitonetz aus den Zelten hervor. Nur ein Soldat, der stündlich abgelöst wird, wacht mit einem Karabiner bewaffnet bei den Zelten der Master. Pivas erhebt sich, um pünktlich um sechs Uhr den Reis mit Fisch für die Leute und das Frühstück für uns Europäer fertig zu haben. Das Feuer, das er in einem glimmenden Weichholz von Lager zu Lager bringt, ist bald entfacht, und hell lodern die Flammen unter den Kesseln.

Zwanzig Minuten vor sechs Uhr wird es dämmerig, und damit ist die Zeit zum Aufstehen für die Boys gekommen. Es ist für jeden Expeditionsleiter eine der schwersten Aufgaben, seine Truppe des Morgens möglichst frühzeitig in Marsch zu setzen. Er muß seine ganze Energie einsetzen, daß sich der Aufbruch nicht verzögert. Setzt hier erst Bummelei ein, ist bald ein geordnetes Tagesprogramm nicht mehr durchzuführen. Durch Übung wurde erreicht, daß wir spätestens um sechseinhalb Uhr alle Lasten gepackt hatten und auf dem Marsche waren. Es war eine Fülle von Arbeit in der kurzen Zeit zu leisten.

Meine Hausjungen hatten schnell gegessen und mich geweckt. Bei Sonnenaufgang um Punkt sechs Uhr mußte ich meine meteorologischen Beobachtungen machen. Jong hatte vor dem Zelte das Siedethermometer aufgebaut, ich stellte es ein, ließ es kochen und las es an beiden Thermometern zweimal ab. Ich verglich damit beide Aneroide und maß die Lufttemperatur mit dem Schleuderthermometer, beobachtete Wind und Wolken und notierte alles. Jong packte alle Instrumente gut wieder weg. Inzwischen hatte Mollebei mir mein Frühstück gebracht, das ich selbst im fernsten Urwald immer von einem weißgedeckten Tischchen aß. Es bestand aus Kakao, Zwiebäcken und Jam. Er mußte das Geschirr reinigen und mit dem Tisch verpacken. Gleichzeitig wurde hinter mir von Kuenari zusammen mit den Trägern mein Bett und mein Zelt abgebrochen, meine Kisten und Sachen zu Traglasten verschnürt und unter die Träger verteilt, was meist mit einem Wortwechsel verbunden war, da Kuenari die schwersten Lasten auch nur schwer an den Mann bringen konnte.

Alle waren abmarschbereit, ich trennte mich von Herrn Tafel, der mit seinen Leuten nach Norden zog, während ich nach Süden ins Unbekannte aufbrach. Voran gingen zwei Policeboys mit Haumessern und nur einem Karabiner belastet, sie wurden bei der schweren Arbeit des Wegeschlagens alle Stunde abgelöst. Dann kam ich, gab den Boys die Wegrichtung an und nahm die Karte des Weges und der Landschaft an beiden Seiten mit Peilkompaß und Uhr etwa im Maßstab 1:100 000 auf. Es folgten meine drei Hausjungen, nur mit meinen wichtigsten Instrumenten belastet, also mit geologischem Hammer mit Meißel und Salzsäure, Siede- und Schleuderthermometern, Aneroiden, Photo- und photogrammetrischem Apparat, Peiltisch und Teodolith (kleinem Hildebrand). Sie hatten sich immer in meiner Nähe aufzuhalten, damit ich stets die Instrumente griffbereit hatte. Dann kam Pivas mit dem Essen, die Menge der Träger, die die Lasten und den Proviant trugen, und zum Schluß wieder ein bewaffneter Soldat. Die übrigen verteilten sich auf die im Gänsemarsch vorrückende Kolonne. Das Tempo des Vorankommens war nur sehr langsam, hing von der Dichte des Urwaldes ab, durch den wir den Weg schlagen mußten. Bei starker Anspannung aller Kräfte war die Tagesleistung nur ein Marsch von sechs, höchstens zehn bis zwölf Kilometern.

Der Urwald ist in Neuguinea völlig wegelos. Größere Tiere, die Pfade im Unterholz austreten könnten, gibt es ja bei der australischen Tierwelt nicht. Selbst die Walabies, die Känguruhs, sind sehr klein, huschen am Boden hin und sind so selten, daß ich nur drei Stück während meines ganzen Aufenthaltes sah. Die Kasuare treten keinen Tierwechsel aus, einzig die verschwindend wenigen eingeführten Schweine, von denen nur die Eber auf freier Wildbahn leben, hinterlassen ganz selten in Dorfnähe eine Wildspur. Der Papua hütet sich ängstlich, auch nur die leiseste Andeutung eines Weges zu hinterlassen. Er versteckt sich, seine Häuser und Dörfer, seine Gärten und Pflanzungen im unübersichtlichem Walde. Trübe Erfahrungen haben ihn gelehrt, daß aus der Fremde nichts Gutes kommt, daß man im Lande der Kopfjäger und Menschenfresser am sichersten ist, wenn man im Urwald unsichtbar untertaucht, und vermeidet darum, eine Spur zu hinterlassen. Darum habe ich niemals auf meinen Forschungsfahrten einen Weg benutzen können, sondern mußte ihn immer selbst mit dem Haumesser im Walde schlagen.

Zuerst mußte ein kurzes Stück durch Sumpf, den berüchtigten Sagosumpf, vorgedrungen werden. Als der Herrgott einmal von den

Geographen sehr geärgert worden war und seinen übelsten Tag hatte, schickte er zum Teufel und sagte nur das eine Wort: „Sagosumpf". Mit Bocksprüngen hüpfte der schweifwedelnd zu seiner Großmutter, und beide brauten nun mit satanischer Lust ein Gebilde zusammen, das sich bis zum jüngsten Tage an den armen Forschern rächt. Er erfand das himmlische Aussehen der schlanken Palmenwedel, die den Ahnungslosen locken, gab aber sofort die Stacheln dazu, die dünn und spitz, aber sich unzerbrechlich beim Anfassen tief in die Haut bohren. Sie pflanzte die Palmen in einen üblen Brei, hauchte hinein und schon stank er nach Lohgerberbrühe. Er setzte Riesenameisen mit scharfen Kneifzangen, Termiten, stinkende Wanzen von drei Zentimeter Größe, Schweißbienen, Moskitos, Fliegen, Käfer und anderes stechendes, juckendes und krabbelndes Kleinviehzeug hinein. Sie aber erfand den Blutegel, hieß ihn, die Menschen zu beißen, Gift in die Wunde zu spritzen, daß das Blut nicht gerinne, und verstreute das liebe Getier in Unzahl über den Sumpf mit dem Befehl, sich stets an den Lippen, Augen und in der Nase festzusetzen. Er kam auf den Gedanken, der ihm Ehre macht, ausgerechnet in dem Stamm der Palme die wichtigste Nahrung für den Neuguinea-Menschen anzuhäufen, damit er auch dies Paradies betreten muß. So muß er denn jetzt die Stämme der Sagopalme fällen, das Mark herausklopfen, es wässern und so den Sago gewinnen. Des Teufels Großmutter setzte endlich noch heuchlerisch „Gottesanbeterinnen" in den Sumpf, belebte ihn mit Paradiesvögeln, und ließ trügerisch die schönsten Schmetterlinge über den Moderdunst gaukeln. Dann lachten beide hämisch und freuten sich auf den Dummen, der auf den Schwindel hereinfiel und im Sumpfe geschunden wurde. Und es kamen Forscher, die es nicht besser haben wollten, erlebten dies Wunder der weiten Welt und lernten das Fluchen.

An diesem Tage ging es noch glimpflich mit dem Sagosumpf ab, da er nach einer halben Stunde durchschritten war. Aber wer weiß das im voraus, wenn er ihn betritt, da doch kein Mensch und keine Karte Auskunft geben kann. Das Gelände hob sich, die Bergflanke war erreicht, und damit der bessere Gebirgsurwald. Um nicht immer auf und ab wandern zu müssen, strebt man jetzt, einen Grat zu erreichen, den man ständig steigend verfolgt.

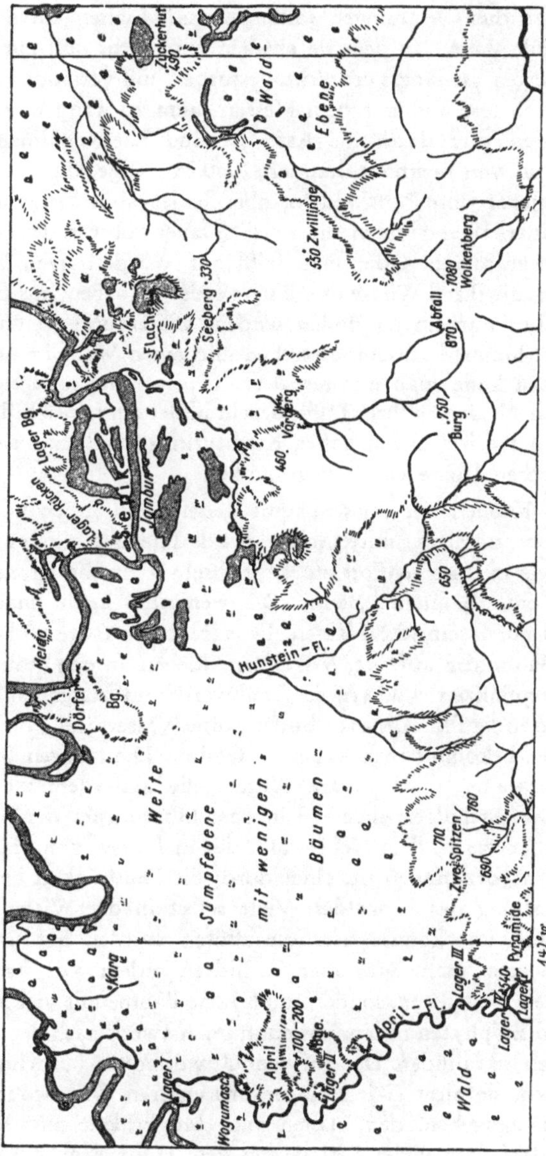

Sepik-Landschaft auf Neu-Guinea

In abenteuerlichen Windungen schlängeln sich Lianen am Boden. Der stützende Baum, an dem sie ehedem zum Licht und zur Luft emporkletterten, ist längst erdrückt, gestorben und vermodert. Wie Schiffstaue, so fest und mit dem Messer kaum zu kappen, ziehen Rottanglianen wirr durch die Äste. Es sind Kletterpalmen mit einem Stamm von mehreren hundert Metern Länge, die oben ein leichtes Gefieder von Palmwedeln, aber leider auch Geißeln mit scharfen Widerhaken besitzen, die auf die Dauer selbst in den besten Anzug Löcher reißen. Oder man trifft auf Würgerlianen, Ficus-Feigenarten, die ihren Wirtsbaum längst erdrückt haben, aus Haushöhe ihre Luftwurzeln zu Boden senden, weiter und weiter sich verzweigen, himmelhoch emporstreben und einen Wald im Walde bilden. Ihnen kann man nur respektvoll ausweichen und sie anstaunen. Das Netzwerk ihrer Luftwurzeln bildet ein feines Filigran, ihre Höhe entspricht einem hohen Kirchturm, so daß man sie mit einem gotischen Dome vergleichen möchte.

Unter den Kronen der Riesenbäume gedeiht ein lichthungriger, darum dünnstämmiger, mittelhoher Wald. Niemals gibt es reine Bestände wie in unseren Forsten, es wechseln vielmehr Arten und Gattungen von Baum zu Baum. Die wenigsten kennt man, sie haben auch nur lateinische Namen. Es erfreut sich Auge und Sinn, wenn ein Baumfarm auftritt; Vogelfarne kleben an den Stämmen. Schmarotzerpflanzen wuchern in Laubwerk und Astgabeln. Die großen Blätter der Philodendren bilden grüne Wasserfälle. Nur farbfrohe Blüten bekommt man kaum zu Gesicht. Die meisten Bäume haben nur kleine, unscheinbare Blüten, die außerdem zu hoch wachsen. Die Orchideen gedeihen in dem Moospolster der Baumkronen, und zwar in dem Nebelwald, der in Höhen von 1500 bis 2500 Metern vorzufinden ist, einer durch die Feuchtigkeit bedingten Abwandlung des Urwaldes. Viele selbst in der Wissenschaft noch gänzlich unbekannte herrliche Blüten wurden auf unserer Expedition gesammelt. Wer aber Orchideen suchen will, kann es nicht auf dem Boden tun, sondern muß hohe Bäume mit viel Moosbehang und Epiphyten fällen, um dann im Astwerk nach den seltenen Pflanzen zu fahnden. Der auf dem Urwaldboden vordringende Forscher sieht sie nicht. Wir schlagen uns unseren Weg, wobei wir die Stämme umgehen, den Lianen nach Möglichkeit ausweichen. Aber es bedarf doch vieler Schläge mit dem Haumesser, um durch das Unterholz hindurch zu kommen. Dieses kann aus Palmen bestehen, aus Dornsträuchern. Schlimm jedoch wird es, wenn Bambus in größeren Mengen den Bestand bildet, ob es nun der dickstämmige oder der fingerdicke ist. Bambus enthält so viel Kieselsäure und ist darum so hart, daß unsere Buschmesser sehr bald schartig werden, und die stumpfen gegen frische ausgetauscht werden müssen. Abends müssen sie dann notdürftig mit Feilen geschärft werden, was leider nicht unbegrenzt möglich ist. Sehr oft müssen wir über Baumstämme, die der Sturm oder das Alter fällte, klettern. Man weiß nie, ob der Stamm noch fest ist oder ob die Termiten das Holz bereits auffraßen und nur die Rinde trügerisch übrig ließen, durch die man natürlich durchbricht. Im gleichen Augenblick, in dem man im Moder versinkt, ist der Körper auch schon mit Termiten und Ameisen überschwemmt, die einen weidlich zwicken. Auch sonst muß man stets gefaßt sein, irgendwo einzubrechen und zwischen Wurzeln in Dreck, Moder und Schlamm zu versinken. Nur die Instrumente und die Aufzeichnungen müssen sauber bleiben, alles andere verschmutzt doch im Laufe des Tages durch Moder, Schmiere und Schweiß.

Es wird wärmer. Es geht steil bergan. Der Schweiß läuft dem Europäer in Strömen von der Stirn und von der Brust, wo kleine Schweißbienen in einer schwarzen Schicht gierig das Naß aufsaugen. Die Boys sind besser daran, da ihre dunkle Haut nicht so viel Schweiß absondert. Dafür leiden sie mehr unter den Blutegeln, die sich gern an ihren nackten Beinen festsetzen. Wir werden erst im Lager oder bei der Ruhepause, wenn wir nicht mehr schwitzen, von ihnen malträtiert.

Um neun Uhr machen wir eine Viertelstunde, um zwölfeinhalb Uhr eine halbe Stunde Pause, damit die Träger aufrücken und wir etwas frühstücken können. Mollebei kredenzt Schiffszwieback und Ölsardinen, dazu etwas Schokolade. Dann steigen wir weiter. Es wird feuchter, aber nur noch heißer und drückender. Müller wird müde, er jault vor jedem größeren Stamm etwas, bis Jong ihn mitleidsvoll hinüberhebt. Auch wenn es Bäche zu überschreiten gilt, will er nicht mehr über die Baumstämme balancieren, sondern getragen werden.

Zwischen fünfzehn und sechzehn Uhr müssen wir ein Lager beziehen, da die bei Helligkeit zu erledigende Arbeit sicher zwei

Stunden dauert, und es um achtzehn Uhr dunkel wird. Wir müssen in ihm längere Zeit verweilen, damit die Träger zurück und mit frischem Proviant wieder herkommen können. Der Platz des Lagers muß darum gut gewählt werden, vor allem muß nach dem Fällen der Bäume eine gute Aussicht nach Süden sein, damit ich die Karte des unbekannten Zentralgebirges vervollständigen kann. Als ein Berg steil an seinem Gipfel nach Süden abfällt, mache ich halt. Ich schicke Kuenari auf einen hohen Baum, Jong klettert mit. Ich frage: „Was seht ihr?" „Nichts." „Was heißt nichts! Ihr werdet doch Berge und Bäume sehen, vielleicht auch eine Kanakerhütte?" „Oh, Master, viel zu viel Berge und so hoch, da ist es nicht gut, Master!" Da wußte ich, daß ich eine gute Aussicht in meiner Vormarschrichtung zur zentralen Wasserscheide hätte, befahl, haltzumachen und das Lager zu beziehen. Als Erstes ließ ich einige Bäume fällen, um mich selbst von der Güte der Fernsicht zu überzeugen. Der Berg war so steil, daß sich die gefällten Bäume überschlugen und eine Bergsturznische hinabstürzten. Der Berg erhielt darum den Namen „Steilberg". Als in den nächsten Tagen von meinen Boys der Gipfel kahl geschlagen war, stellte es sich heraus, daß es einer der schönsten Aussichtsberge in Neuguinea war.

Kaum konnte ich zwischen den ersten gefällten Bäumen einen Teil des Zentralgebirges sehen, als ich auch schon zum Bleistift griff und mit der Zeichnung des Panoramas begann. Denn in diesen Höhen kann tückisch der Nebel kommen, einen tagelang einhüllen, so daß man nie weiß, ob man das, was man einmal sah, auch wiedersehen wird. Ich mußte mich darum mit meiner Arbeit immer sehr beeilen. Ich hatte auf jedem Aussichtsberg das Panorama zu zeichnen, jeden Gipfel mit dem Peilkompaß und dem Teodolith nach Seite und Höhe einzuschneiden, es auf dem Peiltisch zu wiederholen und gleichzeitig die Höhenschichtenkarte auf ihm zu entwerfen. Es war also ein vollgerüttelt Maß von Arbeit zu leisten und jede klare Stunde wurde selbst bei tagelangem Aufenthalt gänzlich ausgefüllt.

Tief zerrissen von den Quellästen des oberen Aprilflusses lag das Urwaldgebirge vor mir, das noch keines weißen Menschen Auge sah. Silberne Wasseradern purzelten schäumend zu Tal und schimmerten bei ihrem über 2000 Meter hinabstürzenden Lauf durch das Grün hindurch. Drohende Felsnadeln, wie der „Sarg", reckten sich aus der Tiefe empor. Wir standen dicht vor dem wasserscheidenden Grat, dem steile Waldberge aufgesetzt sind. Ich erkannte alte Freunde wieder, die ich bereits von anderen Punkten eingeschnitten hatte, und die dadurch in ihrer Lage fest in meiner Karte verankert wurden. Der Roesickeberg mit 2600 Metern ragt am höchsten empor, der Scharfe-Berg und der Buckelberg stehen ihm zur Seite, der Kegel und Sarg etwas nach vorne verschoben. Von Osten blaut aus weiter Ferne der Bürgersberg, von Westen der Schatteberg und Stolleberg herüber. Doch es sind Namen Schall und Rauch, wer sich mit mir an der Schönheit dieses bis dahin unbekannten Gebirges erfreuen will, nehme Band 1926 der Mitteilungen a. d. D. Schutzgebieten zur Hand, wo ich das Panorama veröffentlichte.

Doch ich greife voraus, die Aussicht enthüllte sich in ihrer ganzen Pracht ja erst nach Fällen des Urwaldes in den kommenden Tagen. Jetzt hieß es erst einmal das Lager errichten. Kuenari zog mit drei Boys los und schlug im Walde glatte, dünne Stämme mit und ohne Astgabel, die er zum Bau meines Zeltes nötig hatte. Auch als Unterlage für meine Koffer und Kisten mußte er Holz haben, da in diesen Höhen der Boden sehr moorig und schlammig war, ferner zum Aufschlagen meines „Goldgräberbettes". Es ist dies ein wirklich praktisches Bett, weich, bequem, und erspart ein bis zwei Trägerlasten, da überall Holz genug vorhanden ist. Es besteht aus einem zwei Meter langen und ein Meter breiten Sack aus festem Segelleinen, dessen Boden man aufgeschnitten hat, also nur aus einer vorn und hinten offenen Wurst. Durch diese werden zwei lange Stangen gesteckt, die vorne und hinten an zwei über Kreuz in den Boden gerammte Pfähle gebunden werden. Bindematerial in vorzüglicher Qualität ist überall in den Rottanglianen gegeben. Es kommt jetzt nur darauf an, daß alles straff gebunden wird, und daß die Hölzer dick genug sind. Denn wenn man des Nachts durchbricht, setzt es am nächsten Tage für Kuenari Prügel. Auf das Bett kommt die Wolldecke und das Kopfkissen, darüber das Moskitonetz, was alles während des Marsches in dem Sacke verwahrt wird. Kuenari hat bis zum Dunkelwerden zu tun, das Zelt zu bauen, mir meinen Tisch hinzusetzen, das Licht darauf und den Stuhl davor.

Mollebei wird ausgeschickt, um Wasser zu holen, das er in einem Wassersack aus Leinen auf dem Rücken anschleppt. Pivas hat inzwischen Feuer gemacht, was ihm bei dem nassen Holze nur gelingt, weil er vom letzten Lager her in einem Kochgeschirr glimmendes Weichholz mitgebracht hat, das er unterwegs durch Pusten von Zeit zu Zeit am Leben erhielt. Der Kakadu, den wir schossen, ist so alt, daß wir die Brust in kleine Stücke zerschneiden und nur eine Fleischbrühe davon machen. Sonst gibt es Linsen mit Frankfurter Würstchen, was in allen Lebenslagen gut schmeckt.

Vor dem Essen muß ich noch die Kranken verbinden, wobei mir Jong hilft. Die üblen, eiternden Wunden werden steril ausgewaschen, mit Perubalsam behandelt und verbunden. Sie kommen durch die Bisse der Blutegel und durch die Verschmutzung bei dem Marsch. Gegen Fieber, besonders Malaria, gibt es Chinin, sonst muß für richtigen Stuhlgang durch Stopfen oder Abführen gesorgt werden. Die Unterhaltung über dieses Thema auf Pidgin-Englisch ist köstlich, eignet sich aber nicht zur Wiedergabe.

Dann bade ich, indem mir Mollebei kaltes Wasser über den Rücken gießt, ziehe einen sauberen Anzug an und esse zu Abend. Jetzt ist es dunkel geworden. Die Moskitos werden blutgieriger, die Zikaden stimmen ihre Geigen zum Abendkonzert, Nachtfalter taumeln zum Licht. Sie werden von mir mit allen andern Insekten für den Zoologen in einem Glase mit Zyankali gefangen. Gleichzeitig zeichnete ich die Route des heutigen Tages sauber ins Reine, um genau zu wissen, wo ich mich befand.

Pünktlich setzt das Gewitter und der Regen ein. Der Monsun, gezwungen, am Zentralgebirge empor zu steigen, schüttet Wasserfluten auf uns einsame Urwaldwanderer herab. Ohne Unterbrechung zucken Blitze und krachen Donner. Es heult der Sturm. Als aber Yong um zwanzig Uhr mit den Instrumenten kommt, damit ich die Höhe abkoche und die Werte des Wetters notiere, ist das Unwetter vorbei. Müde krabbele ich unter das Moskitonetz, rufe noch: „All Boys, finish talk!" (Alle Jungen mit Sprechen aufhören.) Bei dem leichten Schlaf der Tropen höre ich jetzt nur noch, wie sich stündlich die Wache unter Nennung des Parolewortes ablöst. Sonst herrscht Ruhe.

Aber mein Tag ist noch nicht zu Ende. Gegen Mitternacht ist der Himmel klar geworden. Ich hatte Befehl gegeben, mich zu wecken, sobald die Sterne sichtbar und keine Wolken mehr am Himmel wären. Meinen Teodolith hatte ich bereits am Abend aufgestellt und mit einer Zeltbahn gegen den Regen geschützt. Ich konnte sofort mit der astronomischen Beobachtung beginnen. Ich gestehe offen, daß diese Aufgabe mir von allen meinen Pflichten am schwersten fiel. Bei dem kleinen Instrument war es sehr schwer, die Sterne überhaupt zu finden, und hatte ich sie im Fadenkreuz, so rutschten sie mir immer wieder heraus. Ich habe geradezu geschwitzt, um meine Breitenbestimmung ordnungsgemäß durchzuführen. Der arme Jong wurde oft ungerecht gescholten, wenn er dem nervösen Master nicht schnell genug das Licht reichte.

Ich blickte noch zum Orion und Sirius, dachte, ob mein Vater in der fernen Heimat wohl in der gleichen Nacht die selben Sterne sähe, ging zu Bett und schlief befriedigt vom Tagesverlauf, nun wirklich müde, ein.

Durchquerungen der Südkarpaten

Die Sonne war noch nicht aufgegangen, als ich an einem schönen Vorfrühlingstage des Jahres 1917 in Belgrad das Donaudampfschiff bestieg, um stromabwärts den berühmten *Durchbruch der Donau* an der Berührungsstelle von Südkarpaten und Balkangebirge zu durchfahren. Dunst lag auf den Auenwaldungen und Grasflächen der ungarischen Ebene. Die ersten Strahlen der Sonne vergoldeten die trotzigen Mauern der alten Türkenfestung Semendria. Auch das serbische Ufer wurde jetzt flach, da von Süden die serbische Morava ihre Schwemmebene in die Donau vorschiebt. An Deck und an den Landeplätzen herrscht das bunteste, interessanteste Völkerleben. Die Frauen der umwohnenden Völkerschaften wetteiferten in ihren malerischen Trachten mit den gestickten, weitärmeligen Hemden und bunten Schürzen, das Bild farbig zu machen. Die urwüchsigen, struppigen Hirten mit den hohen Fellmützen legten jetzt, wo es wärmer geworden ist, ihre grau-weißen Pelzmäntel ab, bei denen die Wollzotteln der Schaffließe nach außen starren. Sie erschienen jetzt viel dünner in ihren weißen, selbst gewirkten Wollkleidern. Schafe, Schweine, Hühner, viel Gemüse, Melonen, Maiskolben, Eier und mancherlei andere Waren wurden an den Haltestellen an Bord genommen. Die Landemanöver sind bei der starken Strömung nicht ganz einfach für den „Donaudampfschiffahrtsgesellschaftskapitän".

Bald aber näherte sich die Donau dem Gebirge. Die ganze Aufmerksamkeit des Geographen fesselte das schwierige Problem, wie gelingt es dem breiten, reißend abwärts fließenden Strom, das sich mauerartig entgegenstellende Gebirge zu überwinden. Bei Bazias sieht man die Ebene sich heben, sich aufwölben und zum Bergland wenden. Der Fluß kümmert sich scheinbar nicht um das Hindernis. Seitlich aber entdeckt ein scharfer Beobachter, daß Schotterbänke und Flußterrassen an beiden Ufern ebenfalls emporsteigen, nicht so hoch wie das Bergland, dafür aber in einer Vielzahl übereinander. Sie sind vom Strome einst geschaffen und lagen ursprünglich waagerecht. Die Wölbung der Ebene zum Gebirge, wodurch dieses sich auftürmte, ist also in mindestens vierfacher Folge geschehen, und zwar, als die Donau bereits ihren Weg zum Schwarzen Meer suchte. Der Strom ist älter als das Gebirge. Er sägte sich in dem Maße in das Erdreich ein, wie dieses sich unter ihm hob, und zwar in ruckweisem Emporsteigen, wobei in jeder Ruhepause Zeit genug vorhanden war, daß der Fluß seitlich eine Terrasse schuf. Sehr bald senkten sich die Terrassen wieder bis zum Wasserspiegel, um nach kurzer Unterbrechung wieder emporzusteigen. So durchbricht die Donau in ähnlicher, jedoch nicht gleichförmiger Weise vierfach sich quer über den Fluß legende Gebirgswölbungen. Wo die Terrassen am höchsten gestiegen sind — sie steigen bis über 700 Meter empor —, wo die Wölbungen am kräftigsten arbeiteten, sind die Hänge der Berge steil, zerrissen und nur mit schütterem Buschwald bestanden, so daß das Erdreich überall mit leuchtenden Farben hervorblickt; gelb, braun, bis rötlich braun, schneeweiß aber im Kalk. An diesen, den bei weitem großartigsten Stellen rauscht noch heute die Donau wirbelnd und gurgelnd in Stromschnellen zu Tal, und zeigt damit an, daß die Aufwärtsbewegung des Gebirges unter dem Fluß noch immer nicht zur Ruhe gekommen ist. Wenn die Terrassen sich wieder senken und sich dem Flußlauf wieder nähern, weitet sich die Landschaft. Der Strom schüttet hier auf, wird breit und ruhig und läßt zwischen den Bergen ausreichend Platz, daß sich Städte und Dörfer ansiedeln konnten. So besteht der Donaudurchbruch in Wahrheit aus einer Vierzahl von Einzeldurchbrüchen: Der erste von Bazias durch das 550 Meter hohe Lokowagebirge bis Gradista reichend, hat milde Formen, und ist erst der Auftakt zu der großartigeren Entwicklung im Durchbruch durch das Banater Gebirge, das mit seinen alten Gesteinen noch milde, zerschnittene Hänge zeigt, dafür aber Schätze von Erz in seinem Innern birgt. Es reicht von Golubac bis Milanovac, dem südlichsten Punkte. Nach der Weitung bei diesem Orte tritt der Strom in das Kalkgebirge ein, in den berühmten Engpaß von Kazan. Höher und höher werden die Felsen, wilder rauscht die Donau, enger wird das sonst kilometerweite Strombett, bis es auf nur 150 Meter zusammengezwängt ist, dafür aber über 70 Meter tief ist, also mit seiner Sohle sogar 35 Meter unter dem Spiegel des Schwarzen Meeres liegt. Auf den hohen, schroffen Kalkfelsen fristen nur einzelne Wetterfichten ihr Dasein. In den Schluchten und Runsen unterbrechen schöne Wälder die wilde Szenerie. Unmittelbar am Ufer aber steigen die Felsen so schroff empor, daß auf der linken Seite die Straße in den Fels gesprengt werden mußte, an der rechten die alte von den Römern unter Trajan gebaute Straße sogar auf Balken über dem Strom angelegt war, von der man heute noch die Pfostenlöcher und eine Tafel mit einer den Erbauer ehrenden Inschrift sieht. Bei Orsova aber weitet sich das Gebirge und der Fluß tritt in den letzten Durchbruch ein. Nur dieser wird das „Eiserne Tor" genannt. Die seitlichen Berge werden zwar niedriger, die Formen milder, die Terrassen aber um so deutlicher und das Felsriff im Fluß so drohend, daß seitlich ein Kanal gebaut werden mußte. So kommt der Dampfer endlich nach Turnu Severin, wo die Donau in gemächlicher Ruhe zu weiten Bogen ausholt und in die rumänische Ebene eintritt.

Am Eisernen Tor mischt sich noch ein neuer Farbenklecks in die so bunte Palette des Völkergemischs beiderseits der Donau. Hier stießen lange Zeit die serbische, ungarische und rumänische Grenze zusammen, wie es der Berliner Kongreß gewollt hatte. Eine kleine Insel in der Donau bei Orsova war 1738 an die Türkei gekommen, befestigt worden, und hatte den Namen *Aola-Kalah*, „Insel-Festung" erhalten. 1878 mußten die Türken sie räumen. Da aber vergessen war, zu bestimmen, an wen sie zu übergeben sei, hatten die Österreicher sie besetzt, sie seitdem als Zollausland behandelt, und die Türken wohnen lassen. Dieses winzige Eiland ist auch eine kulturelle und völkerkundliche Insel im wogenden Meer des Völkergewirrs. Die Muselmanen haben sich hier gehalten, Türken, mit weiten Pumphosen und altem Fes bekleidet, ruderten uns hinüber, Bettler umdrängten uns, Lastträger schleppten Waren, Frauen gingen schwarz verschleiert, Basar und türkische Kaffeehäuser empfingen den Fremden und suchten ihn nach Möglichkeit zu schröpfen. Malerisch liegt das Dorf mit den von Rundziegeln gedeckten türkischen Häusern, überragt von der Moschee mit ihrem spitzen Minarett inmitten des Stromes und der Gebirgswelt.

Die erste Durchquerung der Südkarpaten war damit beendet und hatte mir Herz und Sinn erhoben, aber auch gezeigt, daß eine Fülle geographischer Fragen von mir aufzugreifen waren. Ich fuhr weiter nach Bukarest, um dort eine neu zu gründende „Abteilung Landeskunde" zu übernehmen.

Es war mir eine schöne und lohnende Aufgabe gestellt. Mit meinen Mitarbeitern habe ich mich mit Eifer derselben gewidmet, wir haben viel Material gesammelt, auch eine Reihe von Abhandlungen geschrieben, bis der Zusammenbruch unsere Arbeit mitten zerriß. Auf unseren zahlreichen Reisen durch Rumänien lernten wir Land und Leute dieses gesegneten Erdenwinkels kennen und lieben, durchzogen kreuz und quer die weite Fruchtebene zwischen der unteren Donau und dem Gebirge, studierten das Hügelland vor demselben, und machten in der Dobrudscha, in Muntenien, Oltenien und Siebenbürgen unsere Beobachtungen. Mehr als zehnmal durchquerten wir, stets auf anderen Wegen, die Südkarpaten, jenes abwechslungsreiche, wilde Gebirge, das den Geographen mit der Urwüchsigkeit seiner Natur und seiner Bewohner immer wieder anzog.

Von diesen Durchquerungen will ich erzählen, will das persönliche Erleben in den Vordergrund rücken und trotzdem versuchen, ein Bild dieses weiten, vielgestaltigen Berglandes, das mir ans Herz wuchs, zu entwerfen.

Wir betreten das Gebirge im Osten, wo es an der Grenze der Moldau zur Walachei aus der Nord-Süd- scharf in die Ost-West-Richtung umbiegt, und der Buzaufluß nach einem großen Bogen in die Ebene hinaustritt. Hier berühren die Waldkarpaten, in deren Wäldern wir erst einmal untertauchen wollen, die ganz verschieden aufgebauten Südkarpaten. Die Wälder geben ersteren mit Recht den Namen, denn unabsehbare Buchenwälder hüllen das Gebirge in einen grünen Teppich, der bei unserem Frühlingsbesuch im hellen lichten Laub leuchtete. Es ist ein Urwald von Buchen, der keine forstmännische Pflege kennt, ein Wald, wie er ähnlich in der Vorzeit auch die deutschen Mittelgebirge überzogen haben wird. Der gewaltige Unterschied zum tropischen Urwald, den ich im vorigen Abschnitt schilderte, drängte sich mir auf. Dort Quälerei von früh bis abends, dichtester wirrer Pflanzenwuchs, Moderboden, feuchtheißes Klima, verschwenderische Fülle der Kleintierwelt. Wegelosigkeit und vieles andere kommen zusammen, ihn zu einer Sperrlandschaft für Menschen und größere Bodentiere zu machen. Hier dagegen ein Buchendom, dessen sommerliches dichtes Laubdach das Aufkommen eines Unterholzes verhindert. Nur wo vom Alter gefällt einzelne Stämme am Boden liegen, wachsen wenige Sträucher und Stauden, die aber von den wieder aufkommenden Buchen später erdrückt werden und absterben. Der Urwald ist so licht und offen, daß man ohne Mühe überall hingelangen kann, ja, daß ein Reiten durch ihn nach allen Richtungen möglich ist.

Der Buchenurwald der Waldkarpaten ist zwar auch wegelos, wie der tropische Urwald, aber nicht unwegsam, denn man braucht in ihm keine Wege zu bahnen. Es ist Frühling, als wir ihn betreten, die Jahreszeit, die sich in Rumänien mit seinem kontinentalen Klima leider auf eine kurze Zeitspanne zusammendrängt, dann aber besonders blütenreich und prächtig ist. In der Tiefe der Täler, so im Buzautal selbst, ist es schon sommerlich heiß. Die lichten, ausgedehnten Haine der Pflaumen, die für die Rumänen als Lieferanten des beliebten Zuika-Schnapses so unentbehrlich sind, sind an sonnigen Lagen bereits abgeblüht, stehen aber an den Talflanken wie weiß überschneit noch in voller Blüte und kontrastieren wirkungsvoll gegen das Hellgrün des jungen Buchenlaubes. Dieser Wald nimmt alle Höhen ein, ist selbst im weiten Tale noch das beherrschende Element, da alle bäuerlichen Siedelungen und ihre Acker- und Baumfluren nur in sich abgeschlossene und vom Wald umgebene Rodungsinseln darstellen. In die größeren Höhen ist der Lenz noch nicht eingezogen. Hier springen die Buchenknospen gerade auf und sitzt das jugendfrische Laub, wie hellgrüne Schmetterlinge, noch vereinzelt am kahlen Astwerk. Dafür bedeckt der schnellabsterbende Blütenteppich der Anemonen, Priemeln, Leberblumen, Veilchen und anderer Frühlingsboten den noch nicht beschatteten, sonnigen Boden. Auch dieser Gürtel ist aufwärtssteigend bald durchschritten, der Vorfrühling mit der kaum erwachenden Vegetation und einzelnen Schneeflecken umfängt uns. Wir treten in den Fichtengürtel ein und sind noch im Winter.

Der alles einhüllende, nur in wenigen Haupttälern etwas durch Rodungen aufgelockerte Buchenurwald wird in den höchsten Lagen von den Fichten abgelöst. Alle Berge und Hochflächen haben eine ernste, dunkle Haube aufgesetzt, den immergrünen Nadelwald der Fichten. Er reicht in einer Breite von 400 bis 500 Meter Höhenunterschied bis zur Waldgrenze. Diese liegt in etwa 1900 Meter. So hoch geht das Gebirge mit seinen weichen Formen aber nicht empor. Darum sind nur die höchsten Gipfel, wie der von uns besuchte Penteleu, waldfrei und bieten eine Aussicht über das Waldmeer und die wogenden Wellen der Gebirgskämme. Keine irgendwie heraustretende Berggestalt unterbricht das Auf und Ab bis zum blauen Horizont. Das Auge hat keinen fesselnden Ruhepunkt, schweift vielmehr über das Gewoge der Waldrücken hinweg, die alle oben den dunklen Fichtenkranz über dem lichten Buchengrün zeigen.

Der Aufstieg auf diesen Gipfel war mit einigen scherzhaften, aber für die damalige Zeit und für das Land charakteristischen Ereignissen verbunden, daß ich mir nicht versagen kann, ihn etwas ausführlicher zu schildern. In aller Herrgottsfrühe brachen wir noch bei Dunkelheit vom Buzautale auf. Wir hatten in der Endstation der Bahn bei dem großen Sägewerk Brezoiu übernachtet. Seine Sägegatter fressen eine ungeheure Menge von Baumstämmen, die aus den Wäldern herangefahren werden müssen. Die Buchen aber, die den Hauptbestand der ausgedehnten Waldwildnis bilden, sind leider ziemlich wertlos, man geht vielmehr den Fichten nach, welche, wie ich ausführte, oberhalb der Buchen nur in den höchsten Lagen wachsen, dort allerdings in wertvollen, schnurgeraden, hohen Stämmen. Mit diesen Fichtenwäldern wird nun ein schlimmer Raubbau getrieben, der sich an der künftigen Generation noch einmal rächen wird. Man fällt die Wälder, fährt die Stämme ab, zersägt sie in den modernsten Schnellbetrieben. Kein Mensch aber denkt daran, daß dieser Reichtum eines Tages aufhört und daß die Gegenwart, die die in der Vergangenheit herangewachsenen Schätze ausbeutet, verpflichtet ist, auch für die Zukunft zu sorgen. Es wird nichts nachgepflanzt, und es fehlt jeder forstmännische Betrieb.

Um zu dem kostbaren Nadelholz zu gelangen, folgt man den Tälern und Bächen möglichst weit bergan bis zum Quellgebiet. Es werden keine Straßen und Holzabfuhrwege, wie in unseren Wäldern, angelegt, man überspringt gewissermaßen das Zeitalter der Straßen und tritt sofort in das der Eisenbahnen ein. Viele Hunderte von Kilometern Schmalspurbahnen sind in die Karpaten gebaut, um an den Nadelwäldern Raubbau zu treiben, nicht nur im Tal der Buzau und ihrer Zuflüsse, sondern in allen Teilen des Gebirges, wo es sich zu lohnen versprach. Eine solche schmalspurige Holzbahn konnten wir auf unserem Vorstoß benutzen.

An die sechzig kleine, klappernde, eiserne Gestelle, auf die die Stämme gepackt werden sollen, waren aneinander gekoppelt und wurden pustend und fauchend von einem Lokomotivchen bergan geschleppt. Wir hatten uns weit hinten auf ein Gestell, nicht gerade weich oder bequem, gesetzt, um vom Funkenflug der mit Holzabfällen geheizten Maschine nicht zu sehr belästigt zu werden. Wir froren ebenso wie alle Holzarbeiter, die mit bergan fuhren. Wir folgten dem Tal der Basca mare und micra (Großen und Kleinen Basca). Durch frischen Buchenwald ging es entlang dem murmelnden Flüßchen stundenlang bergan. Waren in der Nähe des Buzautals noch einzelne Bauernhäuser vorhanden, so hörten sie bald auf und die völlig unbewohnte Zone der Waldkarpaten begann, in der nur wenige Holzplätze liegen, die nach kurzer Lebensdauer auch wieder im Nichts versinken.

Auf dem einsamen Holzplatz Neharna, wo herrliche Stämme gestapelt lagen, stiegen wir aus. Bis hierher werden die Fichten die Berge abwärts mit Ochsen geschleift, ohne Wege durch den offenen Wald. Wir folgten den Schleifspuren und stiegen bergan, kamen an einer verlassenen Stîna, einer Schafalm, vorbei und waren im hochstämmigen Fichtenwald, den wir auch immer steigend durchquerten.

Wir näherten uns dem wasserscheidenden Kamme, der damals noch die Grenze zwischen Rumänien und Ungarn bildete. Ihm ist ein rundlicher, die Baumgrenze gerade überragender Gipfel, der 1770 Meter hohe Penteleu, aufgesetzt. Von seiner Höhe schweifte der Blick über die bewaldeten langgestreckten Rücken der Waldkarpaten, die bis an den fernen Horizont sich hintereinander schoben. Die sanften Formen des Flyschgebirges glichen einem grünen Meere, dessen hohe Dünung, mit hohen, ausgeglichenen Wellen dahinziehend, plötzlich erstarrt ist. Kein Dorf, kein Haus, keine Rodung, nur einzelne Windbrüche unterbrachen die schier unendliche Weite der Waldeinsamkeit.

Am kommenden Tage fuhren wir mit einer Draisine, die nur durch einen Holzknüppel gebremst wurde, die scharf abwärts führende Holzbahn mit eigener Kraft zu Tal. Wir hatten fernmündlich festgestellt, daß die Strecke frei sei und rollten darum in verboten schnellem Tempo hinab. Aber man verlasse sich auf die Rumänen! Die Bahn wand sich in vielen Kurven scharf am Ufer der Basca micra um zahlreiche Felsnasen. Ein Überblick war nicht gegeben. Da fauchte es vor uns. In kaum fünfzig Meter Entfernung pustete ein Leerzug bergan, auf den wir im Höllentempo zurasten. Ich brüllte: „Bremsen!" Der Knüppel wurde mit aller Gewalt angezogen, und schon brach er mit lautem Krach mitten entzwei. Da half nur abzuspringen, denn lieber sich einen Arm oder ein Bein brechen, als ganz zerschellt zu werden. In Windeseile arbeiteten die Gedanken, und schon lag ich, der ich mich seitwärts kollerte, zwar zerschunden, doch mit heilen Gliedern, halb im murmelnden Bach. Auch meine Begleiter waren über Erwarten gut davon gekommen, obwohl wir alle hart am Grabesrand vorbeigerutscht waren. Denn die Draisine prallte mit lautem Krachen auf die Lokomotive und zersplitterte in viele unbrauchbare Teile. Mein Rucksack flog im Bogen über den Schornstein weg und landete auf dem dritten Wagen. Humpelnd, doch gesund, zogen wir zur fernen Station, wo sich ein Donnerwetter in Deutsch und Rumänisch über den Beamten entlud, der ganz entgeistert zuhörte, was für ein Unglück durch seine Unachtsamkeit beinahe entstanden wäre. Wir hatten wieder einmal sehr viel unverdientes Glück gehabt!

Wenige Worte möchte ich noch zum Buzautal und der besonderen Ausgestaltung desselben sagen. An einzelnen Stellen erweitert es sich zirkusartig, so beim Orte Paltineni. Das Gestein besteht aus Flysch, d. h. aus wasserdurchlässigem Sandstein mit tonigen Zwischenlagen. Das Gestein, aus der Wende der Kreide zur Tertiärzeit stammend, ist noch wenig erhärtet, sondern sehr weich. Die Niederschläge fallen im kontinentalen Klima nicht regelmäßig, wenn aber, dann sehr heftig. Sie durchfeuchten den Boden und das Gestein bis zur tonigen Schicht, die vom Wasser schmierend wird. Sind die Sandsteinschichten dick und schwer und mit der Gleitbahn zum Tal hin geneigt, so können halbe oder ganze Berge ins Gleiten und Rutschen geraten. Im Apennin, wo bei gleichen Gesteinen die gleichen Erscheinungen auftreten, werden die Rutschmassen „Frane", auch „Erdgletscher" genannt. Ich will hier nur auf die eigenartigen Rechtsverhältnisse aufmerksam machen, die mit den Franen verbunden sind. Heute besitzt man auf einem Berge ein Haus, einen Acker, einen Wald, morgen rutscht alles über das Besitztum des Nachbarn. Es kann so langsam gehen, daß nichts zerstört wird, sondern alles heil bleibt. Es ist die schönste juristische Doktorfrage, wem gehört das Haus, der Pflaumenhain, die Ernte, dem, welchem sie weggerutscht sind, oder dem, auf dessen Grund und Boden sie, alles verhüllend, landeten? Ich höre im Geiste bereits die erregten Debatten der Kollegen von der juristischen Fakultät!

Liebliche Bilder kann man überall beim Wandern in diesem Tal erleben. Die Tracht der Frauen ist, wie in ganz Rumänien, so besonders im Gebirge reizvoll und abwechselungsreich. Hier besteht sie aus einem langen, weißen Leinenhemd, dessen weite offene Ärmel, im Gegensatz zum übrigen Lande, nur wenig bestickt sind. Dazu trägt man eine schwarze, seitlich offene Schürze, eine „Fota", die mit einem bunten Wollgürtel um die Hüften befestigt wird. Auf dem Kopf tragen sie ein weißes, lockeres Leinentuch, das oben ins Hemd gesteckt wird. Begegnet einem eine junge Frau, in stolzer Haltung barfuß wandernd, die im Gehen eine Spindel auf und ab tanzen läßt, so glaubt man ein madonnenhaftes biblisches Bild vor sich zu haben. Auch an der Tracht der Männer ist alles eigene Hausarbeit: die schwarze Lammfellmütze, das weiße Leinenhemd, die enge weiße Wollhose, der lederne bestickte Gürtel und die Opanken, also die aus einem Lederstück bestehenden Schuhe.

Wer das urwüchsige rumänische Volkstum, Sitten, Trachten, Hausbau usw. studieren will, muß sich ins Gebirge begeben. Dann wird er aber wahrlich nicht enttäuscht werden. Die Ebene im Süden des Gebirges ist der letzte Ausläufer der südrussischen Steppe, die als Baragan-Steppe bis vor die Tore von Bukarest reicht. Es sind Steppen überall auf der Erde Räume der Unruhe und Bewegung. Die Stürme der Völkerwanderung, die Türken- und Russenkriege haben zahllose Volkssplitter über das Land versprengt, die hier im äußersten Winkel hängen blieben, sich mit der heimischen Bevölkerung vermischten und sie verfälschte. Das gesunde Volkstum rettete sich ins Gebirge, wo es sich bis heute unverdorben in seiner ganzen Ursprünglichkeit erhalten hat.

Jedes Gebirge ist in sich mehr oder weniger gekammert. Die einzelnen Tallandschaften stehen nur lose miteinander in Verbindung, jede hat ihre gesonderte Entwicklung durchgemacht. Bei aller Einheit des rumänischen Volkstums und Brauchtums sind darum zahlreiche Variationen vorhanden, die das Bild niemals einförmig werden lassen.

Die Tracht, die ich oben von den Waldkarpaten schilderte, wandelt sich im übrigen Gebirge. Bei der Schönheit der einheimischen Kunst an derselben wird jeder zuerst auf sie achten. Im Tale der Jalomitza und des Arges ist die Stickerei auf den Ärmeln der Frauen besonders reich, farbenfroh und kostbar. Keine Frau würde von einer anderen das Muster absticken, jede erfindet es selbst und wandelt es etwas. Wie stolz war aber auch die Frau des Primar bei Curtea d'Arges, als ich ihre Schöpfung für die schönste erklärte und eine Großaufnahme von der Hemdstickerei machte. Weiter im Westen wird die Fota zweigeteilt und immer farbiger, bis sie im äußersten Oltenien zwei bunten Teppichen gleicht, die vorne und hinten über dem weißen Hemde getragen werden.

Bei Baja d'Arama veranstaltete der Primar uns zu Ehren eine Hora, einen Rundtanz. Alle Frauen und Männer mußten ihr schönstes Gewand anziehen. Die Zigeuner des Dorfes spielten auf. Zuerst wollte keine rechte Feststimmung aufkommen, mit den feurigen Weisen aber lockerten sich die Gelenke. Die Dorfschönen, die lange geschamig beiseite standen, wurden in den Strudel hineingerissen und waren jetzt die wildesten, die kein Ende finden konnten. Es war ein entzückendes Bild: Auf dem grünen Dorfanger mit dem Blick auf den waldigen Abfall des Gebirges drehte sich der Reigen, bald war es ein Kreis, bald deren zwei, einer der Frauen, einer der Männer, oder beide gemischt. Würdevoll und ernst schritt man hin und her. Eine andere Weise, und schon jauchzte man voll Lebenslust, wirbelte zu zweien, die Frauen für sich oder gemischt, wie bunte Schmetterlinge über Wiesen gaukelnd. Der Wind fing sich in den weiten gestickten Ärmeln, die bunten Schürzen flatterten, ein farbfrohes Bild voll Leben und Lust. Es lachte die Sonne, es lachte das Herz!

Das Osterfest, das von der orthodoxen Kirche sehr hochgehalten wird, feierte ich in einem Dorf im oberen Jalomitzatal. Berge von Eiern waren gefärbt und jedes mit entzückender Ritzarbeit verziert, wodurch das Weiß im dunklen Farbton wieder herauskam. Mädel und Burschen stießen die Eier mit der stumpfen Seite zusammen mit den Worten, sie: „Christ ist erstanden", darauf er: „Christus ist wahrhaft auferstanden!" Wer sein Ei zerbrach, wurde ausgelacht und mußte das hartgekochte essen. Wie es die Mädel machten, weiß ich nicht, jedenfalls wurde ich immer verlacht und mußte unheimliche Mengen Eier vertilgen. Am Dorfrand waren russische Schaukeln errichtet, in denen vier Paare um eine waagerechte Achse hoch in die Luft gedreht wurden, ein Paar schwebte oben, eins links, eins rechts, eins unten. Je beliebter die Dorfschöne war, je schöner ihr selbstgewebtes und gesticktes Gewand, desto wilder wurde unter Jauchzen die Schaukel gedreht. Kienholzfackeln und der noch fast volle Mond sorgten für die Festbeleuchtung.

Bauern, Waldarbeiter und Hirten setzen die Bevölkerung zusammen. Besuchen wir jetzt einmal die Hirten, die Ciobane. Da Sommer ist, müssen wir uns auf die Hochalmen begeben, die oberhalb der Waldgrenze die weiten Hochflächen der Karpaten einnehmen. In ihren primitiven Almhütten, den Stînen, kann man ganz urwüchsige Bilder erleben. Als ich den großen Hirten sah, bekleidet mit einem Schaffellmantel, die Zotten der Wolle nach außen, die hohe Fellmütze auf dem Kopf, den breiten gestickten Ledergürtel mit Messer und Salzhorn um den Leib, wurde ich an Polyphem erinnert. Wie dieser, von Odysseus geblendet, an seinem Kraal sitzt, seine Schafe einläßt und sie abtastend zählt, so saß auch mein Cioban unter den Wänden des Negoi in den Fogarascher Alpen vor seiner Steinhütte am Eingang des runden Steinkraals und tastete links und rechts mit müde geschlossenen Augen seine Herde ab, gab jedem Tier etwas Salz und ließ es ein. Dann verrammelte er den Eingang mit einem Steinblock und überließ die Wache gegen Bären und anderes Raubzeug den riesigen, achtunggebietenden Hunden, die auch menschliche Räuber leicht fernhalten. Er ging zum Essen, das den ganzen Sommer hindurch nur aus Schafmilch, -butter und -käse besteht mit etwas Mammaliga, einem Brei aus Maisgries. Mit Ausnahme eines einzigen Messers, das er stets bei sich trägt, bestehen alle Gerätschaften nur aus Holz oder Stein. Die Eisenzeit hat für ihn erst vor kurzem begonnen.

Im Herbst beginnt die Herdenwanderung durch die Wälder abwärts bis zu den Tiefweiden am Ufer der Donau in der „Balta" genannten Überschwemmungszone. Dann wird dem Hirten ein Pferd hinaufgeschickt, das seine ganze Habe auf dem Rücken tragen kann. Die Siebe für die Milch sind das Wichtigste unter ihnen. So zieht die Herde, von den mächtigen Kötern umbellt, Hunderte von Kilometern weit, auf uralten, feststehenden Wegen, zu den Winterweideplätzen, um im Frühsommer wieder zurückzukehren. Ein halbes Jahr sind die Karpaten eine menschenleere Zone, die Rumänien zerteilt. Aber auch im Sommer sind die Anbaugebiete der Tiefe von den Hochweidegebieten der Kammregionen durch unbewohnte

Waldzonen geschieden. Unendliche Wälder hüllen nicht nur die Wald-, sondern auch die Südkarpaten ein, nur sind sie höher und ragen darum über die 1900 Meter hoch liegende Waldgrenze mit ausgedehnten, wirtschaftlich wertvollen Hochweidegebieten für Schafe hinaus.

Der Holzreichtum der Wälder macht sich überall in der bäuerlichen Wirtschaft bemerkbar. Die Zäune, die Wasserrohre, die Dachschindel, überhaupt fast alle Gerätschaften sind aus Holz, wo wir oft Metall oder Stein verwenden. Auch die Häuser sind im Gebirge zumeist noch Blockhäuser, wenn sie auch zuweilen mit Lehm beworfen und weiß angetüncht sind. Mir gefallen ja die vom Wetter gebräunten, mit Schnitzwerk verzierten Holzhäuser noch besser. Dabei ist das Bauernhaus sehr malerisch, sowohl das einstöckige des Hauptgebietes, als das zweistöckige des Ostens, wo der zweite Stock den ersten noch einmal wiederholt. Drei oder vier Stuben liegen nebeneinander, Tür und alle Fenster nach vorne gerichtet, wo eine durchgehende Veranda sich am ganzen Hause entlang zieht. Das Dach reicht gemeinsam über Haus und Veranda hinweg und wird von Holzsäulen getragen. Man betritt das Haus also durch eine Säulenhalle, die an griechische Tempel gemahnt. Unter ihr spielt sich im Sommer das ganze Leben ab, auf ihr habe ich manche Nacht im Freien geruht, was immer angenehmer war als in den dumpfen Stuben. Freund Troll, der in den Anden eine untere und obere Flohgrenze wissenschaftlich festlegen möchte, könnte diese Studien mit Erfolg in Rumänien nicht treiben. Flohleere oder auch nur floharme Zonen habe ich in ganz Rumänien völlig vergeblich gesucht.

Wahre Dichtezentren dieser Quälgeister stellen die Klöster dar, allen voran das Kloster Cosia im Alttal, damals jedenfalls, als es eine Zeitlang Gefangenenlager war. Hoffen wir, daß dieses künstlerische Bauwerk jetzt sauberer ist. Wir wollten es besichtigen, aber der ganze Fußboden huppte. Wir haben nur einen Raum halb betreten, sofort kehrt gemacht und die Jagd begonnen. Wir konnten beim Halali auf eine Strecke von 42 Stück Schwarzwild zurückblicken.

Überhaupt die Klöster und Einsiedeleien! So malerisch sie liegen, so schön die Kirchlein oft sind, so geistig arm und verschmutzt sind leider nicht selten die Mönche. Oft liegen die Klöster vor dem Eingang einer Höhle, wie bei den Klöstern Pollovraçi, Decebal usw. Im dunklen Erdinnern, in den Höhlen der zahlreichen Kalkgebiete ist es unheimlich. Böse Geister, der Teufel, der an jeder orthodoxen Kirche im Gemälde des Höllensturzes neben dem Eingang drastisch dargestellt wird, hausen hier. Sie gilt es abzuwehren und im Erdinnern gefangen zu halten. Dazu dienen die Klöster mit ihren geistlichen Übungen und Gebeten. Die Mönchlein saßen in der Sonne, große, in Schweinsleder gebundene Folianten auf den Knien, die Brille auf der Nase, einsam auf der Bank an der Klause vor dem dunklen Nadelwald, ein Bild für Schwind oder Ludwig Richter, aber — sie schliefen fest und schnarchten vernehmlich!

Ich hatte nach Rücksprache mit meinen Vorgesetzten alle Studierenden der Geographie und verwandter Fächer der Heeresgruppe Mackensen gesammelt, um auf einer wissenschaftlichen Exkursion der geistigen Verblödung eines Grabenkrieges und Etappendienstes entgegenzuwirken. Wir waren aus dem Prahovatal oberhalb Sinaia die Wände des Buzegiu emporgestiegen, hatten die Hochweiden überschritten und waren, bei einem Gewitterguß völlig bis auf die Haut durchnäßt, abends im Kloster Decebal am Omul angekommen. Das Kloster liegt einsam in etwa 1800 Meter Höhe vor dem Eingang einer großen Tropfsteinhöhle im Quellgebiet der Jalomitza. Die Kirche ist im Innern der Höhle gebaut. Die drei Mönche gaben uns bereitwillig ein, wenn auch nur wenig sauberes Unterkommen. Wir waren so naß, daß Verhandlungen durch die Türen stattfinden mußten, ob die Damen in Hemd und Höschen zum Abendessen kommen dürften. „Ja, wenn die Herren in Unterhosen erscheinen dürfen." So fand das Essen, Schafkäse und Mammaliga, in lustigster Laune statt.

Am kommenden Morgen führte uns ein Mönch mit Kerze und Rosenkranz in den Wundern der Tropfsteingebilde unter vielen Gebeten umher, bis wir in der Tiefe des Berges an einem See des Karstwasserspiegels haltmachen mußten. Das Wetter war herrlich klar geworden, so daß unser Weitermarsch zu den eiszeitlichen Moränen und den glazial umgeformten Hochtälern an den Hängen des Omul und Karaiman vom Glück begünstigt war. Wundervoll erglänzten die Felswände aus geschichtetem Kalkkonglomerat im Neuschnee, der Fels und alte Firnflecken überzuckerte, gegen den blauen Himmel!

Unter den Klöstern aber sticht eins durch Sauberkeit, Schönheit der Lage, edelste Kunst der Bauten und Gastfreundschaft der Äbtissin und Nonnen heraus, das Kloster Horezu. Mit großer Dankbarkeit werde ich stets der Stunden, die ich im Frieden dieser Klostermauern verbringen konnte, gedenken. Wir waren frühmorgens, drei Deutsche und zwei Rumänen, vom oberen Lotrutal fortgeritten, hatten mit unseren struppigen Gäulen das Hochplateau des Paringugebirges erklettert und überquert, oben bei den Hirten uns an Schafkäse erfrischt und waren am Abend, schwer mitgenommen und auf den Holzsätteln arg durchgeritten, müde am Kloster am Südfuß des Gebirges angekommen. Die liebe Äbtissin stellte uns Staatszimmer zur Verfügung und sorgte rührend für unser körperliches Wohl. Als sie hörte, daß es in Deutschland keinen Mais, sondern nur Kartoffeln zu essen gäbe, erregten wir noch nachträglich ihr Mitleid derartig, daß sie noch einmal auftragen ließ. So sehr ist der Mais, der doch erst vor kurzem aus Amerika nach Südeuropa kam, bereits Nationalgericht geworden, daß man sich ein Essen ohne Mais kaum denken kann.

Das Kloster Horezu ist ein Kunstwerk allerersten Ranges. Die weiten Klostergebäude stehen im Viereck um den großen Hof, in dessen Mitte sich die Klosterkirche erhebt. Rund um die Gebäude, stets mit dem Blick auf die Kirche, ist eine Säulenhalle vorhanden mit einzelnen Balkonen, deren Säulen in weißem Marmor ausgeführte zierliche Schmuckstücke bilden. Berühmt ist auch der einem Baldachin gleichende Eingang zur Kirche, der Privdor, wegen der feinen Skulpturen seiner Marmorsäulen. Das Gotteshaus besitzt, wie alle Kirchen Rumäniens, keinen Turm. Die beiden Gevierungen des Langhauses sind in die Höhe gezogen und haben auf ihren Kuppeln helmartige Erhöhungen, durch die das Licht, magisch aus der Höhe kommend, das Innere des Kirchenraumes mit seinem Inakostas, seinem in Gold strotzenden „Gemäldeständer“, umflutet. Glocken rufen nicht zum Gottesdienst, sondern Nonnen, an jeder Kirchenecke von einer anderen abgelöst, umschreiten in liturgischen Schritten die Kirche und schlagen mit einem Holzhammer in wechselndem Rhythmus eine lange, fein geschnitzte Holzlatte, die sie in der Mitte gefaßt in der Hand tragen. Diese dumpfen Takte sind eigentlich die einzigen Geräusche, die den Klosterfrieden unterbrechen.

Meine Hauptaufgabe bestand bei der Untersuchung der Südkarpaten darin, die Morphologie, die Formengeschichte des Gebirges zu entschleiern. Da ich bei meinen Lesern nicht erwarten darf, daß sie diesen Gedankengängen freudig folgen, will ich nur ganz kurz andeuten, um was es sich dabei im wesentlichen handelt. Jeder kennt den Reichtum des Gebirgsrandes an Erdöl und Erdgas. In jüngster geologischer Vergangenheit rückte das Gebirge gegen die Ebene im Süden vor und warf die lockeren Ebenenschichten in sanfte Falten. An tonigen Zwischenlagen sinkt das Wasser in die Tiefe, Petroleum und Erdgas aber steigen in Sätteln und an Spalten in die Höhe, treten also in Zonen und Linien gleichlaufend mit dem Rande des Gebirges auf. Von Câmpina im Prahovatal mit seinem Wald von schwarzen Bohrtürmen bis nach Buştenari zieht eine solche Zone, die, so wertvoll sie wirtschaftlich ist, so wenig reizvoll in landschaftlicher Beziehung ist. In der gleichen Linie ist auch das Salz in mächtigen Salzhorsten emporgepreßt, es wird bei Slanic in riesigen unterirdischen Hohlräumen abgebaut, die höher sind, als das Schiff des Kölner Doms. Der Rand des Gebirges zur Ebene ist geologisch in der Erdtiefe stark gestört, an der Erdoberfläche merkt man aber, bei weiten Schuttkegeln und einzelnen Schichtstufen, kaum etwas von dieser Unruhe. Das geographische und geologische Gebirge sind wieder einmal nicht identisch. Es galt, ihre Beziehungen zueinander zu untersuchen.

Ein besonderer Reiz des so abwechslungsreichen Gebirges besteht in den tiefen Tälern, die das Bergland von außen nach innen quer durchsetzen, als wenn gar keine Berge vorhanden wären. Die Donau und alle Nebenflüsse durchbrechen das Gebirge in seiner ganzen Breite. Jiu, Alt, Arges, Jalomitza, Prahova, Buzau queren mindestens einen sich entgegenstellenden Zug von Bergen. Wie kommt das Wasser, das doch nur bergab fließen kann, dazu, die Gebirgsmauern zu durchbrechen? Ich konnte erweisen, daß in der Mehrzahl der Fälle der Fluß älter ist als das Gebirge, das sich unter ihm hob oder wölbte. Die Südkarpaten sind eben als geographische Erhebung der Erdoberfläche ein ganz junges Gebirge, das in der Gegenwart noch nicht zur Ruhe gekommen ist, sondern sich hebt und wölbt. Im allgemeinen sind es zwei Großfalten, die sich in der Längserstreckung des Gebirges hinziehen und aufwölben, und denen die höchsten Erhebungen der Südkarpaten entsprechen. Dabei wandert das Gebirge etwas gegen das Vorland, indem die Bogen des S-förmigen Verlaufs nach außen drängen, die Mitte aber an Ort und Stelle ruhen bleibt. Diese meine Anschauung reifte mit der Zeit, als ich die Spuren des Einschneidens der Flüsse, wie sie durch Talterrassen gegeben sind, flächenhaft an allen Tälern verfolgte.

Manche dieser Täler verengen sich bisweilen zu engen, wilden Schluchten, durch die unten der Fluß braust und schäumt. Sie können sich sogar bald wieder erweitern, um sich ein zweites, drittes, ja, viertes Mal zu verengen. Die Schluchten sind an den Kalk gebunden. Dieses Gestein legt sich als breites Band (cenomanes Kalkkonglomerat) zwischen die Wald- und Südkarpaten, es tritt aber auch als isolierte Schollen, als Klippen (kretazäischer und jurassischer Muschelkalk) im übrigen Gebirge auf. Diese wilden Berggruppen mit ihrem weißen oder in warmen gelblichen Tönen schimmernden Felswänden bilden eine weitere, besondere Pracht unseres Gebirges. Der Kalk ist verkarstet, das Wasser sank in die Tiefe, bildete engste Schluchten mit glatten, steilen Wänden oder löste das Gestein auf und verschwand in Klüften und in Höhlen. Tropfsteinhöhlen sind nicht selten, öffnen sich manchmal in halber Höhe an den steilen Wänden, wie am Runkubach. Die Jalomitza durchmißt eine Vielzahl von Schluchten, Dâmboviţa und Dâmboviţiora bilden klammähnliche, messerscharfe Kerben von mehreren hundert Metern Tiefe von düsterer Wildheit.

Wer diese romantischen Felsschluchten besuchen will, muß auf jede Bequemlichkeit verzichten können. Wir waren von der alten deutschen Siedelung Langenau (Campulung) am Südfuß des Gebirges aufgebrochen, hatten mittags die engen Klammen betreten und durchschritten. Irgendein Unterkommen für die Nacht war nicht gegeben. Es blieb nichts übrig, als vor dem Regen in einen Heustadel zu flüchten, in dem bald unser Lagerfeuer hell loderte. In einem Stadel soll das Heu trocknen, es muß also der Wind guten Zutritt haben. Auf Hochdeutsch, es zog die ganze Nacht gottserbärmlich, so daß wir uns vor Kälte klappernd am frühen Morgen aufmachten, ohne etwas Rechtes genossen zu haben. Als aber die Sonne herauskam und die hohen Steilwände des weißen majestätischen Königsteins (Vânturariţa) hoch über uns vergoldete, lockte sie uns zu frischen Taten, zur Wanderung zum Törzburger Paß und zur Bauernburg von Rosenau, nach der alten deutschen Kulturlandschaft Siebenbürgens.

Wir wollen Abschied von dem uns liebgewordenen Bergland nehmen. Bevor wir aber scheiden, werfen wir einen Abschiedsblick auf die Hochgebirgslandschaften mit ihren beglückenden Fernsichten. Der Name „Transilvanische Alpen“ besteht nur für die höchsten Partien zu Recht, da nur sie einen Formenschatz aufweisen, wie er den Alpen eigen ist. Nur hier sind die Gipfel von Karen angefressen, die Täler durch eiszeitliche Gletscher ausgehobelt, von Moränen abgeschlossen und mit blauen Seen, den Meeraugen, verziert. Über die weiten Hochflächen der Hochweideregionen erheben sich einzelne Stöcke und Grate, die mit diesen Formen und ihren Felsen alpinen Charakter aufweisen, sobald sie über 2000 Meter, die Höhe der eiszeitlichen Schneegrenze, hinausragen. Sie sind alle von erhabener Schönheit und weltferner Einsamkeit, so an der Mandra im Westen, am Omul im Osten, aber doch am großartigsten in der Mitte, in den Fogarascher Alpen.

Vom Roten Turm und von Hermannstadt kommend, hatten wir in einer Hütte an den Nordhängen des Negoi (2541 Meter), des höchsten Gipfels, übernachtet. Da aber Regen und Nebel am kommenden Tage herrschte, lohnte sich kein Aufstieg. Wir überquerten den Hochgrat, besuchten die Hirten, so den Polyphem gleichenden Cioban, trieben eiszeitliche Studien und wollten in einer Jagdhütte am Südhang übernachten. Da fanden wir sie schon von deutschen Posten besetzt, mußten also arg zusammenrücken und lagen unter- und übereinander. Dafür entschädigte ein am Spieß gebratener Hammel für die Enge. Als aber am kommenden Morgen mit Sonnenaufgang klarester Himmel prächtige Fernsicht versprach, brachen wir zur Ersteigung des Calţunul, des südlichen Nebengipfels des Negoi auf. Auf ungebahnten Wegen suchten wir uns durch die Felsen und über die Grate unseren Aufstieg. Wir hatten einen lohnenderen Blick als wir vom Negoi gehabt hätten, da unser Gipfel in die tiefen Täler nach Norden, Osten und Süden eine freie Einsicht gewährte. In wilden, felsigen Graten, die beiderseits von Karen angefressen sind, reckt sich das Hochgebirge empor, schickt nach Süden lange Äste aus, mit tiefen ausgehobelten Tälern zwischen sich, bricht aber nach Norden mit Steilstufen gegen 2000 Meter gen Fogarasch ab.

Größte Einsamkeit, erhabene Fernsicht, befreiendes Glücksgefühl im Anblick dieser Wunderwelt belohnte die Mühe der letzten Tage. Unsere Gipfelrast wurde noch besonders verschönt, weil friedlich unter uns auf dem saftigen Almenboden am blauen Meerauge ein Rudel von vierzehn Gemsen ungestört äste, vom Leitbock bewacht.

An heiligen Stätten

„Auf dem Mittelpunkt der Erde habe ich auch schon gesessen."

„Nun seien Sie aber ruhig! Wenn ich Ihnen auch vieles glaube, allzu dick dürfen Sie mir nicht auftragen. Das ist reichlich ‚lögenhaft to vertellen'."

„Und doch ist es wahr, ja, meine Frau saß neben mir."

„Hahaha! Sind Sie denn nicht verbrannt? Oder durch den Druck plattgedrückt? Sie sind wohl mit einem U-Boot dorthin gefahren?"

„Im U-Boot bin ich nur einmal und zwar 32 Meter tief gewesen. Aber unter den Meeresspiegel kam ich doch bis 394 Meter, tiefer allerdings nicht."

„Jetzt reden Sie in Rätseln! Im Mittelpunkt der Erde wollen Sie gewesen sein und doch nicht über 400 Meter tief? Ertrunken sind Sie auch nicht dabei!"

„Nein. Nicht einmal naß geworden, sondern habe frische, wenn auch reichlich warme Luft dabei geatmet. Es war dies nämlich am Toten Meer."

„Ach so! – Aber nun Ihr Erdmittelpunkt, in dem Sie gewesen sein wollen?"

„Ich habe nicht im, sondern auf gesagt, auf ihm habe ich gesessen. Es war gar nicht so weit vom Toten Meer entfernt, es war in Jerusalem, das während des ganzen Mittelalters als Mittelpunkt der Erde aufgefaßt wurde. Es gibt viele prächtige Karten aus dieser Zeit, wie ich als Kartograph ja wohl wissen muß, wo die Erde als Scheibe dargestellt wird, und jedesmal Jerusalem im Zentrum gezeichnet ist. In dieser Stadt selbst ist nun wieder ein Punkt besonders durch die Jahrhunderte hindurch zum Mittelpunkt auserkoren. Er liegt natürlich in unmittelbarer Nähe der heiligsten Stätten, und zwar in der Grabeskirche. Hier befindet sich inmitten eines weiten Raumes ein kleiner Säulenstumpf von 50 Zentimeter Höhe aus Marmor, der *„Nabel der Welt"*. Auf ihn habe ich mich gesetzt!"

„Das heilige Land muß voller Merkwürdigkeiten stecken! Es wäre auch das Ziel meiner Sehnsucht gewesen."

„Wohl ist es ein großes Erlebnis, an den Stätten zu weilen, deren Namen man seit der Kindheit kennt. Aber der Besuch der heiligen Orte ist wohl für jeden mit Enttäuschungen verbunden. Ein frommer, romantischer Schimmer hat die Stätten verklärt, die uns durch die Biblischen Geschichten vertraut geworden sind. Die Phantasie frommer Künstler hat uns gemütvolle Bilder und Gemälde der Landschaften vorgespiegelt, die mit der Wirklichkeit in keiner Weise übereinstimmen, sich aber in unserer Vorstellungswelt so festgesetzt haben, daß wir die wahre Natur des Landes stets nach diesen Trugbildern korrigieren möchten. Darum sieht Stadt und Land, sehen die heiligen Kultstätten ganz anders aus, als ein kindliches Gemüt sie sich ersehnt. Diese Enttäuschung muß jeder Besucher erst überwinden, wenn er zu der Eigenart Palästinas vordringen will und dem Lande gerecht werden möchte. Rückblickend dagegen weiß man, daß dieses Land so zahlreiche nur ihm eigene Züge aufweist, außer der heiligen Geschichte eine lange kulturelle Entwicklung, die sich in vielen Bauwerken, in der Durchmischung der Bevölkerung, der Anbaukultur der seßhaften Bewohner, dem Hirten- und Nomadentum usw. äußert, daß es gar nicht anders aussehen könnte, daß es so, wie es ist, natürlich ist. Ein Land zwischen dem Mittelmeerklima, das im Sommer trocken-heiß, im Winter nur mäßig feucht ist, und der Wüste, dieser sehr nahe gelegen, ja, mit vielen Teilen schon völlig wüstenhaft, kann kein Paradies sein, wie es sich kindliche, fromme Gemüter vorgaukeln möchten."

„Die Vorstellungswelt der Kinder und naiven Menschen wird stärker durch bildliche Darstellungen als durch das Wort beeinflußt. Sonst müßte die Bibel, in der im Text, den Psalmen und Gleichnissen zahlreiche sehr gute geographische Beobachtungen niedergelegt sind, bei uns wahrheitsgetreue Vorstellungen an Stelle der Wunschbilder der Künstler erzeugen."

„Wenn ich an heiligen Stätten weilte, sei es in Palästina oder anderswo, haben mich immer folgende Gedankengänge tief erregt: Ich möchte als Naturwissenschaftler gerne die ganze Umwelt vernunftgemäß erklären und fühle mich eigentlich erst glücklich oder befriedigt, wenn dies bis zu einem gewissen Grade gelungen ist. Hier versagt aber die Vernunft, Gefühl ist alles. Warum ist diese Erdstelle heiliger als eine andere, fragt man sich vergebens."

„Nun, oftmals beruht es doch einfach auf der Überlieferung. Weil ein frommer Mensch, ein Heiliger, Messias oder Religonsstifter an einem besonderen Punkte weilte, wird dieser für die Jünger zum *heiligen Orte.*"

„Man kann sogar noch weiter gehen, und auch hier auf geistigem Gebiet von Selbstverstärkung reden, wie ich es im naturwissenschaftlichen Bereich gern tue. Ein Frommer wirkt irgendwo, der Platz wird heilig, Schüler kommen dorthin, geraten in religiöse Stimmungen, beeinflussen sich in der Exstase gegenseitig, bis einer wieder über die Masse sich erhebt und zu einem Führer auf religiösem Gebiete wird. Das kann sich wiederholen und selbstverstärken. Man kann die gleiche Erscheinung bei jeder geistigen Gemeinschaft beobachten, z. B. bei der Universität, deren köstlichstes Geschenk ja die Anregung ist, die ein Jünger der Alma Mater dem anderen spendet. Auch hier tritt Selbstverstärkung ein, vorausgesetzt, daß Leben herrscht und nicht ertötender Klosterfrieden in Stumpfheit ausartet. Trotz dieser mir geläufigen Gedankengänge möchte ich dem Urgrund nachspüren, warum am Anfang ein Punkt heiliger war als ein Nachbarort."

„Da sich die Heiligkeit einer Stätte nicht selten von einer älteren Religion auf eine jüngere vererbt, kämen Sie dabei auf primitive religiöse Vorstellungen, etwa auf Naturreligionen."

„Ganz recht! Aus diesen Gründen, weil in den Uranfängen viele Religionen auf die Naturverehrung und -anbetung zurückgehen, wir aber die Natur beobachten können, ergibt sich zuweilen die Möglichkeit, an die sprödeste aller Geisteswissenschaften, die Religion mit der Sonde der naturwissenschaftlichen Beobachtung heranzukommen. Das reizt mich, selbst auf die Gefahr hin, von Religionsforschern als allzu laienhaft hingestellt zu werden."

„Es würde mich interessieren, von Ihnen zu hören, ob Sie in Palästina Stützen für diese Anschauungen gefunden haben?"

„Bei fast allen heiligen Stätten, die oft auf ein überaus ehrwürdiges Alter zurückblicken, fiel mir auf, daß eine Höhle, Höhlung oder ein eigenartiger Eindruck in einer Felsplatte vorhanden war. Wie die Roßtrappe oder der Mägdesprung im Harz Anlaß zu reizvollen Sagen geboten haben, wie auch in anderen Gebirgen Fußeindrücke dem staunenden Laien gezeigt werden, so sind bei Jerusalem mehrere kleine Vertiefungen in der Felsplatte, wie sie in jedem Kalke vorkommen, der Anlaß zur Sagenbildung gewesen. Diese gruppieren sich in dem heiligen Lande selbstverständlich um die Person der Heiligen. So sieht man die Fußspuren, die der zum Himmel fahrende Elias zurückgelassen hat. Selbst der auferstandene Christus, den man sich kaum körperlich vorstellen wird, hat bei der Himmelfahrt so heftig den Boden berührt, daß man auf dem Ölberge heute noch seine Fußspur verehrt. Mohammed ist vornehmer: Er sprengt mit einem Roß gen Himmel, dessen Hufabdruck Gläubige im Felsendom anstaunen. Um Absonderlichkeiten der Natur rankt sich gerne naiver Wunderglaube. Bei den Höhlen, die beim Kalk und den Kalkkrusten häufig auftreten, werden ursprünglich andere religiöse Vorstellungen obgewaltet haben. Im Dunklen ist es unheimlich, im Innern der Erde, in Höhlen, ist der Sitz der bösen Geister, liegt die Hölle mit ihren Teufeln. Diese gilt es abzuwehren und das Leben vor ihnen zu schützen. Man errichtet Opferaltäre, Einsiedler lassen sich nieder, Mönche siedeln sich an und übernehmen die Aufgabe des Schutzes der Menschheit."

„Sie erzählten von Rumänien bereits Ähnliches, daß dort auch die Klöster gerne vor den Eingängen von Höhlen gebaut seien. Das ist also hier ähnlich?"

„Ja. Nur sind die Höhlen wesentlich kleiner. Es fällt aber auf, daß im Felsendom, in der Grabeskirche, in der Geburtskirche in Bethlehem, auf dem Ölberge, und an manchen anderen heiligen Stätten eine oder mehrere Höhlen unter der Kalkkruste vorhanden sind. Vom Felsendom will die Legende wissen, daß auf diesem uralten heiligen Platze Abraham Isaak opfern wollte, daß hier die Bundeslade stand, Salomo seinen Tempel baute, Jesus die Händler vertrieb, Mohammed gen Himmel sprengte, so daß sich heute an dem gleichen Punkte der Prachtbau der Omarmoschee erhebt. Im größten Heiligtum der Christenheit vereinigen sich eine kleine Höhle des Grabes Christi von Golgatha und des Grabes der heiligen Helena unter einem Dache. Uralte Naturreligionen sonderten wahrscheinlich in grauer Vorzeit diese Plätze aus, machten sie aus mysthischen Gründen zu heiligen Punkten, und es vererbte sich die Verehrung durch die Jahrtausende, selbst als die Glaubenslehre sich wandelte."

„So einleuchtend Ihre Ausführungen sind, sie wollen hoffentlich nicht jede heilige Stätte durch Ihre geliebte Morphologie und Geologie erklären."

„Bei Leibe nicht! Ich sagte es bereits. In anderen Landschaften versagt diese rationalistische Erklärung vollkommen. Ich gebe nur Beispiele, die ich selbst sah und die zu Heiligtümern der Menschheit wurden: Der Himmelstempel zu Peking in seinem heiligen Hain, das Grabmal des Apisstiers bei der Stufenpyramide von Sakkara, die heilige Burg der Akropolis, die Hagia Sophia, der Petersdom oder die Markuskirche, um von deutschen heiligen Orten, wie Maria Laach, Fulda, Vierzehnheiligen usw., ganz zu schweigen. In Palästina dagegen drängen sich diese Erklärungsversuche, ob man will oder nicht, einem auf. Darum nur erwähnte ich sie."

„Bleiben Sie aber, bitte, nicht nur bei diesen religions-philosophischen Erörterungen, sondern erzählen Sie etwas von ihrem persönlichen Erleben im Heiligen Lande und von seinen Bewohnern."

„Gerne. Wir betreten die hochgebaute Stadt Zion, die auf einem Berge thront, durch das Jaffator. Buntestes Leben drängt sich in diesem, die hohe Stadtmauer unterbrechenden Einlaß. Araber mit Burnus und Turban, Juden mit Kaftan und Hängelocken, bärtige Russen mit dem Hemd über der Hose, Geistliche aller Schattierungen, wie orthodoxe Mönche, Kapuziner, Jesuiten, vornehme Benediktiner, deutsche Diakonissinnen, ferner Europäer im hellen Tropenanzug, Tommis, Wasserträger, fluten durcheinander. Dazwischen Esel mit ausladenden Lasten oder Kamele im würdigen Schritt. Die Straßen sind so eng, daß kein Wagenverkehr, sondern nur Lastträger- oder Tragtierverkehr möglich ist. Dabei haben die Händler mit ihren Auslagen noch die halbe Straße eingenommen. Levantiner und Griechen bieten Südfrüchte an, Handwerker halten Kupferschmiedearbeiten feil, wieder an anderen Ständen sieht man Heiligenbilder, Rosenkränze, Ölbaumblätter und Olivenholzarbeiten angeboten. Auch die Tische der Kaffeehäuser, an denen Domino spielende und Wasserpfeifen rauchende Araber sitzen, sperren die enge Straße.

Die ummauerte Innenstadt von *Jerusalem* ist, verglichen mit anderen Städten des vorderen Orients, nur eine sehr kleine Stadt. Dabei wird ein Großteil derselben noch vom Tempelplatz mit der Omarmoschee eingenommen. Das Straßennetz ist wirr, andere Plätze sind kaum vorhanden. Nur an einen entsinne ich mich von dreieckiger Gestalt, in dessen Mitte ein Pfefferstrauch sowie eine blühende Tamariske wuchsen und ein Kamel und ein Esel friedlich nebeneinander ruhten. Es gibt viele Sackgassen, so im jüdischen Viertel. Die würfelförmigen Häuser mit ihren Flachdächern sind oft über die Gasse hinweg durch gemauerte Bögen gegenseitig gestützt. Die Seitengassen sind tot und ohne Verkehr, der sich in bunter Fülle nur in wenigen Straßen zusammendrängt. Der Leidensweg Christi, die Via Dolorosa, ist eine der wenigen durchlaufenden Gassen, auf welche die nicht sehr hohen Häuser mit wenigen vergitterten Fenstern blicken."

„Birgt die Stadt noch viele Baudenkmäler aus ihrer mehrere Jahrtausende alten Geschichte?"

„Außer den Gotteshäusern, den Mauern und einzelnen zinnenbewehrten festen Häusern aus dem Mittelalter, besonders der Kreuzfahrerzeit, eigentlich nicht. Die Tore und Straßen sind so eng, daß man den Bauschutt der Vergangenheit nicht fortbefördern konnte, sondern in einer langen Baugeschichte stets die Neubauten auf die Trümmer der älteren Bauwerke setzte, soweit man die alten Steine nicht wieder benutzte. Dadurch wuchs der Baugrund im Laufe der langen Geschichte in die Höhe. Das Pflaster der Zeit Jesu, auf dem die römischen Soldaten Striche zeichneten, um ihr Boccia ähnliches Spiel ausführen zu können, und die noch heute zu sehen sind, liegt drei bis fünf Meter unter dem jetzigen. Auch zu allen historischen Bauten muß man etwas hinuntersteigen. Der Kalkfels, auf dem Jerusalem erbaut ist, verschwindet völlig unter dem Schutt der älteren Bauperioden. Golgatha, wo das Kreuz auf einem Hügel errichtet wurde, ist heute nur wenig über dem Boden der Grabeskirche erhaben und liegt unter dem gleichen Dach, wie die anderen Kultstätten. Zum Grabe selbst steigt man wieder hinab."

„Man hört so viel von dem ernüchternden Eindruck, den der Besuch dieser Weihestätte auf fromme Gemüter ausüben soll. Wie verhält es sich damit und wie war die Wirkung auf Sie?"

„Zwar kann ich mich nicht zu den ganz frommen Gemütern rechnen, ich spüre aber, wie wohl jeder, eine innere Ergriffenheit, wenn ich einen gotischen Dom betrete. Sie wurde zur tiefen Andacht beim Besuch der Hagia Sophia, die ich von allen Kirchenbauten am höchsten einschätze. Als ich jedoch die *Grabeskirche* besichtigte, konnte bei mir von irgendwelcher Weihestimmung nicht die Rede sein. Das verhindern leider schon die Scharen von Pilgern zahlreicher christlicher Kirchen und Sekten (Abessinier, Kopten, Orthodoxe, Russen, Armenier, Katholiken usw.) und die Reisegesellschaften, die in nie abreißendem Strom die Kirche durchziehen.

Das Bauwerk der Grabeskirche ist wegen der vielen Umbauten in keiner Weise imposant. Die Nachbargebäude der Klöster sind höher als der Eingang, der zwischen den Häusern verschwindet. Kein Turm oder hochragendes Dach zeugt von der Bedeutung des Heiligtums. Erst im Innern erkennt man die Größe der Anlage, die aus mehreren aneinandergereihten Kirchenschiffen besteht. Beschämend ist sogleich am Eingang die auf Teppichen und Kissen herumlungernde mohammedanische Wache, die gewissermaßen als neutrale Macht eingerichtet werden mußte, weil die christlichen Fanatiker aller Schattierungen nur zu häufig die Weihestätte zum Schauplatz entwürdigender Kämpfe gemacht haben. Geistig arme, stumpfsinnige Mönche, deren Religion sich in der Ausführung vermeintlicher ‚guter Werke' erschöpft, als da sind das Wachen am heiligen Grabe, das Reinigen desselben, das Anzünden und Brennenlassen der Lampen, begaunern sich gegenseitig um Stunden und Minuten im frommen Dienst, der nach genauem Plan unter den rivalisierenden Konfessionen verteilt ist. Die in ihrem Seelenheil dadurch benachteiligten Fanatiker haben nicht selten zur Waffe gegriffen, und besonders um die Osterzeit durch beschämende Kämpfe das Heiligtum entweiht, ein religiöser Irrwahn, der jeden Verständigen anwidert. Leider begegnet einem die Rivalität der streitsüchtigen Sekten und Orden auf Schritt und Tritt, sie ist es vornehmlich, die eine weihevolle Stimmung, der man sich bereitwillig hingeben möchte, nicht aufkommen läßt. An Stelle mit Liebe verfolgen sich haßerfüllten Blickes die verschiedenen Kuttenträger mit Eifersucht.

Außer dem Mittelpunkt der Erde und anderen Anbetungsstätten und Altären enthält der Gebäudekomplex vor allem Golgatha und das Grab. Ersteres ist ein niedriger, etwas erhöht liegender Kalkfelsen in der Nähe des Einganges zur Kirche, ein düsterer Raum, ohne viel Ausschmückung. Eine Vertiefung im Felsen wird als der Platz des Kreuzes gedeutet. Das heilige Grab dagegen steht wirklich im Mittelpunkt der ganzen Kirchenanlage. Es ist mit weißem Marmor, mit Säulen, Gold und Silber überreich ausgeschmückt. Leider aber ist die Anlage wohl prunkhaft, sie entbehrt jedoch jeder stillen Größe, ist nicht andachtsgebietend, sondern nur ein verwirrendes, den Geist ablenkendes Schaustück. Man steigt einige Marmorstufen hinab, kommt in den kleinen, natürlichen Hohlraum im Kalk, den man weiterschreitend und hinaufgehend wieder verlassen kann. In ihm herrscht überreiche Helligkeit, da große, geschmacklose Öllampen aus Silber mit viel Gold tief von der Decke hängen und, wenn ich nicht irre, 37 an der Zahl, dicht bei dicht den Raum ausfüllen. Die Pflege dieser ‚ewigen Lichter' ist zum Streitobjekt der einzelnen Mönchsorden geworden. Das sich seitlich befindende, offene und leere, in den Kalkfelsen gehauene Grab beachtet man neben dieser aufdringlichen Illumination kaum. Alles in allem ist die Grabeskirche keine Stätte der Andacht, sondern nur eine das Gemüt kaltlassende Sehenswürdigkeit. Immerhin ist der Kirchenkomplex durch Alter, Tradition und fromme Sage geweiht und geheiligt. Das gilt nun wieder nicht vom Mittelpunkt des evangelischen Lebens in Jerusalem, von der vom Kaiser Wilhelm II. gestifteten Erlöserkirche. Diese ist im reinen romanischen Stil erbaut. Sie ist ohne Fehl, sauber, meinethalben auch schön, aber ohne Tradition entbehrt sie in dieser alten Stadt jeder Weihe, die nun einmal nur die Geschichte einer Erdstelle verleiht, und die man nicht künstlich herbefehlen kann."

„Gibt es denn keine Stätte, wo das religiöse Gefühl eines Christen sich erbauen und erheben kann?"

„Wenn man den Gesamteindruck der Stadt, der unvergeßlich und unvergleichlich ist, nicht gelten lassen will, kaum. Selbst *Gethsemaneh* ist trotz seiner Weihe mit so viel naivem religiösem Aberglauben umrankt, daß er jedes echte Gefühl zu ersticken droht. Wundervoll ist der alte, knorrige, über 1000 Jahre alte Ölbaum. Ich kaufte mir ein Ölblatt von diesem Baume, unter dem Christus gebetet haben soll. Ich erhielt damit einen Ablaß meiner Sünden jedes mal auf zehn Jahre, wenn ich es anblicke. Leider ist es bei dem Bombenangriff mit meiner ganzen Habe verbrannt, so daß ich jetzt vorsichtiger als bisher leben muß. In unmittelbarer Nähe liegen viele Gräber. Die fromme Sage weiß, daß sich am Jüngsten Tage ein Regenbogen über das Kidrontal spannt, auf dem Gericht gehalten wird. Um dann möglichst schnell zur Stelle zu sein, sind die Grabstätten in diesem Tale sehr begehrt. Es liegt hierbei ein ähnlicher naiver Gedanke zugrunde, wie bei der Anlage der mohammedanischen und jüdischen Friedhöfe in Skutari gegenüber Istanbul. Die auferstandenen Seelen sollen nicht eine Meerfahrt über den Bosporus nötig haben, um zu den Gerichtsstätten in Mekka und Jerusalem zu gelangen."

„Haben Sie auch die *Klagemauer der Juden* gesehen?"

„Selbstverständlich, und habe sogar einen tiefen Eindruck davon mitgenommen. Man mag zum jüdischen Glauben stehen, wie man will, die ewige Klage der Gläubigen angesichts der Mauer des alten Tempels des Salomo hat etwas ehrwürdig Erschütterndes, zumal alte würdige Greise mit weißen Bärten im Festgewande im brünstigen Gebet verharren, den Blick nicht von der Mauer oder der Schriftrolle wendend. Ein englischer Soldat sorgte dafür, daß die Andacht nicht durch Andersgläubige gestört würde."

„Nun bitte ich Sie noch um eine kurze Schilderung des alten Tempels, der jetzt ja wohl den Mohammedanern gehört."

„Damit komme ich zu dem weihevollsten Platze der ganzen Heiligen Stadt, zur *Feste Zion* selbst. Sie ist für sich mit einer hohen Mauer umgeben, von deren Zinnen man zum Kidrontal, den Ölberg und zum tiefen Graben des Jordans blickt. Von all diesen Punkten erscheint, in umgekehrter Richtung gesehen, Jerusalem als die von der heiligen Burg gekrönte Stadt. Man betritt den Tempelplatz durch eine Säulenhalle, die mitten im Häusergewirr und den engen Gassen liegt und ist auf einmal überrascht von der Weite des Raumes, auf dem nur wenige Gebäude und Torbögen liegen, vor allem aber einige ehrwürdige alte Zypressen wachsen. Durch Treppenstufen ist der Platz gegliedert, wodurch man stets malerische Blicke auf den Mittelpunkt desselben auf die *Omarmoschee* hat. Auf viele Säulen gestützt, thront die im edelsten maurischen Stil gebaute Moschee wie ein Baldachin über dem heiligen Felsen, der die Höhlung überspannt. Blaue Kacheln glitzern in der Sonne, die sich auch in dem die Kuppel krönenden Halbmond fängt. Betritt man das Innere, so steht man bald vor einem vergoldeten, kunstvollen Gitter, das ein Betreten des Felsens verhindert. Nach ihm heißt das Heiligtum auch „Felsendom", er ist ohne alle ablenkende Ausschmückung das Allerheiligste selbst. Es zeigt sich darin die Naturverbundenheit des Islam, aber auch aller vorangegangenen Glaubenslehren, die diese uralte Anbetungsstätte zu ihrem Mittelpunkt erkoren hatten. Dabei ist die Moschee nicht groß, sie kann überhaupt keine Pilgerscharen bergen. Diese sammeln sich nicht, wie bei den christlichen Bekenntnissen, in einem überdachten Raume, sondern unter Gottes freiem Himmel, wie es bei der Wüstenreligion das Natürliche ist. Die uralten Zypressen des Tempelhofes, die den feierlichen Rahmen abgeben, gehören ebenso zum Heiligtum wie die abschließende, umrandende Mauer, die den Ungläubigen ausschließt. Auch der Blick zur Wüste beiderseits des Jordangrabens ist ein wesentlicher Teil der Gottesverehrung bei den Glaubensübungen, denn die Quibla, d. h. die Gebetsrichtung nach der Kaaba in Mekka schaut gerade zur nahen Wüste."

„Liegt denn die Wüste so unmittelbar vor den Toren der Heiligen Stadt, daß man sie von dort erblickt und ihren ganz anderen kulturellen Einfluß bis innerhalb der Mauern Jerusalems verspürt?"

„Die Stadt liegt gerade an der Scheide zweier Klimate. Selten ist auf der Erde die Grenze zweier Klimate so scharf ausgeprägt wie hier. Der Graben des Jordan hat seinen Rand nur wenige Kilometer östlich der Stadt. Winde, die vom Mittelmeer kommen, werden zu Fallwinden, die sich wie alle Fallwinde föhnartig erwärmen. Die Luft kann immer mehr Feuchtigkeit aufnehmen, wird also trockener und trockener. Am Jordan selbst, in der Tiefe des Grabens, herrscht *Vollwüste,* wie die Salzlauge des *Toten Meeres* beweist, am Rande des Grabens bis nach Jerusalem hin wandelt sich die Wüste bis zur Halbwüste. Darum ist eine Fahrt von Jerusalem bis zum fast 1000 Meter tiefer liegenden Jericho sehr lehrreich. Zuerst kommt man über Kalkkrusten mit ganz spärlicher Vegetation, die durch rote und blaue, großblütige Anemonen verschönt wird, dann über nackte Felsen, in die sich Wadis eingerissen haben, endlich in der Tiefe zu stark zerschnittenen Lockerböden, einem „Bad-Land", einem schlechten Lande, wie die Amerikaner es nennen würden. Der Name kommt daher, weil ein Verkehr durch dieses Land schier unmöglich ist, so zerschnitten ist es, ein Hügelland, dessen Gipfel alle in gleicher Höhe liegen, und zwar etwa 120 Meter über dem Jordan. Scharfe Kegel, Bastionen, steilwandige Hügel reihen sich aneinander, die im einzelnen wieder ständig zernagt sind. Sie bestehen aus einer Salzton-Ablagerung."

„Wie kommt denn dieser Salzton zum Süßwasser des Jordan? Dafür wird die Geographie sicherlich eine überraschende Erklärung haben?"

„Sie haben recht. Während der Eiszeit in Nordeuropa war am Rande der Wüste eine Regenzeit. Der Libanon war im Winter tief verschneit, im Sommer war er ein Regenfänger. Der Jordan führte darum mehr Wasser und, weil auch die Verdunstung geringer war, war der Endsee des Toten Meeres höher mit Wasser angefüllt. Diesem eiszeitlichen Höchststand entspricht die Höhe der Gipfel des Hügellandes, der Salzton setzte sich in dem damals größeren Salzsee ab. In der Nacheiszeit wurde das lockere Material wild zerschnitten, als das Tote Meer kleiner und salziger wurde. Bekanntlich ist ja diese See das salzreichste Wasser der Erde.

Das Tote Meer verdient seinen Namen mit Recht. Das Ufergestade ist wüst und kahl. Tot ist die Landschaft, kein Baum, kein Strauch erfrischt das Auge. Nur wenige kleine salzliebende Pflanzen wachsen in weiten Abständen. Tief dunkelblau ist das Wasser, das wie eine bittere Salzlauge schmeckt. Einige geschäftstüchtige Araber laden zum Baden ein, weil das Salzwasser so gut trägt, daß man ohne Bewegungen des Körpers schwimmt. Selbst Nichtschwimmer können im Wasser auf dem Rücken liegen, ihre Zeitung lesen oder eine Zigarre rauchen. Kommen sie aber wieder ans Land, so müssen sie sich mit Süßwasser abwaschen, wenn ihre Haut nicht wund vom Salz werden soll. Und dieses Süßwasser kostet viel Geld. — Das Meer liegt eingebettet in eine erhabene Landschaft. Die Wände des Jordangrabens streben in steilen Felsen an beiden Seiten des Meeres himmelan und spiegeln sich in den dunklen Fluten. Naphtha kommt schwarz an einzelnen Stellen heraus, Erdpech kann in Schollen auf dem See schwimmen, letzte Äußerungen eines Vulkanismus, von dem uns die Bibel berichtet, als bei dem letzten Ausbruch Sodom und Gomorrha vernichtet wurden. Ein Salzfelsen am Ufer hat den Namen ‚Lots Weib' erhalten."

„In diese tote Landschaft muß das Süßwasser des Jordan doch ein belebendes Element bringen?"

„Wundervoll ist es sogar am Ufer des Flusses, weil beiderseits ein dichtes Gebüsch grüner Sträucher die Ufer säumen. An der Stelle, wo Johannes der Täufer gelehrt haben soll und Christus die Taufe empfing, beglückte uns der Anblick eines gerade in voller Blüte stehenden Tamariskenstrauches. Fromme Gemüter nehmen sich von hier Jordanwasser mit nach Hause, um ihre zukünftigen Kinder mit diesem edelen Naß taufen zu lassen. Bei Jericho sieht man einen

Trümmerhaufen der alten Stadt, deren Mauern durch die Posaunenstöße des Josua umgefallen sein sollen. Die Oasenstadt wurde zerstört, die Oase aber ist ewig; eine zweite Stadt wurde aus Lehmziegeln neu erbaut. Das Süßwasser des Flusses bewässert in der Oase wenige Palmen, dann Bananen, etwas Mais, Hennah, Gurken und Zwiebeln. Wir sahen einer Bauchtänzerin zu, ohne in allzu große Begeisterung zu geraten. Unser Backschisch muß aber reichlich ausgefallen sein, denn ein großer Blumenstrauß wurde uns überreicht. Es wurde Abend, und wir mußten nach Jerusalem zurück.

Lassen Sie mich Abschied nehmen vom Heiligen Lande, indem ich die Abendstimmung seitlich des Jordans zu schildern versuche. Die spärlichen Gräser wurden von Schafen und Ziegen abgeweidet, die naschend, bald hier, bald dort über die weite Fläche wanderten und die Büschel ausrupften. Einige Eselchen mischten sich unter die Herde. Hoch ragten einige Dromedare gegen den Abendhimmel. Friedlich lagen die schwarzen Zelte der Nomaden an den Boden geduckt. Die Lagerfeuer, in denen Kamelmist schwelend verbrannte, hüllten mit ihrem Rauch die Herde, die Zelte und den Boden ein. Klar und wolkenlos wölbte sich das Firmament über der friedlichen Landschaft. Arabische Hirten saßen am Feuer. Sie kamen zu uns und brachten ihre Frauen mit, die in schwarze Gewänder gekleidet und mit viel Goldschmuck in Nasenflügeln und Ohren geziert waren. Wir tauschten Begrüßungsworte. Dann trug uns das Auto die windungsreiche Straße wieder scharf bergan zur Heiligen Stadt, während wir die Nomaden in der Wüste zurückließen, wo sie genau so leben, wie sie vor Jahrhunderten lebten und nach Jahrhunderten leben werden, wie es ihnen die karge Natur mit unerbittlichem Zwange vorschreibt."

Terra marique
(An den Gestaden des Weltmeers)

Der erste Unterricht in der Schule in meiner Wissenschaft begann, wie es sehr verständig ist, mit der Heimat. Dann kam ein für uns Kinder schwer zu überwindender Sprung, da sofort die ganze Erde und die Erdteile gezeigt wurden. Der gute Pädagoge, Herr Böhmke, suchte es uns so leicht wie möglich zu machen und unsere Phantasie zu beschäftigen. Da wurde Skandinavien zum Tiger, der sich auf den Soldaten (Dänemark) stürzt. Island schwamm als Ente im Meere, Irland war ein Pudel, dem man den Schwanz gestutzt hat, Italien der Stiefel, der einen Stein fortschleudert, die Halbinsel Kanin ein Vogelkopf. Ganz Afrika wurde zum Pferdekopf mit den Ohren in der Somali-Halbinsel, Neuguinea zum Saurier und Celebes zum Tintenfisch. Wir haben diese Bilder sofort behalten und ohne Mühe in allen Karten wiedererkannt.

Diese Bilder sind allen Menschen vertraut. Es ist die Küstenlinie, die Grenze des Landes zum Meere, die für jeden den charakteristischen Umriß eines Landes bedeutet. Es scheint diese Linie die feststehendste der Erde zu sein. Wer aber etwas in die Wissenschaft eingedrungen ist, wird feststellen müssen, daß selbst diese Umrisse der Länder oder die Ufer der Meere ständigen Veränderungen unterworfen sind. Die Gründe hierfür im einzelnen aufzuzählen, ist eines der schwierigsten Probleme, so daß mein lieber Lehrer Albrecht Penck eine seiner letzten Abhandlungen in der Akademie der Wissenschaften darüber verfaßte. Man erlasse mir, den Inhalt zu wiederholen, ich will vielmehr, wenn ich jetzt von den Küsten der Erde in den verschiedensten Klimaten erzähle, nicht die Theorie, sondern das persönliche Erleben in den Vordergrund rücken. Wir beginnen am Äquator, wandern nach Norden und suchen uns von den verschiedensten Typen der Küsten gute Beispiele aus.

Wir stehen im Hafen von Friedrich-Wilhelmshafen unter Kokospalmen am Gestade des Stillen Ozeans. Wir haben im gastlichen Hause des Administrators Heine unter dem Moskitonetz prächtig geschlafen. Nach dem Frühstück „ist es ihm gewesen, Knopp, du mußt noch etwas lesen". Des Hauses stille Klause lag am Meeresufer, ein Holzgebäude auf Pfählen errichtet und durch eine Brücke mit dem Lande verbunden. In ihr habe ich eine meiner schönsten Morgenandachten verbracht. Aus der Tiefe des Meeres unter mir ragten zackige Korallen, rot und gelb gefärbt, bis fast zur Meeresoberfläche empor, sauber und frisch. Zwischen den verzweigten Ästen tummelten sich zahlreiche buntgefärbte Fische, die, wie jeden Morgen, auf die Fütterung warteten. Hoch befriedigt und lächelnd kehrte ich zu meinen Wirten zurück, voll des Lobes über die Schönheit der Anlage. Sie meinten, das schönste Korallenriff in der näheren Umgebung sei am Ufer der Insel Beliao vor dem Hafen gelegen, Wir beschlossen, es zu besuchen.

Herr Kapitän Möller vom Regierungsdampfer „Komet" hatte uns eine Flöte gegeben, auf der wir nur das Morsezeichen für k, lang — kurz — lang, zu pfeifen hatten, und schon kam vom Schiff ein Boot mit schmucker Besatzung und ruderte uns, wohin wir wünschten, also dieses Mal nach Beliao.

Ein Saumriff, von Korallen gebaut, legt sich bei Friedrich-Wilhelmshafen vor die Küste Neuguineas. Der Hafen liegt in der schmalen, aber sehr tiefen Lagune zwischen dem Riff und der ebenfalls korallengepanzerten Küste. Beliao ist eine Insel des Riffs, langgestreckt und bewaldet, am Strande mit Palmen verziert, unter denen nach dem Hafen zu das Krankenhaus lag. Wir durchschritten die Insel und gingen zur Außenseite, wo hohe Brandungswogen an die Küste donnerten und auf den weißen Strand aufrollten. Die Brandung bringt Sauerstoff der Luft ins Meerwasser und gibt dadurch der Tierwelt günstige Lebensbedingungen. Hier können auch die Korallen, die wie eine dünne schleimige Haut ihre Kalkabsonderungen überziehen, prächtig gedeihen. Wir entkleideten uns und badeten, mußten allerdings sehr vorsichtig nur bis zur Brandung gehen, wenn wir unsere Füße nicht an den scharfen Korallen verletzen wollten. Indessen war das Boot um die Insel gerudert, nahm uns auf, durchfuhr mit uns an einer ruhigen Stelle die Brandung und bummelte den ganzen Vormittag mit uns über die Wunderwelt der Korallen hinweg.

Da konnten wir die Mannigfaltigkeit der Bauwerke bestaunen, die bald wie Eichbäume, bald wie Akazien, bald wie Kugeln, dann wieder wie eine Strahlensonne emporwuchsen. Je höher hinauf, desto leuchtender waren die Farben, unter denen Rot, Gelb, Purpur und Orange obsiegten. In den tiefen Gumpen zwischen den Stöcken färbte das Wasser die Bauten grün, blau bis dunkelblau, so daß die Märchenwelt wie ein unterseeisches Zauberschloß mit phantastischen Türmchen und Zinnen, das ein Künstler fein abgetönt bemalt hatte, unter uns lag. Aber nicht tot ist das Meer. Schwärme der buntesten Fische durchziehen es, weil Nahrung und Sicherheit bietende Schlupfwinkel in ausreichender Fülle vorhanden sind. Kleine dicke, lange dünne Fische, solche mit riesigem Kopf oder mit lang herunterhängenden Flossen umspielen graziös die Zacken der Korallen. Hatte man sich an dem unterseeischen Bilde satt gesehen, so ruhte das Auge aus an dem schlanken Wuchs der Kokospalmen, deren gefiederte Blätter auf dem hellen Strande dunkle Schatten warfen. Es war ein Morgen, an dem man nach den Mühen der glücklich vollendeten Forschungsreise wohlverdient ausruhen konnte.

An vielen tropischen Küsten kann man die Wunderwelt der Korallenbauten bestaunen, sie mögen nicht immer so schön sein, üben aber auf den Beschauer wegen der geheimnisvollen Unterwasserbauten einen magischen Reiz aus. Damit die Korallen gedeihen können, muß das Wasser warm, sauerstoffreich und vor allen Dingen salzig und vollkommen klar sein. Wenn eine dieser Bedingungen ausfällt, setzen sofort die Bauten der Korallen aus. Wo im Hintergrunde ein Fluß oder Bach auf dem Lande fließt und die Trübe ins Meer bringt, gibt es dort keine Korallen. Bei den starken tropischen Regen und bei der starken chemischen Zersetzung aller Gesteine infolge der Wärme führen alle tropischen Gewässer trübe Fluten. Wo sie ins Meer münden, schütten sie ein Schwemmland auf. Eine besondere Vegetation, die Mangrove, breitet sich aus und schiebt sich zwischen Land und Meer ein.

Ich lernte die Mangrove an manchen Küsten kennen, bei Singapore und Penang. Sie wurde mir aber zum unvergeßlichen Erlebnis, als ich das Land zwischen dem Sepik und der Küste durchqueren wollte, mich schon des Sieges freute, da ich von einem Hügel aus das nahe Meer gesehen hatte, mich aber von ihm durch einen Sagosumpf und eine Mangrovezone getrennt sah. Man erlasse mir, in diesen Zeilen noch einmal meinem Unmut über den widerlichen Sagosumpf Ausdruck zu geben. Von Blutegeln belästigt, von Moskitos umschwärmt, von

Schweißbienen gekitzelt, verdreckt und zerstochen war ich im Sagodorfe Gaut angekommen und wurde mit meinen Boys in den Pfahlbauten untergebracht. Zur Begrüßung wurden mir mehrere fingerlange, dicke, fettige und lebende Maden der Sagopalme angeboten und fast in den Mund gesteckt. Ich konnte sie nur im letzten Augenblick noch dankend zurückweisen. In Gaut war es auch, wo ich eine Papuafrau sah, die gleichzeitig an der einen Brust ihr Kindchen, an der anderen ein rosiges Ferkel säugte. Als ich mich gereinigt hatte, konnte ich mich an der Pracht der acht bis zehn Meter langen Palmenwedel erfreuen und so doch dem Sumpfe noch einen gewissen Reiz abgewinnen. Durch die Trommelsprache, die durch beiderseitiges Schlagen an die langen Schlitztrommeln erzeugt wird, war das Küstendorf Murik benachrichtigt worden, daß ein großer weißer Mann mit vielen Boys das Dorf besuchen wolle und sie ihn mit Einbäumen abholen müßten. Am kommenden Morgen kam die festlich geschmückte Flotte an, um mich nach Murik zu fahren.

Auf schmalen Wasseradern glitten wir, geschoben und gerudert, dahin. Die Einbäume hatten keine Ausleger, aber durch aufgesetzte Bretter einen hohen Bord bekommen, wie auch Bug und Heck hoch hinaus ragten. In diesen schwanken Fahrzeugen ging es durch die Sumpfwasser, welche manchmal durch umgefallene Bäume gesperrt waren und erst der Axt Arbeit gaben. Die Vegetation an beiden Seiten änderte sich. Den Sagopalmen mischten sich mehr und mehr Bäume und Sträucher der Mangrove bei. Es sind dies Harthölzer, deren Blätter einen glänzenden, harten Überzug haben. Sie sind dem Leben im Sumpfe auf das beste angepaßt, ja, helfen durch ihre besondere Wuchsform den Schlamm auffangen und das Land erobern. Sie stehen auf Stelzwurzeln, die ein unpassierbares Gewirr bilden. Ihre Wurzeln schicken Atmungsorgane in die Höhe, die bei Flut aus dem Schlamm und Wasser emporragen. Wir hatten Ebbe und sahen diese Wurzelansätze wie Orgelpfeifen nebeneinander stehen. Die Mangrove ist lebendgebärend, d. h. die Sämlinge bleiben auf den Ästen, entwickeln hier schon Wurzeln und Blätter, sie haben die Form von Fliegerbomben und können, wenn sie in den Schlamm gefallen sind, sofort emporwachsen. Alles ist auf das Leben im Schlamm, der zeitweilig vom Brackwasser überschwemmt wird, eingerichtet.

Die Leute von Murik fühlten sich durch meinen Besuch hoch geehrt. Sie hatten sich festlich angemalt, die besten Zierruder mit dem großen Federschmuck hervorgeholt und sangen während der ganzen Fahrt. Der Text des Liedes war: „Ein großer Master kommt, er hat viele Soldaten und Träger, er ist reich und bringt uns viele Geschenke!"

Es sind nicht gerade die Wohlgerüche Arabiens, die die Nase bei einer Fahrt durch den tropischen Sumpf umfächeln. Der Sagosumpf riecht wie Lohgerberbrühe, die Mangrove strömt einen fauligen Geruch nach den in der Sonne verwesenden Kleintieren aus, wie bei uns das Watt auch bei Ebbe nicht allzu gut duftet, nur dort viel intensiver. Wohl fühlen sich nur die Sumpf- und Wassertiere. Träge und faul schlafen mit offenem Rachen die zahlreichen Krokodile, um bei unserem Nahen ihren schwerfälligen Leib ins Wasser zu wälzen. Schildkröten schaufeln sich mühsam ihren Weg durch und über das Wurzelwerk. Leguane, die „Puckpuck belong Diwei", die „Krokodile auf den Bäumen", haften an den Stämmen und rühren sich bei Tage nicht, Chamäleons schnellen ihre klebrige Zunge gegen die Moskitos. Vogelspinnen haben ihre Netze gespannt. Goldene, große Käfer kommen mit Gebrumm angeflogen. Reiher fischen die nahrungsreichen Gewässer ab, Enten gründeln, Tauben gurren, Papageien lärmen, Nashornvögel ziehen schwirrend ihre Straße. Das Zirpen der Zikaden ist die ewige, nie aussetzende Musik des Urwaldes, die auch uns auf unserer Fahrt begleitet.

Das Netz der Wasseradern verzweigt sich immer mehr, bald sind es nur noch große Inseln, die vom Mangrovegebüsch eingenommen werden. Sie werden zu Eilanden. Auch sie werden noch kleiner, da sich eine spiegelnde Wasserfläche vor uns dehnt. Sie hat aber kein eigentliches Ufer. Einzelne Sträucher, die auf ihren Stelzwurzeln einsam im Wasser stehen, sind die letzten Vorposten des Festlandes. Wir fuhren auf das Haff hinaus, auf dem der Monsun lebhafte Wellen erzeugte. Die Einbäume mußten in die Richtung der Wellen gelegt werden und ließen sich von den Wogen auf den Rücken nehmen, damit sie von dem brandenden Wasser nicht vollgeschlagen wurden. Ich muß gestehen, daß ich mich in europäischen Fahrzeugen sicherer und wohler gefühlt habe als in diesen Einbäumen der Steinzeit. Vor allem bangte ich um meine kostbaren Instrumente, die kein Salzwasser vertragen konnten.

Nach einer Fahrt von etwa zwei Stunden kamen wieder die ersten Sträucher im Wasser, sie schlossen sich zu Gebüschen zusammen, wurden zu Eilanden, zu Inseln und endlich zum festen Lande mit einem Gewässernetz. Wir stiegen aus, überquerten im Dorfe Murik eine schmale Nehrung aus schwarzem Bimsstein und standen am Gestade des Ozeans, der hohe Brecher gegen das Ufer anrollen ließ. Den Empfang im Dorfe habe ich in meinem Buch über die Forschungsreise geschildert.

Wo die großen Ströme der feuchtwarmen Tropen ihre trüben Wasser ins Meer wälzen und sich Deltas bilden, hilft die Mangrove das Land erobern. In unserem Falle baut sie einen seitlichen See des Deltas am großen Strome des Sepik zu, das Haff, das ich eben beschrieb. Die meisten Flachküsten zeigen in diesem Klimabereich diese charakteristische Vegetation. Wie verschieden davon ist das Aussehen eines Deltas in einem anderen Klima! Um dies kennenzulernen, begeben wir uns zum Delta des Nils, zum klassischen Delta überhaupt.

Wie ganz Ägypten, so ist auch das Delta ein Geschenk des Nils. Auch bei ihm wird die Küste durch eine Nehrung gebildet, befindet sich seitlich ein Deltasee, der Mensalehsee. Die Vegetation, die das Land erobern hilft, ist aber völlig anders, wie auch die uralte Kultur ein gänzlich verschiedenes Landschaftsbild schuf.

Vom internationalen Port Said, wo uns kleine Zauberkünstler mit ihren Kunststücken in Erstaunen versetzten, fuhren wir am Sueskanal entlang mit der Bahn nach Kairo. An der westlichen Seite des Bahndamms dehnt sich der flache Mensalehsee. Schilf und Rohrdickicht, auch Papyrus wächst am Ufer, schwarzer Schlamm bildet große Inseln im Innern. Sie waren mit einem rosa Hauch überzogen, weil unermeßliche Scharen von Flamingos auf dürren Beinen im Sumpfe standen. Ein unvergeßliches Bild, von dem ich meiner Frau oft vorgeschwärmt hatte. Als ich aber nach Jahren wiederkam, um ihr Ägypten zu zeigen, war die Enttäuschung groß, da kein einziger Flamingo zu sehen war, sondern nur, grau in grau, sich tischgleich eine Schlickebene dehnte. Bei Ismailia bogen wir rechtwinklig vom Kanal ab und durchquerten das Delta, dem Süßwasserkanal folgend.

Wüste und Delta stoßen hier hart aneinander, haarscharf ist die Linie, mit der sterilster Sandboden an das fruchtbarste Kulturland grenzt.

Das süße Wasser des Nils düngt mit seinem Schlammreichtum, soweit es geleitet werden kann, das Land und zaubert eine unvergleichliche Fruchtbarkeit hervor. Weizenfelder wechseln mit Zuckerrohranbau, Wiesen mit Baumwollfeldern, die gerade neubepflanzt unter Wasser standen. Kamele und Esel bringen schwerbepackt die Heuernte ein. Frauen und Kinder treiben die staubaufwirbelnden Herden der Schafe und Ziegen vor sich her. Die Fellachen bestellen mit altertümlichem Pflug den Acker oder hacken ihn um. Unter dunklem Schatten einzelner Sykomoren und Eukalypten wandeln mit verbundenen Augen, immer im Kreise, Büffel, Esel oder Kamele und treiben das Göpelwerk der Sakije, die wie zur Zeit der Pharaonen knarrend und quietschend das begehrte Naß aus der Tiefe der Kanäle auf die Felder hebt. In den Wasseradern suhlen sich behaglich schwarze, bärtige Wasserbüffel. An den Ufern fischen heilige Ibisse und heimatliche Störche. Wenige Dattelpalmen verraten die Dörfer und Flecken, welche sonst mit ihren aus Nilschlamm gebauten, flachen Häusern nur wegen der großen Tonkrüge, die als Behälter für Regenwasser auf jedem Dache stehen, und wegen der bienenkorbartigen Taubenhäuser auffallen. Eine dichte, fleißige Bevölkerung erarbeitete aus dem Deltaschlick eine üppige Kulturlandschaft, sie selbst blieb aber arm und genügsam, weil harte Zinsherrschaft sie drückt. Das sonnige Klima am Rande der Wüste zum Mittelmeer, fruchtbarer Nilschlamm und uralte Bewässerungskunst der fleißigen Fellachen schufen diese Pracht der Fruchtebene.

Klima, Vegetation und menschliches Kulturschaffen bringen bei noch so ähnlichem Boden ganz verschiedene Landschaftsbilder hervor. Auch in meiner Heimat leben wir in einem Delta, das die Weser in die Nordsee schüttete. Historische Karten, Archive zeigen es noch deutlich, das kundige Auge des Heimatforschers erkennt die Wasseradern noch überall in der Marsch. Diese ist ein Geschenk der Flüsse, da der Schlick derselben überall zu Boden geschlagen wird, wo in der Brackwasserzone des Gezeitenmeeres sich Salz dem Süßwasser beimischt. In und an den Wasseradern, im Bett und an den Ufern geschieht dies bevorzugt, so daß der Fluß sich selbst etwas über das Land erhöht. Das Land an beiden Seiten liegt tiefer. Dieses „Sietland" wird in unserem Klima stark beregnet, kann nicht entwässern und versumpft. Niederungsmoor schiebt sich darum zwischen Marsch und hoher Geest ein. Aus diesen Elementen formte in jahrhundertlanger Arbeit unser Volk eine blühende Kulturlandschaft.

Meinen Studenten habe ich oft und gern meine Heimat gezeigt, die mit ihren Weidetriften voll edler Pferde und buntscheckiger Kühe, mit ihren fetten Ackerfluren unter einem unendlichen, wolkenreichen Himmel nie ihren Eindruck auf den Mitteldeutschen zu machen verfehlt. Auf der ältesten Marsch beginnen wir, wo die behäbigen Bauernhäuser, die friesischen „Berg", noch heute am Rande der Dorfwarften im Kreise aufgereiht liegen, wie bei der ersten Besiedelung. Es mußten nur bei dem langsam sinkenden Lande in gewissen Abständen die Warft erhöht und die Häuser neu gebaut werden.

Dann geht es über die Marschfläche mit den wenigen vom Südwestwind geneigten Bäumen, auf denen die Krähen hausen. Kiebitze stoßen auf uns herab, Möwen umflattern uns. Es erregt Erstaunen, daß große Teile der Marsch nicht Weide-, sondern Ackerland sind, auf dem der Weizen, der „Buskohl" (Weißkohl), die Rüben usw. üppig stehen. Selbst Palmen gibt es, zwar keine Kokos-, Sago- oder Dattelpalmen, sondern „Oldenburger Palmen", worunter man den Grünkohl, den „braunen Kohl" versteht, der bei uns bis zu einem Meter hoch werden kann. Einzelne *Schlafdeiche* werden passiert, die die langsame Eroberung des Landes noch heute anzeigen. Auf ihnen liegen aufgereiht jüngere Dörfer mit ihrer streifenförmigen Flur, in der jeder Besitz durch tiefe, schwarze Gräben, die schnurgerade weithin das Land durchziehen, vom Nachbar getrennt ist. Endlich stehen wir auf dem Kampfdeich und blicken über das weite Watt, grau und trostlos zur Niedrigwasserzeit, eine spiegelnde Wasserflut zur Hochwasserzeit. Wir marschieren auf dem Deich entlang trotz des starken Windes, bis wir ein Siel treffen und an ihm die Entwässerung des Landes klarmachen können. Oft ist ein Fischerhafen mit dem Austritt des Siels verbunden, wo die Netze vor den kleinen Fischerhäusern trocknen, die Ewer ausfahrtbereit liegen und die Granatfischer mit ihrem Wattschlitten zum Fang losziehen. Ein würziger Geruch nach Salzwasser, Tang, Fischen, geräucherten Aalen und geteertem Tauwerk gehört unmittelbar zu diesem Erlebnis.

Wie lebhaft wurde ich an die Heimat erinnert, als ich fast die gleichen Landschaftsbilder im ähnlichen Klima, nur um die halbe Erde von ihr getrennt, sah. Es war dies im *Delta des Jangtsekiang* bei der Auffahrt von der Barre des Stromes durch den Wusungfluß nach Schanghai. Wie ein Meer von Süßwasser dehnt sich der gewaltige Strom, so daß man das Gegenufer nicht sehen kann. Er ist tief genug, um den größten Schiffen die Fahrt auf dem Strome zu gestatten. Nur in der Brackwasserzone, wo Salz- und Süßwasser sich mischen, klärt sich der Strom und schlägt gewaltige Mengen von Schlick nieder, bildet die Barre, welche Ozeandampfer nur passieren können, wenn sie geleichtert haben. Dann aber steht ihnen die Fahrt zum Mündungshafen des Stromsystems offen, zu dem etwas seitlich am Wusung gelegenen Welthandelsplatz Schanghai. Das gleiche Marschland, die gleichen Deiche, wie in der Heimat, begleiten einen bei der Fahrt stromauf. Einzelne mit Stroh oder Schilf bedeckte Dächer schauen über die Deichkappe, es ist wirklich ähnlich wie an der Weser. Aber welche andere Staffage wird durch das chinesische Leben auf den Strom gebracht! Mit malerischen Mattensegeln ziehen die Dschunken stromauf und -ab. An Bord der schweren, aus Holz gebauten Schiffe wimmelt es von Menschen, welche staken oder familienweise am Heckruder arbeiten. Der Vater steht als erster, hinter ihm die Mutter, es folgen sieben bis acht Kinder, die alle die gleiche Ruderpinne anfassen und im Takte unter Beinschwingen und Gesang hin und her bewegen. Auch die Menschen auf dem Deiche und die Angler am Ufer mit ihren geschwungenen und weitausladenden Strohhüten gemahnen an die ferne östliche Welt.

Doch zurück zur Heimat, um noch einen Blick auf die Außenküste zu werfen. Jahrelang habe ich mich auf den Ost- und Nordfriesischen Inseln aufgehalten, besonders auf *Borkum,* das ich im Sonnenglanz, Nebel und Sturm und eisigen Winter kennenlernte. Welch hoher Genuß war es, auf dem Rücken meines Gabra, eines englischen Halbbluts, am Strande entlangzusprengen, wenn die Brecher ans Land rollten. Puschke, mein schlauer Dackel, folgte freudig bellend und biß in die Quallen, die ans Ufer gespült waren, schüttelte sich aber jedesmal vor Ekel, wenn sie ihn berührten. Vom Pferderücken aus konnte man das Vogelleben trefflich beobachten, da Tiere voreinander nicht scheu sind. Die Strandläufer huschten vor einem her, die Austernstecher liefen den ablaufenden Wellen nach, Kampfhähne kämpften miteinander in einsamen Dünentälern. Möwen und

Kiebitze kamen so nahe, daß die Pferde fast scheuten. Im Herbst exerzierten Tausende von Staren über den Wattflächen.

Meine freie Zeit nutzte ich zu wissenschaftlichen Studien, die dem Aufbau der Insel, dem Alter der Dünen und ihrer Umwandlung im Laufe der Zeit galten. Es ergab sich, daß Borkum wie alle ostfriesischen Inseln nach Osten wandert. Es ist aus zwei Inseln zusammengewachsen, von denen jede eine Hufeisenform bildet. Die Inseln sind keine zerstückelte Nehrung, sondern wie sie jetzt aussehen, sind sie immer Einzelinseln gewesen, die im Anwuchs und Abbruch den gestaltenden Kräften des Gezeitenmeeres harmonisch angepaßt sind. Einsam wurde es in langen, regnerischen Wintermonaten. Das Grundwasser stand dann so hoch, daß eigentlich nur die Dünenkämme aus dem Wasser herausragten. Im Nebel fehlte jede Postverbindung. Ein Winter war aber so kalt, daß sich Eisschollen hoch am Strande auftürmten und einen Wall bildeten. Die Brandung schlug eine Hohlkehle in diese Eismauer, der Gischt fror zu glitzernden Kristallen, draußen schoben sich mit Gekrach und Geklirr die Eisschollen gegeneinander, durch welche ich auf einem Boot zu einer aufregenden Fahrt mitgenommen wurde.

Meine Dünenstudien setzte ich in späteren Jahren vergleichend auf den Nordfriesischen Inseln fort. Die Westwinde haben eine andere Anordnung der Dünensysteme geschaffen, hohe Wanderdünen im Norden von Sylt bewegen sich unter unseren Augen, sind gewissermaßen lebend, während die meisten Dünen erstorben festliegen und nur noch durch Ausblasung unter der Pflanzendecke umgewandelt werden, sich wie hohle Zähne zu „Hohldünen" wandelnd. In Amrum bewaffnete ich meine Studenten mit Spaten und Schaufeln. Wir zogen zum Strande, gruben uns Flußläufe mit und ohne Mäander und experimentierten in der freien Natur wie in einem idealen Laboratorium, was ihnen sichtlich Spaß machte. Am Ende der Exkursion war ein Streit, ob diese Strandstudien oder ein langer Marsch durch das Watt bei den Halligen das Schönste gewesen wäre.

Auch an der Ostsee führte ich die Studien durch, auf dem Darß, Hiddensee, auf Rügen, am eindrucksvollsten aber waren die Wanderungen auf der *Kurischen Nehrung*, wo die Wanderdünen am Toten Tal im hellen Sonnenglanz leuchteten. Da das Meer in der Ostsee keinen Schwankungen von Flut und Ebbe ausgesetzt ist, entwickeln sich alle Erscheinungen, die mit dem Strande und den

Dünen zusammenhängen, viel gleichförmiger, man möchte sagen, richtiger, als an der Nordsee mit ihren hohen Gezeiten und stürmischerem Wetter. Das Einfache muß man kennen, um schwierigere Abwandlungen von der Regel verstehen zu lernen.

Der Besuch der langgedehnten Nehrung wurde zum Erlebnis, als drei Kollegen und ich uns ein Fuhrwerk nahmen, um zu den Elchen zu fahren. Zu Fuß würden die Tiere einen Menschen nicht in ihre Nähe kommen lassen, ein Wagen aber verscheucht sie nicht, so daß man sie aus nächster Nähe beobachten kann. Über kleine Dünen ging die Fahrt, Kiefernwälder wurden passiert, dann bogen wir in ein Birkengebüsch ein, das ohne Weg und Steg durchquert wurde. Eine Eisenstange, die vorne an der Deichsel quer befestigt war, drückte die Birkenstämmchen nieder, der Wagen wurde von den Pferden über sie hinwegzogen und jenseits richteten sie sich wieder auf. Plötzlich sahen wir einen dunklen Schatten stehen. Es war der erste Elch, der bis zu den Gelenken im Sumpf stand und äste. Er ließ sich nicht stören. Bald sahen wir noch mehrere, im ganzen elf Stück. Ein schwerer Bulle stellte sich unmittelbar in den Weg; er wich erst, als wir ihn mit der Peitsche berührten. Durch das Wasser patschend, das hoch aufspritzte, zog er mit hängender Unterlippe knurrend von dannen. Es war ein wundervolles Bild uriger Kraft!

Die Küsten der Nordsee sind, wie ich oben bei der Erwähnung der Warften ausführte, in einem Senkungsgebiet gelegen. Das Meer dringt langsam, aber unaufhaltsam vor. Es erregte begreiflicherweise bei der Küstenbevölkerung großes Aufsehen und tiefe Besorgnis, als der tüchtige und gewissenhafte Forscher Schütte, ein Oldenburger, bei seinen Studien in der Marsch und am Jadebusen, die er zusammen mit dem Marinebaurat Krüger ausführte, feststellte, daß das Land sinkt und die See vordringt. Nun ist unsere ganze deutsche Nordseeküste eine künstliche Linie, die unsere Vorfahren und wir selbst in unermüdlichem Kampfe dem Meere abgetrotzt haben. Nur die Seedeiche schützen das Land, die Bewohner und die fetten Fluren der Marsch, die oft unter dem Mittelwasser liegen. Mit Ausnahme zweier kleiner Strecken bei Dangast am Jadebusen und bei Cuxhaven bieten nur die Deiche Sicherheit und Schutz gegen die „Mannstränken", die in allen Jahrhunderten viele Menschenleben forderten. Sinkt aber das Land, so müssen alle Deiche im gleichen Ausmaß erhöht werden, müssen sie doch höher sein als das höchste Hochwasser und die höchste Sturmflut. Leider sind die Beobachtungen richtig, die See dringt vor, das Land sinkt zwar langsam, aber stetig, die Deiche müssen erhöht werden und werden es. Schon ein Blick auf die Karte zeigt, daß ein sinkendes Land an das Meer stößt, daß das Wasser in alle Mündungen dringt und sie stark erweitert hat, wie Ems, Jade, Weser und Elbe zeigen.

Sinkende Küsten gibt es auf der Erde weit zahlreicher als sich hebende. Vielleicht würde man richtiger sagen, häufiger dringt das Meer gegen das Land vor, als daß das Land dem Meere entsteigt. Für diese Tatsache hat man neuerdings als Ursache erkannt, daß das Eis, welches während der Eiszeit als dicke Kappen an beiden Polen lag, in der Nacheiszeit abschmolz, daß dadurch die Ozeane stärker mit Wasser angefüllt wurden, infolgedessen über das Land fluteten und in Flußmündungen und Täler eindrangen. Es entstand an den Küsten ein Formenschatz, als ob das Land gesunken wäre. Man schätzt das Ausmaß dieses Steigen des Meeres auf über 100 Meter. Die Atolle des Stillen Ozeans, die Küsten Spaniens, Chinas und vieler anderer Länder zeigen die Erscheinung des vordringenden Meeres.

Mit einem prächtigen japanischen Dampfer, von dessen Wintergarten am Heck man eine treffliche Aussicht hat, fahre ich an der *Küste Südchinas* entlang. An Backbord erscheinen immer und immer wieder die der Küste vorgelagerten Inseln, ein Kranz von Archipelen, die das Bergland von China in den Ozean vorschiebt. Die äußersten Inseln sind nur kleine Klippen, es folgen zum Lande hin Hügel, die aus dem Meere herausragen, dann schon Berge und endlich größere Inseln mit kahlem Bergland, die Anschluß an das Gebirge des Festlandes finden. Die See ist in das Gebirge eingedrungen, hat alle Täler erfüllt, so daß nur die Berggipfel noch aus dem Wasser herausschauen. Je weiter draußen, desto niedriger sind diese Berge, die jetzigen Inseln. Im Sommer peitscht der Monsun Regenfluten und ein Wogengebraus gegen die Inseln, hohe Brandung steht dann an den Küsten derselben. Jetzt im Winter sieht man nur die Kliffs, die Wunden, welche die Brandung in den Fels schlug, an denen jetzt das Meer mit weißem Gischt nur leicht schäumt. Gelb ist das Bergland, gelb sind die Inseln, blau das Meer, das sich zwischen dieselben schiebt, weiß nur der Saum, wo das Wasser das Land umspült. Viele

Fischer beleben das Meer zwischen den unzähligen Inseln. Es sind immer zwei Dschunken zusammen vor einem Netz gekoppelt, das sie leicht schaukelnd mit ihren Mattensegeln durch das Wasser ziehen.

Diese inselreiche Küste bietet zahllose Schlupfwinkel für die chinesischen Seeräuber, die bis in die letzte Zeit hinein immer noch das Fahrwasser unsicher machen. Jedes Tal, jedes Tälchen bietet einen Hafen an der untergetauchten Küste, die man auch Riasküste nennt. Größere Häfen und Städte können sich nur entwickeln, wo ein größerer Fluß, ein größeres Talsystem ins Hinterland führt. Dann mehren sich die Dschunken und die Dampfer, die durch die vorgelagerten Inseln hindurch, dem Hafen im Hintergrunde zustreben. So ist es bei Swatau, Amoy, Fu-tschou, Wen-tschu, Ningpo usw. Wo aber der große Südfluß, der Si-kiang, aus dem Hinterlande kommt, an dem Kanton liegt, hat sich innerhalb eines ähnlichen Archipels die Welthafenstadt Hong-kong entwickelt.

Vom Gipfel des Piks von *Hongkong* schweift der Blick meerwärts über das sinkende Land hinweg. Man sieht eine Bergkette niedriger und niedriger werden, im Meere verschwinden, bis nur noch die höheren Partien dem Wasser entragen und weiter draußen zu immer kleineren Inseln werden. Einsam ist hier die Wasserfläche, nur zuweilen durchzieht ein Schiff die Fluten. Nach der anderen Seite aber, von der der Blick auf die Meeresstraße zwischen der Insel Hongkong und dem Festlande bei Kaulun schweift, wimmelt die Wasserfläche von Schiffen aller Art. Kriegsschiffe, Passagier- und Frachtdampfer, Hulks, Dschunken, Sampans, Motorboote, Segelschiffe und Sportboote beleben, sich immer verschiebend, das Hafenbecken. Kein Hafen der Erde hat auf mich einen derartig belebten Eindruck gemacht wie dieser. Er ist eben mit einem Blick zu überschauen und ist durch die Fülle der chinesischen Fahrzeuge ausgezeichnet. Wie viele Chinesen auf dem Wasser leben und mit ihren Fahrzeugen hin und her kreuzen, wird wohl keiner genau feststellen können. In einem Seitenast des Hafens lagen Hunderte dieser Fahrzeuge nebeneinander, durch Balken und Bretter verbunden, eine schwimmende Stadt mittlerer Größe, die aber ihre Einwohnerzahl ständig ändert. An Land brannten Kochfeuer, waren kleine Buden gebaut. Das durcheinanderwimmelnde Leben, wie es nur die chinesische Kultur in dieser verwirrenden Fülle zeigt, spielte sich hier ab. Auf Land und See können Menschen unauffindbar untertauchen oder verschwinden. Wer dies gesehen hat, wird verstehen, warum bis auf den heutigen Tag eine Volkszählung in China unmöglich ist und man darum nicht weiß, wieviel Chinesen es im Reich der Mitte gibt. Noch ein weiteres Beispiel einer sinkenden Küste sei geboten, weil es interessante Abwandlungen zeigt. Ich will zur Küste des Schwarzen Meeres führen, und zwar nach der Dobrudscha nördlich Konstantza bei Mamaia. Hier ist kein Bergland ins Meer getaucht, sondern nur ein flaches Hügelland, durch welches sich in breiten Tälern Flüsse schlängeln. Will man die Ausgestaltung einer Küste verstehen, so muß man das Festland kennen, das mit der See in Berührung tritt. Die Dobrudscha ist nur im Norden, in der Nähe der Donaumündung, ein mäßig hohes Bergland von 456 Meter größter Höhe, aus wechselvollen alten Gesteinen bestehend. Daran schließt sich nach Süden ein weites, welliges Steppenland, das man als den letzten Ausläufer der südrussischen Steppen auffassen kann. Gelb und verstaubt, wie jedes Lößland, mit ganz weichen Formen, leidet es im Sommer unter starker Hitze, im Winter unter scharfer Kälte, da es trotz der Meeresnähe ein kontinentales Klima mit seinen großen Gegensätzen aufweist. Die Nordwinde, die Etesien der alten Griechen, herrschen vor. Sie wehen über das Schwarze Meer und erzeugen eine Küstenströmung, die das von der Brandung leicht zerstörte Material des Landes nach Süden verfrachtet, und es in Form langer Nehrungen an der Küste niederschlägt. Um es noch etwas verwickelter zu machen, sinkt das Land ganz langsam, und zwar so mäßig, daß die Donau mit der Fülle ihrer Sinkstoffe Zeit hat, ein Deltasumpfland vorzubauen. Auch diese Sinkstoffe wandern nach Süden und verstärken die Nehrungen vor der Dobrudscha. Die breiten Täler sind an den Flußmündungen ertrunken und in weite, flache Seen verwandelt, aber in dem gezeitenlosen Meer durch Nehrungen von der freien See getrennt. „Limane“ nennt man in Südrußland die gleiche, dort oft auftretende Erscheinung.

So, jetzt sind wir gelehrt genug, um mit wissenschaftlichem Genuß und Erfolg die Wanderung von Konstantza nach Norden längs der Küste bis Mamaia anzutreten. Was es an kulturgeographischen Dingen zu sehen gibt, werden wir unterwegs leicht lernen. Zunächst aber baden wir erst einmal im Schwarzen Meer, da es unser wohl entschuldbarer Ehrgeiz ist, in allen Meeren gebadet zu haben.

Konstantza ist nicht nur der wichtigste Hafen Rumäniens, der Einfuhr an Industrieprodukten gegen die Ausfuhr von Petroleum und Getreide besorgt, sondern auch das mondäne Bad des Landes. Das bedeutet aber viel. Die rumänische Oberschicht liebt den Luxus. Die Frauen kleiden sich nach Pariser Vorbild, auch Männer schminken und schnüren sich, das romanische Blut ist leichtlebig. Der gesunde, starke rumänische Wein bricht alle Sorgen, auch solche, die beim abendlichen Spiel im Kasino erwachsen sind. Am idealen Strand, der keine Steine, nur Sand und schönen Wellenschlag kennt, läßt sich gut flirten, kann man sich sonnen und braucht so gut wie nichts anzuziehen. Aber dies Minimum an Stoff trägt man mit einem Maximum an Galanterie.

Erfrischt wandern wir nordwärts. Rechts laufen die Wellen schäumend auf den Strand, links begleitet uns das hohe Steilkliff, auf dessen Höhe die Stadt zum größten Teil liegt. Nach eineinhalb Stunden hört das Kliff auf, das Land wird niedriger und der Liman beginnt. Die Nehrung, die ihn vollständig von der See trennt, ist ein niedriger Strandwall ohne Dünen. Das ist darum wichtig, weil dadurch eine ozeanographische Besonderheit verständlich wird. Die Limane sind nämlich entweder mit süßem, mit brakigem oder mit salzigem Wasser erfüllt, obgleich sie vollständig durch die Nehrungen vom offenen Meere abgeschlossen sind. Bei Sturmflut kann Meerwasser in den abgeschnürten Binnensee geschlagen werden, weil die flache, der Dünen entbehrende Nehrung überspült werden kann und außerdem das Grundwasser unter hydrostatischem Druck steht. Unsere sonnige Wanderung führt auf dem kahlen, hellen Sandstreifen entlang, der sich im sanften Bogen durch das glitzernde Wasser zieht. Das hohe Kliff von Konstantza verschwindet hinter uns, das niedrigere von Mamaia taucht erst in weiter Ferne im Brandungs- und Sonnennebel auf.

Wir wandern sehr einsam, stundenlang ist bei dem ruhigen Wasser links und dem brandenden rechts kein Mensch zu sehen. Dafür aber ist die Landschaft, wie alle Seeufer in der Dobrudscha und wie das unferne Delta der Donau, ein Vogelparadies. Es mag sein, daß ich an anderen Punkten der Erde eine größere Anzahl von Vögeln beisammen sah, so bei den Vogelfelsen in Nordnorwegen oder der Flamingoherde im Nildelta, ich glaube aber, daß an Artenreichtum und Stückzahl dieser Liman und die übrigen Seen der Dobrudscha, besonders ein flacher Süßwassertümpel zwischen Konstantza und Tschernavoda, alles bisher von mir Gesehene weit übertraf. Eine Vogelwolke schwebte hin und her ziehend über dem Gewässer, an dem Ufer wurde von Stelzvögeln gefischt, Schwimmvögel gründelten weiter draußen und Laufvögel huschten am Lande in Ufernähe. Einzelne Arten fallen zwar besonders auf, es ist aber ungerecht, sie alleine namhaft zu machen, da das Ziehen, das Auffliegen und Einfallen, das Huschen, das futterneidische Jagen, das Liebesspiel oder der Kampf eindrucksvoll das seltene Naturschauspiel bestimmten. Wir legten uns ruhig in den Sand, holten unser scharfes Glas heraus und erfreuten uns nun an Einzelheiten.

Schwere Pelikane sammelten die Nahrung in ihren Schnabelsäcken, weiße und schwarze Störche stolzierten einher, graue Reiher und dunkle Komorane standen sinnend am Ufer und balanzierten auf einem Bein, Wasserrallen bewegten sich selten, beobachteten aber scharf. Die verschiedensten Arten von Enten, Wasserhühnern, Tauchern usw. schwammen auf und unter Wasser. Was alles an kleineren Vögeln, wie Staren, Eisvögeln oder Sperlingen herumflog, war nicht deutlich auszumachen, nur die Strandläufer kamen wie rollende Federbällchen nahe zu uns heran. Hoch in den Lüften kreisten die Fischadler oder andere Raubvögel und suchten sich ihre Beute aus. Es war ein unvergeßliches Bild des Reichtums an unseres Herrgotts Geschöpfen, das sich dem staunenden Auge darbot.

Wir wollen uns nicht lange am Kap und Kliff von Mamaia aufhalten. So schön die Sicht auf das weite Meer war, wir kehren vielmehr über Land nach Konstantza zurück, besuchen aber unterwegs noch die verschiedenen Dörfer, die nach dem Volkstum der Bauern sich alle im Stil der Häuser, in der Tracht der Bewohner, in Anbauart, Sauberkeit und Ordnung unterscheiden. Ohne national überheblich zu sein, muß man oder kann man mit Stolz feststellen, daß von allen Dörfern sich die der Deutschen durch Sauberkeit, Ertragreichtum, Behäbigkeit der stattlichen Höfe und Baumreichtum auszeichnen. Auch die der Rumänen heimeln an. Die Säulenhalle vor den strohgedeckten Häusern, die in der Sonne liegen, auch die schön gestickten Frauentrachten, erfreuen immer wieder das Herz. Etwas weniger sauber sind die aus Südrußland kommenden Lipovaner und die Bulgaren, die sich mit Liebe dem Gartenbau widmen. Aber erschreckend ist der Kulturabstand der Tataren. Dunkel sind ihre niedrigen Hütten, dreckig Mensch, Vieh, Haus und Hof, ertragarm der Acker, obschon er die gleiche Fruchtbarkeit des Lößbodens aufweist. Faul rekeln sich die dicken Herren der Schöpfung, ein goldgesticktes Käppi auf dem Kopfe, auf Kissen herum und lassen ihre Frauen arbeiten. Aus dieser knappen Zusammenstellung ersieht man, wie ein großes Völkergemisch in diesem Winkel zwischen Donau und Schwarzem Meer hineingespült ist. Die Stürme der Völkerwanderung, welche die Steppen im Norden dieses Meeres durchtobten und bis in die jüngste Vergangenheit anhielten, haben von allen Seiten kleine Volksspritzer in diese natürliche Festung hineingespült, ohne daß sie bis heute dort zur Ruhe gekommen wären.

Doch kehren wir zu den Küsten zurück, bei denen ein steigendes Meer in die Täler und Flußmündungen eindringt und eine hafenreiche Riasküste schafft. In China lernten wir ein zerschnittenes Bergland kennen, das ins Meer versinkt und die Küste quer das Gebirge abschneidet. Der Küste der Adria in Istrien und Dalmatien, wo eine Längsküste ertrinkt und die Bergzüge wie Walfischrücken im Wasser schwimmen, wurde in diesen Blättern bereits erwähnt. Vom Pik von Penang vor der Küste Hinterindiens, zu dessen fast 1000 Meter hohem Gipfel uns malaiische Träger in Sänften bergan trugen, überblickten wir in wundervoller Klarheit ein anderes Beispiel dieser Art, das nur durch die tropische Vegetation und das malaiisch-chinesische Kulturleben Abwandlungen erfuhr. Welch gänzlich abweichende Bilder bot die Küste Norwegens, wo ein noch höheres Bergland ins Meer tauchte, dann in der Eiszeit vergletscherte, so daß aus einer Rias- eine Fjordküste wurde, die endlich in der Nacheiszeit noch Schwankungen des Meeresspiegels großen Ausmaßes ausgesetzt war. Oben haben wir bereits die Reise durch die Schären und Fjorde zum Nordkap geschildert.

Noch einen letzten Blick wollen wir auf ein Meeresgestade werfen, dessen von Flüssen in einzelnen Tälern zerschnittenes Hochland ins Meer versank und die Täler ertranken. Wir können uns entweder an die Küste Devons in Südengland begeben und bei Dartmouth, Salecombe oder Plymouth die den gewundenen Tälern entsprechenden Buchten studieren, wie ich es auf einer Exkursion unter Führung meines lieben Lehrers Albrecht Penck konnte, oder nach Nordspanien, nach Galicien. Wir wählen letztere Küste aus, weil sie als Typus einer Rias in das Schrifttum eingegangen ist.

An Land bin ich hier zwar nicht gewesen, unsere gute „Orotava" fuhr aber auf der Hin- und Rückreise so nah unter Land, daß ich die Strecke zwischen Kap Ortegal und Finisterre gut kennen lernte. Seit Jahren brannte ich darauf, diese Landschaft zu sehen, und zwar entsprang mein Interesse eigenartigen Motiven, die scheinbar abseits vom Wege liegen. In meiner Doktorarbeit hatte ich mich in jungen Jahren mit den niederdeutschen Seebüchern des 15. und 16. Jahrhunderts beschäftigt, und dabei besonders die prächtigen Seeatlanten des biederen Lucas Jansz Waghenaer herangezogen. Gerade bei seinen Darstellungen der spanischen Nordküste hatte ich die einzigartige Methode herausbekommen, wie unsere Vorväter ihre trefflichen Seekarten aufgenommen haben, eine Arbeitsweise, die völlig von der im Mittelmeer gebrauchten abweicht. Während man dort quer über die Meeresbecken fuhr und die Fahrten nach Kurs und Entfernung aufnahm, die zusammengezeichnet sehr brauchbare Karten der Becken ergaben, konnte diese Methode der Kartenaufnahme bei den niederdeutschen Schiffern nicht zum Ziele führen, weil sie nur längs einer Küste segelten, so daß sich alle Fehler der Aufnahme bei ihnen summiert hätten. Sie zeichneten vielmehr die Küste ab, entwarfen Küstenansichten, „Vertonungen", wie man jetzt sagt, und setzten sie laufend aneinander, ja, selbst an den Grundriß der Küstenkarten fügten sie diese Ansichten. Zu seiner ersten Liebe kehrt man nun stets wieder zurück, so auch ein Wissenschaftler gern zu seiner Erstlingsarbeit. Ich kannte die Ansichten der spanischen Küste also seit Jahren, wenn auch nur in der naiven Darstellung Waghenaers, die Buchten verschweigt oder hervorhebt, je nachdem, ob sie für die Schiffahrt seiner Zeit wichtig waren oder nicht. Jetzt endlich konnte ich den Wunsch erfüllen, den ich bei der Niederschrift meiner Dissertation lebhaft empfand, und diese Ansichten mit der Natur vergleichen. Der brave alte Seebär hat im ganzen sehr brauchbar gearbeitet. Doch eines fiel mir sofort auf.

Ich hatte mir die Küste viel bewaldeter vorgestellt, als sie in Wahrheit ist. Dort bricht eine fast ebene Hochfläche von 300 bis 400 Meter Höhe in Stufen zur See ab und ist unten von der Brandung in einem Steilkliff angeschlagen. Wenige Flüsse haben in weitem Abstand scharfe Täler in das Plateau geschnitten. Diese Landschaft wurde nun ins Meer getaucht, das seine Fluten in alle Einschnitte der Täler ergoß und sie in Buchten verwandelte. Die Berge und Hochflächen sind nur Triften für Schaf- und Ziegenherden. Eine höhere Baumvegetation ist an der sturmreichen Küste kaum wahrnehmbar. Auch menschliche Siedlungen sind außer Leuchttürmen und wenigen Fischerhütten für den Vorbeifahrenden kaum zu sehen, da sich die Häfen und Siedlungen, wie La Coruña, hinter Bergvorsprüngen verbergen, und den Windschutz in den inneren Buchten für ihre Hafenanlagen ausnutzen. Der genannte Hafen ist der einzige von einiger Bedeutung, weil nur er eine mäßig gute Verbindung über das Bergland zum Innern Spaniens hat, andererseits der am weitesten nach Nordwesten vorgeschobene Vorposten der Halbinsel ist.

Doch genug von Senkungsküsten! Sie treten, wie gesagt, auf der Erde viel häufiger auf als ihr Gegenteil, als die Hebungsküsten, bei denen sich also das Land aus dem Meere herausgehoben hat oder umgekehrt das Meer sich gesenkt hat. Die Wissenschaft geht sonderbarer Weise vom Meere aus und spricht darum in diesen Fällen von einer „positiven Strandverschiebung". Der Grund für diese Hebungen liegt in der wechselnden Schwere der verschiedenen Schollen der Erdoberfläche, die ihr Gleichgewicht in jedem Falle wiederherzustellen suchen, wenn es irgendwie gestört ist. Der Regen spült das Land ab, Flüsse bringen Schlamm und Schlick in das Meer. Das Festland wird dadurch leichter, der Meeresboden schwerer, um nur einen Grund für viele solcher Verlagerungen des Gleichgewichts zu nennen. Der Ausgleich, die Hebung des Landes, erfolgt im allgemeinen ruckweise, weil große Reibungen zu überwinden sind. Längere Zeit ruht die Erdkruste, ist also der Meeresspiegel in seiner Höhenlage zum benachbarten Lande konstant, bis die Hebung und die nachbarliche Senkung an einem Sprunge ziemlich plötzlich erfolgt. Auch Verbiegungen sind möglich, doch liegt der auftretende Sprung oder die Achse der Verbiegung leicht an oder in der Nähe der Küste.

Jedesmal nun, wenn die Küste längere Zeit an einem Berglande in der gleichen Höhenlage ruht, schlagen die brandenden Wogen eine Kerbe in den Fels. Mit derselben sind ganz charakteristische Formen vergeschwistert, die nur am Strande einer Steilküste auftreten und sich zu einer Formengruppe vereinen. Da sieht man meerwärts eine Brandungsplattform mit Muscheln und anderen Seetierresten,

Klippen und einen Strandwall. Landwärts schließt sich das Kliff an, das im einzelnen eine Brandungshohlkehle, Brandungshöhlen, -torbögen und -pfeiler aufweisen kann, um nur die wichtigsten Formen zu nennen. Findet man jetzt hoch über dem heutigen Meeresspiegel diese Formengruppe oder auch nur einzelne der Formen, so folgt daraus mit Sicherheit, daß sie durch die Brandung geschlagen sind, daß also das Meer einmal an dieser Kerbe das Land bespülte, es demnach nachträglich gehoben ist. So einleuchtend und einfach der Gedankengang ist, die Beobachtung in der Natur ist, wie jede Beobachtung, nicht leicht und verlangt Kenntnisse, Schulung, Übung und Gewissenhaftigkeit vom Jünger der geographischen Wissenschaft, belohnt ihn aber mit der Entdeckerfreude neuer Erkenntnisse.

Am köstlichsten wurde mir dieses Geschenk zuteil, als ich an der Finschhafener Halbinsel in Neuguinea entlangfuhr und später vom Sattelberg an dieser gebirgigen Küste abwärts stieg. Bis 300 Meter Höhe ist eine Brandungsterrasse über der anderen so deutlich in die Bergflanke geschlagen, daß jeder Laie staunend dieses Wunder der Welt verstehen würde. Höher hinauf, bis etwa 1000 Meter, sind sie undeutlicher, so daß das geübte Auge eines Morphologen dazu gehört, sie zu erkennen. Da aber Korallen, und zwar heute noch lebende Arten bis in diese Höhen auftreten, wird selbst ein Skeptiker unschwer zu überzeugen sein, daß diese Tiere nur im Meere ihre Bauten haben ausführen können. Da ich des Öfteren an anderen Stellen diese Hebungsküste beschrieb, will ich hier nur kurz noch erwähnen, daß auf den unteren Terrassen prächtige Torbögen aus Korallenkalk standen, die hoch aus dem Alang-Alanggras emporragten, von einzelnen Kokospalmen beschattet.

Viele Reisende sind gleich mir durch die *Straße von Messina* gefahren. Alle werden sich des herrlichen Bildes erinnern, das die Steilküste Kalabriens bietet, wo zu den Füßen des hohen Aspromonte sich die hell beleuchteten Ortschaften von Palmi über Scilla nach Reggio ohne Unterbrechung hinziehen. Es mag manchem aufgefallen sein, daß die weißen Häuser waagerechte Linien oberhalb des Meeresspiegels bilden. Wenige werden aber wissen, daß sie auf alten Strandterrassen liegen. Kalabrien wurde ruckweise aus dem Meere herausgehoben. Daß dabei kleine Kippungen stattfanden, erkennt man daran, daß die obersten Terrassen etwas schräg gestellt sind.

Gegenüber aber, jenseits der Straße von Messina, liegt das Peloritanische Gebirge, das keine Spuren von Strandterrassen zeigt; es ist nicht gehoben, sondern versenkt. Das Scharnier der Bewegungen geht gerade durch die Straße von Messina. Kann es jetzt wundernehmen, daß diese Stadt schwer unter Erdbeben leidet?

Ein wüstes Ruinenfeld, beinahe als ob Bomber verheerend über die Stadt geflogen wären, sie in Schutt und Asche verwandelnd, so bot sich uns das blühende Gemeinwesen dar, als ich es kurz nach der letzten Katastrophe besuchte. Man blickte in die zerfallenen Häuser, sah die Dürftigkeit der italienischen Inneneinrichtungen. Halbe Wände fehlten, Dächer waren zerrissen, große Löcher klafften. Da bei einem Beben zuerst die Wasserleitungen und Kabel zerreißen, kann der Feuerschutz nicht arbeiten, und es ist mit dem Schrecken des Bebens die Not einer riesigen Feuersbrunst vergeschwistert. Das unglückliche Messina muß in gewissen unberechenbaren Abständen immer wieder mit Erdbeben rechnen, trotzdem ist die Verkehrslage an der Meeresstraße so günstig, daß die Stadt wie ein Phönix immer wieder aus der Asche aufersteht.

Viele Reisende fahren auch nach dem Norden Europas, an der Küste Norwegens entlang. Sie werden alle den etwa unter dem Polarkreis liegenden eigenartigen felsigen Berg kennen, durch den man hindurchsehen kann, den *Torghatten*. Ein Loch führt quer durch den Berg hindurch. Wer zu demselben emporsteigt, findet am Boden der Höhlung Strandgerölle und Reste von heute noch lebenden Meerestieren. Das Loch ist eine Brandungshöhle, die quer durch den Berg geschlagen wurde, als er tiefer in das Meer getaucht war. Er und mit ihm die ganze klippenreiche „Strandvlade", also das ganze Vorland vor Norwegens Hochgebirge, wurde in der Nacheiszeit auf und ab bewegt. Von einer dieser Hebungen zeugt der Torghatten.

Doch genug auch von den Hebungskünsten. Die letzte Küstenfahrt soll uns zum Kanal bringen, und zwar zur Küste der Normandie und den *Normannischen Inseln*. Wir erblicken das Meer zum erstenmal von Paris kommend, bei der alten trutzigen Stadt St. Malo, die an einer weiten Bucht liegt. Da wir bereits von Südengland gelernt haben, daß dort die Häfen in ertrunkenen Mündungen liegen, wundern wir uns nicht weiter, daß auch die gegenüberliegende Küste von Frankreich ins Meer gesenkt ist. Des Abends brandete die

See hoch aufspritzend gegen die klotzige, aus rotem Granit errichtete Mauer der Stadt. Als ich aber am kommenden Morgen auf der gleichen Mauer spazierenging, dehnte sich eine klippenreiche Plattform weit ins Meer hinaus, auf der einige höhere durch Befestigungen verstärkte Felseneilande lagen. So ist der Anblick des Meeres bei Hoch- und Niedrigwasser völlig verschieden. Der Höhenunterschied des Wasserstandes beträgt bei St. Malo die große Zahl von elf Metern, und erreicht damit fast das größte Ausmaß auf der Erde. Gerade wegen dieses enormen Gezeitenunterschiedes ist der Besuch dieser Küste und der Kanalinseln so interessant. Man vergegenwärtige sich die große Zahl von elf Metern! Sie entspricht der Höhe eines dreistöckigen Hauses. Es ist also so, als wenn in Berlin zweimal innerhalb von vierundzwanzig Stunden die Straßen trocken wären und nach sechs Stunden das Wasser in die vierte Etage hineinliefe, und zwar immerwährend, jahraus, jahrein. Ganz eigenartige Erscheinungen sind mit diesen Gezeiten verbunden, auch mußte sich der Mensch mit seiner Wirtschaft diesen absonderlichen Verhältnissen anpassen.

Ein gewaltiger Strom zieht bei Ebbe von der Küste zur See und reißt alles losgespülte Gestein ins Meer hinaus, nur die kahlen Felsen und Klippen zurücklassend. Ein ebenso heftiger Strom führt bei Flut vom Meer zur Küste, jetzt noch verstärkt durch die brandenden Wellen. In Jersey wohnte ich an der Küste und genoß von meinem Balkon aus immer den wechselvollen Anblick einer klippenreichen Strandfläche, die sich wohl fünf Kilometer weit ausdehnte. Bei Flut kamen die weißen Kämme der Wellen wie anstürmende Reitergeschwader angebraust, überrannten zuerst die niederen Klippen, brandeten dann gegen die höheren und stiegen höher und höher. Man fragte sich, ob auch wohl die hohen Felsen im Vordergrund überspült würden, um nach kurzer Zeit zu sehen, wie der weiße Gischt auch über sie hinweg flutete. Bei Ebbe zogen die Fischer mit Netzen und Körben los, um die „Frutti del Mare" zu sammeln. Die Austern schmeckten abends hervorragend.

Die Schleusen aller Häfen dieser Küste müssen auf den Gezeitenunterschied eingestellt sein, die Kais in gleicher Weise. Sie sind in drei Etagen übereinander aus festem Beton gebaut. Man steigt in St. Helier, der Hafenstadt von Jersey, bald in der unteren, bald in der mittleren, bald in der oberen Etage aus. Die Schiffe müssen immer von Neuem vertäut werden und die Lasten bald hier bald dort geleichtert werden, aber sofort nach oben ins dauernd Trockene geschafft werden.

Das Baden im Meere muß sich gleichfalls den starken Strömungen anpassen. Sonst darf man nur bei Flut baden, um nicht vom Ebbestrom in die See entführt zu werden. Hier ist aber auch der Flutstrom so reißend, daß dann ein Baden zu gefährlich ist. Man hat darum halbmondförmige Betonmauern auf die Strandfläche gebaut, die bei Flut völlig überspült werden. Bei Ebbe bleibt das Seewasser im Halbmond zurück und bildet ein ruhiges Badebecken. So badet man bei Niedrigwasser, wenn weit und breit trockner Felsboden sich dehnt, auf dem diese Badebecken verlassen ruhen.

Der gewaltige Unterschied zwischen Hoch- und Niedrigwasser ist wirklich das Auffallendste an dieser Küste, er paart sich mit dem Klippenreichtum der alten Gesteine. Mit wenigen Worten will ich, bevor ich in der Schilderung fortfahre, für die Interessenten die Gründe angeben, warum gerade in diesem Winkel des Kanals eine solche Steigerung der Gezeiten stattfindet. Diese werden immer höher, wenn der Flutstrom gezwungen wird, in eine schlauchartige Bucht einzudringen. Der ganze Kanal ist ein solcher Schlauch. Draußen im Atlantischen Ozean beträgt der Unterschied nur zwei Meter, bei Kap Lands-End bereits fünf Meter. Jetzt dreht der Strom, wie alle Bewegungen auf der Nordhalbkugel, wegen der Umdrehung der Erde nach rechts. Bei den äußeren Normannischen Inseln werden sechs bis sieben Meter erreicht, bei Jersey neun Meter, bei St. Malo und Granville elf Meter, und in der Tiefe der Bucht von St. Michel sogar zwölf Meter und mehr. Auch in der schlauchartigen Bucht des Bristol-Kanals werden zehn Meter erreicht, im Kanal selbst bei Boulogne immerhin noch sieben Meter. Als der Durchbruch zwischen Dover und Calais noch nicht erfolgt war, als England noch keine Insel war, ein Zustand, welcher noch während der Eiszeit anhielt, muß in dem Schlauche der Gezeitenunterschied noch größer gewesen sein. Man sieht jetzt in dieser Steigerung den Hauptgrund für die Abtrennung Englands, da die hohen Brandungswellen das weiche Kreidegestein bei Dover leicht angreifen konnten. Bei den Normannischen Inseln verhinderte die Härte des Granits eine leichte Zerstörung. Phantastische Klippen blieben übrig, um die die Wellen hoch aufspritzend branden.

An einem Morgen im Monat Mai saßen wir an der klippenreichen Küste von Jersey. Gelb blühte der Ginster, überall aber schaute der rote Granit heraus, besonders an den Kaps, gegen deren Vorsprünge das blaue Meer seinen weißen Gischt warf. Wo Tälchen hinunter führten, hatte sich im innersten Winkel ein rot-gelber Strand gebildet. Die Höhe der felsigen Insel hatte hellgrüne Wiesen und Weiden und dunkelgrünes Gebüsch, ein Bild, das das Auge jedes Malers begeistert hätte. Die Fahrten im Inneren der Insel führten auf schmalen Wegen zwischen Steilwänden hindurch, welche hier die Knicks ersetzen, die sonst überall an der Küste Nordwest-Europas Windschutz bieten und den Charakter der ganzen Landschaft Englands, Frankreichs bis nach Dänemark hin bestimmen. Unübersichtlich ist also das Land und hier zumal, da dichte immergrüne Bäume an den Wällen stehen.

Das Klima ist hier so milde und ozeanisch, daß Lorbeerbäume, Steineichen, Magnolien und ähnliche Gewächse prächtig gedeihen, da Frost im Winter nicht auftritt. Die Engländer haben die Gunst des Klimas ausgenutzt, um schöne Anlagen mit Palmen und anderen seltenen Gewächsen zu pflegen. Ihre Villen liegen in blumenreichen Gärten, die Rasen können einen grünen Teppich bilden. Es regnet nämlich oft, der Nebel ist nicht selten, aber nach ein, zwei Stunden kann die Sonne wieder lachen, da das Wetter ewig wechselt. Viel Gemüse, besonders Tomaten, wird in ausgedehnten Gewächshäusern gezogen und mit Flugzeugen auf den englischen Markt gebracht.

Bis vor wenigen Jahrzehnten waren diese Inseln trotz ihrer dauernden Zugehörigkeit zu England französisch in Sprache und Sitte. Erst dann setzte sich die englische Kultur durch. Die Häuser mit ihren vielen Kaminen, den steifen Betten und den geräumigen Klubsesseln sind ganz englisch. Man hört nur noch englische Laute auf der Straße und sieht nur englische Inschriften. Viele reiche Engländer haben sich hier niedergelassen, da uralte Privilegien das Leben angenehm machen, zumal die Flugzeit nach London kurz ist. Man kann das Landleben mit frischer Seeluft und dem Seebad in schönster, landschaftlicher Umgebung mit dem Luxus eines gepflegten Wohnens vereinen.

Damit wollen wir Abschied nehmen von den Küsten der Erde. Das ewig wechselnde Wasser bringt Bewegung in die Landschaftsbilder, die Beleuchtung ändert sich ständig. Das Tierleben ist abwechslungsreich. Die vorbeiziehenden Schiffe und die fischenden Segler bringen selbst dem einsamsten Gestade die Grüße aus der weiten Welt und den Pulsschlag einer modernen Wirtschaft. Mit besonderer Liebe wird jeder Geograph an den Ufern des Weltmeeres weilen, da sich ihm stets Probleme aufdrängen, die ihn über seinen jeweiligen Aufenthaltsort hinausführen und mit weltweitem Geschehen in Vergangenheit und Zukunft verbinden, wovon diese Zeilen nur einige wenige Beispiele bieten konnten.

Tsinanfu, die Stadt der quietschenden Schubkarren, und der Tausend-Buddha-Berg

„Sie kommen des Abends gegen sieben Uhr in Tsinanfu an. Da es dann bereits dunkel ist, werde ich in dem Hotel Bescheid sagen lassen, daß Sie am Bahnhof abgeholt werden. Es ist übrigens ein deutscher Wirt."

Das war mir vor Wochen auf dem Reisebüro von Cook gesagt worden, wo ich auch meine ganze Reise durch China bereits bezahlt hatte. Es hatte alles glänzend geklappt; ich war von der englischen Firma umsorgt, hatte auf Schiffen und in Hotels die besten Zimmer, wurde stets von Trägern empfangen und brauchte mich um nichts zu kümmern.

Ich war des Morgens von Tsingtau aufgebrochen, hatte eine zwölfstündige Fahrt hinter mir, die mich in einem schönen Wagen auf der von uns Deutschen gebauten Schantung-Bahn quer durch diese blühende Provinz brachte. Ich hatte die Fruchtbarkeit des Lößbodens bestaunt, auf dem der berühmte Schantung-Kohl gedeiht, auch andere Gemüsearten wachsen, dazu Weizen, Mais und Kauliang, die chinesische Hirse. Viele einzelne spitze Grabhügel häufen sich in der Nähe der Ortschaften, um die der Chinese ehrfurchtsvoll herumpflügt. Lößschluchten und staubige Wege sah ich, Schubkarren, schwer beschlagene Wagen, vor die bis zu drei Tieren hintereinander gespannt waren. Esel, Maultiere und Pferde belebten die Wege. Zahlreiche Menschen riefen auf den Stationen in hohen und tiefen Tönen durcheinander. Uralte Pyramiden der ältesten Herrschergeschlechter hatte ich gesehen, die Gebirge beobachtet und war, als die Sonne sank, langsam todmüde vom vielen Schauen geworden. Wir sollten nur noch einmal bis Tsinanfu halten.

Da kommt ein Herr durch den Zug und ruft andauernd „Mister Biermän". Erst langsam ging mir auf, daß ich gemeint war. Es war der deutsche Hotelbesitzer, der mir entgegengefahren war, sich freute, daß ich ein Landsmann war und mich herzlich willkommen hieß. Wie wohl tat dies im Herzen Chinas! „Wir haben gerade wieder etwas Revolution in Tsinanfu. Das geht aber nur die Chinesen, aber nicht die Europäer an. Sie dürfen nur keine Waffen bei sich haben."

„Eine Pistole besitze ich aber. Sie ist in meinem Gepäck." „Lassen Sie mich nur machen. Ich kenne den wachhabenden Offizier an der Bahnsperre und bin Ihnen gerade entgegengefahren, damit Sie keine Schwierigkeiten haben. Zugleich darf ich Sie zur Taufe meines Stammhalters auf heute Abend einladen."

Besser kann man wohl kaum als Wildfremder empfangen werden. Die Bewirtung entsprach an Güte der Liebenswürdigkeit des Besitzers, so daß ich mit Dank an das gut geführte Haus zurückdenke. Das Hotel war in einem alten Yamen untergebracht, einem Beamtenhause, dessen Wohnhäuser, Schlafstätten und Küchen rund um einen Hof liegen, in dessen Mitte die Gast- und Versammlungsräume in besonderen Häusern untergebracht sind. Dieses chinesische Stadthaus besteht also aus einer Vielzahl von Gebäuden, die sich um einen Hof gruppieren. Auf altem chinesischen Porzellan wurde gegessen, lautlos wurde bedient, Seidenstickereien schmückten die Wände. Der Täufling benahm sich mustergültig, Essen und Wein waren gut, auch der heiße Reiswein, der Sake, mundete mir.

Tsinanfu ist die Hauptstadt der Provinz Schantung. Man erkennt das bereits an der Endsilbe fu, welche bedeutet, daß die Stadt der Sitz eines Mandarins erster Ordnung ist. Da im jetzigen China die Verwaltung anders geordnet ist, fehlt modernerweise diese Endsilbe, und die Stadt heißt nur Tsinan. Die chinesische Sprache besteht eigentlich nur aus einsilbigen Lauten, die aneinander gereiht, erst die Begriffe geben. Darum werden in den europäischen Sprachen zuweilen Bindestriche zwischen diese Silben geschrieben. Tung heißt Osten, Si heißt Westen, Pe heißt Norden und Nan heißt Süden. Darum ist Schantung das Gebirge im Osten, Schansi das Gebirge im Westen, Peking die Kaiserstadt im Norden und Nanking die Kaiserstadt im Süden. Die einsilbigen Laute werden in drei verschiedenen Tonhöhen ausgesprochen und bedeuten jedes Mal etwas anderes. Dadurch erhält die chinesische Sprache einen singenden Klang, wird melodiös. Besonders in der Erregung werden die hohen Töne schrill, die tiefen sehr dumpf ausgesprochen.

Tsinanfu liegt in der Nähe des Gelben Stromes, wie der Name Hoangho besagt. Dieser Strom ist der Kummer Chinas. Seine

Fluten bergen so viel Löß in sich, daß er in kurzen Abständen sein Bett durch seine eigene Trübe erhöht und seitlich ausbricht, wobei er sein weites Tiefland überschwemmt. Als ich nach wenigen Tagen und später ein zweites Mal in der Nähe von Schansi den Fluß querte, war ich überrascht von der Fülle der schwebenden Schwemmstoffe, die er mit sich führt. Das sah nicht aus wie Wasser, sondern wie eine dicke, gelbe Erbsensuppe, was da wirbelnd zu Tal zog. Sehr, sehr breit, breiter als viele tropische Ströme fließt dieser Brei dahin. Im Innern des Stromes sind überaus zahlreiche Sandbänke, die sich ständig verschieben. Die wenigen Dschunken, welche den Fluß befahren, sitzen oft fest, die Schiffer verlassen die Boote und gehen mitten im Strome auf den Bänken zum Nachbarschiff. Auch Fischer sieht man mitten im Strome wandern, wo an anderen Stellen wirbelnde Trübe ist.

Wegen dieses Reichtums an schwebenden Stoffen hat der Hoangho oft sein Bett verlegt, mündete bald in das innere, bald in das äußere Gelbe Meer, zuweilen bei Peking, zuweilen fast an der Mündung des Jangtsekiangs. Er bildete einen gewaltigen Schwemmkegel, auf dem er hin und her pendelte. Die Spitze des Schwemmkegels liegt bei Kaiföng, die Basis südlich und nördlich des Berglandes von Schantung. Dies war ursprünglich eine Insel, ist doch die ganze chinesische Ebene aus Schwemmlöß aufgebaut, also ein Geschenk des Gelben Stromes. Noch vor 1856 floß der Strom nach Süden, seitdem nach Norden. Tsinanfu lag bald am Strome, bald abseits von ihm. Wenn innere Wirren das chinesische Reich durchtoben, trägt man nicht die erforderliche Sorgfalt für die Deiche. Diese sind oft nur aus Löß gebaut, da feste Steine mangeln. Wenn der Sommermonsun mit seiner Regenfülle die Bergländer am mittleren Hoangho überflutet, schwillt der Strom an, durchbricht die Deiche und überschwemmt die Ebene. So geschah es mehrere Male in den letzten Jahren während des japanischen Krieges. Man mache sich von den Größenverhältnissen eine richtige Vorstellung: Es ist, als wenn die Elbe bei Tetschen-Bodenbach ihr Bett plötzlich verlassen wollte und bald bei Amsterdam, bald bei Stolp in Hinter-Pommern, bald bei Hamburg, bald bei Stettin ins Meer fließen wollte.

Jetzt verstehen wir die besondere Lage von Tsinanfu. Die Stadt beherrscht die große chinesische Ebene, wo dieselbe um das Bergland von Schantung herumführt. Hier zieht der Kaiserkanal, der die Reisflotten aus dem Süden nach Norden zur großen Garnisonstadt Peking bringen sollte, gesichert gegen die Stürme und Taifune des Meeres. Die Wasseradern aber verließen ihre Betten und die Stadt wurde Landstadt, blieb jedoch Hauptstadt der Provinz, und ist heute auf reinen Landverkehr angewiesen.

Am kommenden Morgen wollte ich zuerst dem Vertreter des Deutschen Reiches, dem deutschen Konsul, meinen Besuch machen. In Tsingtau hatte ich in Gesprächen mit dem Direktor der Schantung-Bahn so viel gelernt, was ich im späteren Leben in meinen Vorlesungen weitergeben konnte, daß ich mir sagte, der Herr Konsul wird sicher einem akademischen Lehrer manche Anregungen geben können. Ich gab also meine Karte ab, wurde empfangen und bat ihn, mir Informationen zu geben. „Wo kommen Sie denn her?" „Von einer Forschungsreise durch Neuguinea." Jetzt fragte er mich Verschiedenes, um nach zwei Minuten zu sagen: „Es hat mich sehr gefreut. Ich danke Ihnen für Ihren Besuch." Mehr wußte Deutschlands Vertreter einem Geographen, der ihn aufsuchte, nicht zu sagen.

So mußte ich mir selbst helfen und mit wachen Augen und klaren Sinnen durch die Stadt und die Umgebung wandern, um zu sehen, was an Eigenartigem zu lernen war.

Ich setzte mich in eine Rikscha und ließ mich vom menschlichen Traber hinfahren, wohin er wollte. Da ich nicht chinesisch, der Kuli keine europäische Sprache konnte, bestand die Verständigung darin, daß ich ihn mit einem kleinen Stock auf der rechten Schulter berührte, wenn er nach rechts, auf der linken, wenn er nach links abbiegen, zweimal, wenn er halten sollte. Mit Windeseile stürmte er los, an der Mauer und dem stinkenden Festungsgraben entlang und ließ die Stadt, die ich eigentlich besichtigen wollte, bald hinter sich. Er lief bis zum Lotosteich, wo er hielt und mir durch Gesten, durch Verbeugungen und höfliches Einziehen der Luft durch die Zähne zu verstehen gab, ich solle mir eine Barke nehmen, er würde so lange warten. Gehorsam nahm ich das flache, mit einem Baldachin versehene große Boot, setzte mich in einem Rohrstuhl an einen Tisch, und ließ mich von vier Kulis durch den See staken. Unterwegs erschien hinter einem Vorhang ein eleganter Koch, kredenzte mir grünen Tee in hauchdünner Schale und dazu etliche Sandwiches. Innerlich lächelnd, was für Mühe man sich um meine kleine Person gab, ließ ich mir alles gefallen. Das Wasser gluckste leise an Bord, stille Wasseradern verzweigten sich durch die Sumpfvegetation. Weiße Lotosblüten öffneten ihre Kelche, dazwischen standen Papyrusstauden mit dem Strahlenkranz ihrer Blätter, wucherten Rohrkolben, wildes Zuckerrohr und andere Schilfpflanzen. Auf dem Wasser schwammen tischgroße Blätter der Victoria Regia und blühten Seerosen und Mummeln. Nach einer Stunde kehrte ich befriedigt zurück und hatte für die Lustfahrt kaum etwas zu zahlen. Für den Nachmittag hatte ich mir meinen Rikschaboy wieder bestellt. Ich wollte zum Tausend-Buddha-Berg fahren. Es ist dies ein Wallfahrtsort, zu dem von weit her die chinesischen Frauen kommen, denen das größte Glück eines Chinesen versagt geblieben ist, nämlich einen Stammhalter zu erzeugen. Es scheint vielen Religionen der Erde eigen zu sein, daß man durch Wallfahren und durch die Macht des Gebetes an einem heiligen Orte hofft, das Schicksal zu wenden. Der Chinese ist nüchtern, wenig religiös, neigt mehr zur Philosophie, wie ja die Religion des Konfuzius nichts anderes als eine Sittenlehre und Moral ist. Der Taoismus, die Religion des Volkes, ist, wie der Name andeutet, nur ein „Weg zum Heil", also nur eine praktische Morallehre, wie man am besten unter Aussöhnung der Götter das Leben meistert. Neben diesen beiden Glaubenslehren kann der Chinese auch Buddhist sein. Es widerspricht sich nicht, sondern verträgt sich miteinander, da es ihm auch hier mehr auf die praktische Anwendung der religiösen Vorschriften, als auf ein Versenken in den Geist der Glaubenslehre ankommt. Gebet und Opfer, gute Werke und die Sorge für das Seelenheil durch einen Mönch sind wichtiger, als wenn man sich selbstquälerisch in die Last seiner Sünden versenkt. Heiter und leichtlebig, nicht düster und grüblerisch ist die Grundstimmung der Männer und Frauen im Reiche der Mitte. Das schließt aber Wallfahren nicht aus.

Ich meinerseits wollte dem Kloster nicht meine Aufwartung machen, sondern den herrlichen Aussichtspunkt oberhalb des Klosters besuchen, das auf einem der letzten hohen Ausläufer des Berglandes von Schantung liegt. Ich fuhr an zahlreichen Verkaufsbuden vorbei, wo für die Wallfahrer, wie das ja an solchen Plätzen überall üblich ist, Opfergaben verkauft wurden. Dünne Räucherkerzen, dicke Wachslichte, Motivtafeln und kleine Buddhafiguren, konnte man in grellen Farben billig erstehen, um sie oben im Allerheiligsten niederzulegen. Ein breiter Weg führte von dem Fuß des Berges, wo ich aussteigen mußte, über Treppenstufen steil bergan. Er war von wundervollen alten Zypressen eingefaßt. Die wallfahrenden Frauen warfen sich auf jeder Treppenstufe auf den Boden und berührten mit der Stirn die Erde. Hunderte der niederkauernden Frauen, die laute Gebete sangen, wurden von mir überholt. Sie waren alle in lange Gewänder gekleidet, die eine dunkelblaue Farbe hatten. Rückblickend war die ganze, hohe Treppe mit dunklen, blauen Punkten übersät, die unter Verbeugungen immer höher rückten.

Oben empfing mich am Eingang seines Klosters der würdige, feiste, kahlgeschorene Abt, umgeben von einer Anzahl Priestern. Sie hatten den Europäer schon längst entdeckt und, da diese ja alle als reich gelten, auf ein Geschenk für das Kloster spekuliert. Ich konnte nicht entfliehen und mußte die ungezählten sitzenden Buddhas betrachten, die in kleinen Felsnischen über- und nebeneinander ziemlich kunstlos untergebracht waren. Ich glaube gerne, daß es mehr als tausend waren, die in ewiger Wiederholung, an den Felsen aufgereiht saßen. Ich kaufte mich schnell frei und stieg allein, alle Begleiter zurückweisend, über das Kloster hinaus auf den Gipfel des kahlen Berges. Eine unvergleichliche Aussicht belohnte die Mühe des Aufstieges.

Es wurde langsam Abend, jedenfalls näherte sich die Sonne dem Horizont. Wie ein feuriger Ball stand sie rot glühend am Himmel. Von den Steppen Hochasiens her wehte mir über die unendliche Ebene zu meinen Füßen der Wintermonsun entgegen. Die Luft war mit Staub geschwängert. Ich sah und erlebte, wie dieser Staub sich überall an den Gräsern niederschlug, wie sich jetzt unter meinen Augen der Löß bildete, ein Vorgang, der sich immerdar alle Winter wiederholt. Nicht nur Tausende von Jahren, sondern mehrere hunderttausend Jahre weht der Wind, staubbeladen zu dieser Jahreszeit aus der gleichen Richtung. Es ist darum kein Wunder, daß sich der Staub hoch anhäuft und alle Berge umhüllt. Es ist der Segen Chinas, der die Fruchtbarkeit des Bodens gewährleistet und, leicht zu beackern, China zu einem gesegneten Ackerbaulande stempelt.

Die große mittelchinesische Ebene grenzt nicht mit einem scharfen Bruch gegen das Bergland, auf dem ich mich befand, vielmehr taucht das Gebirge langsam unter. Ganz ähnlich, wie ich es wenige Wochen vorher vom Pik von Hongkong gesehen hatte, nur daß damals die Berge im Meer ertranken, so sinkt hier das Gebirge unter die Ebene unter. Diese umschwemmt die einzelnen Berge. Es ragen also zuerst hohe Rücken, dann niedrigere, dann einzelne Bergkuppen, endlich nur noch Hügel aus der Ebene heraus. Der Löß ist überall am Fuß der Berge stärker angeweht, so daß Berge und Hügel mit einem kleinen Absatz in die waagerechte Linie der Ebene übergehen. Jeder höhere Baumwuchs fehlt, waren doch die Chinesen unüberlegte Waldzerstörer. Nur wo die Zypressen zum Kloster führen, zieht sich ein dunkles Band empor. Oben sind die Berge von den Wasserfluten der Sommerregen zerrissen und zerfurcht, unten dagegen vom Löß und vom Lößlehm der Ebene umhüllt. Oben dringt düsterer Schatten in alle Runzeln, unten fehlen diese und der Bergfuß ist gleichmäßig erhellt. Gelb in Gelb ist die Landschaft getönt, welcher Farbe sich beim sinkenden Abend mehr und mehr rote und braune Tinten beimischen. Nur in der Richtung auf Tsinanfu lagert über der Großstadt eine bläuliche Wolke der abendlichen Herdfeuer. Jenseits glitzert der breite Gelbe Strom herüber, der selbst auf diese Entfernung hin gelb herüber leuchtet, nur wo im Westen die Sonne untergeht, blutig rot schimmert.

Am kommenden Tage galt mein Besuch der Stadt selbst. Es ist schwer, ein richtiges Bild von der verwirrenden Fülle des chinesischen Lebens in einer volksreichen Stadt zu vermitteln. Auch gestehe ich offen, daß ich in der Erinnerung die einzelnen Städte mit ihren ähnlichen Straßen und dem wimmelnden Treiben verwechsele. Es verwischen sich die gleichen Straßenszenen aus der Chinesenstadt von Schanghai, Kanton, Kiukiang, Hankau und Tsinanfu. Es bleibt ein Gesamteindruck übrig, den man als typisch für die Städte Mittelchinas bezeichnen kann.

Es herrscht dort ein Hasten, ein Treiben, ein Gewimmel, ein Schieben, wie bei uns an den schlimmsten Markttagen. Der Eindruck wird verstärkt, weil die Straßen so eng sind und man den Himmel wegen der zahlreichen Papierfahnen kaum sehen kann. Auf ihnen sind in grellen Farben künstlerische Schriftzeichen gemalt, die dem Europäer, aber auch vielen Chinesen völlig unverständlich sind. Auf der Straße sieht man Träger hasten, die an langer Tragstange vorne und hinten schwere Lasten schleppen. Bei jedem

Schritt wippen die Lasten auf und ab, stöhnend, oft auch sich selbst durch Gesang ermunternd, eilt der Kuli voran. Frauen mit hohen Stöckelschuhen, schwarzseidenen Hosen und langem Obergewand klappern durch den Straßenschmutz. Vornehme Damen werden in Sänften getragen, für die die Kulis laut rufend sich Platz verschaffen. Die Gesichter der vornehmen Frauen sind maskenhaft geschminkt, weiß mit knallroten Lippen und ebenso roten Farbklecksen auf den Backen, schwarze Pussi-Fransen hängen in die Stirn. Sie halten einen Fächer in der Hand, den sie halb hochnehmen, um anzudeuten, daß sie nichts sehen wollen, wenn sie einem bekannten Herrn den tiefen ehrfurchtsvollen Gruß ersparen wollen. Trotzdem macht dieser mitten im Hasten halt, verbeugt sich tief mit über der Brust gekreuzten Armen und zieht die Luft ein. Zwei Bekannte treffen sich, bleiben voreinander stehen und schütteln sich jeder selbst seine eigenen Hände unter zahlreichen Bücklingen. Marktfrauen und Einkäufer gehen mit kunstvollen Bambuskörben und kreisrunden Flechtwerken zu ihren Besorgungen. Dazwischen wimmeln Handwerker. Ein Barbier trägt seinen ganzen Laden bei sich, hat eine Stimmgabel, die er laut surren läßt und lockt Kunden an. Ungeniert wird mitten im Gewühl eingeseift und rasiert. Andere schleppen Garküchen mit sich und Stühle für die Gäste. Jetzt machen sie halt und fischen aus dem siedenden Öl Fische oder Mehlspeisen heraus, welche die Kunden aus flachen Schalen mit den Stäbchen als Zukost zu ihrem Reis essen, den sie in Form von Knödeln geknetet haben. Selten kommt ein Esel oder Maultier die Straße entlang, dafür suchen sich unter Geschrei trabende Rikschakulis Platz für ihren Dauerlauf zu schaffen.

Die Straßen sind oft Sackgassen oder es baut sich ein Haus quer über den Weg, durch dessen unteres Stockwerk der Verkehr ruhig hindurchflutet. Wenn es irgend geht, vermeidet man die Straßen nach Norden, der Unglücksseite, offen zu lassen. Man baut sie vielmehr durch vorspringende Ecken oder durch Zickzackanlage zu. Die Handwerker wohnen straßenweise. Da gibt es Straßen, wo nur Gänse gebraten werden, andere, in denen Silberschmiede vornehm in ihren offenen Läden ihre edle Kunst ausüben. Tischler hobeln sichtbar für jedermann die Särge oder Kampferkisten, Apotheker verkaufen die absonderlichsten Drogen, Zahnärzte ziehen auf offener Straße Zähne. Bei einem Maler, dem ich zusah, fand ich ein schönes

Bronzegefäß, in dem er seine Pinsel verwahrte. Ich bot ihm einen billigen Preis für dasselbe. Wie ein Lauffeuer hatte es sich herumgesprochen, daß ein Weißer Bronze kaufen wolle und von allen Seiten kamen in dieser und in den Nachbarstraßen Männer und Kinder mit den schönsten Schalen an, so daß mir die Wahl schwer wurde, ich aber ein gutes Stück, sogar aus der Zeit der Ming-Dynastie, erwerben konnte. Als etwas Regen kam, öffneten sich zahlreiche farbige Papierschirme, so daß trotz des Wetters eine lustige Note zu dem hastenden Verkehr kam.

Nur die Geruchsnerven müßte man zu Hause lassen können. Wahre Orgien der verschiedensten Düfte strömen einem entgegen, von denen die wenigsten die Nasen umschmeicheln. Der Unrat wird auf die Straße gegossen, die des Morgens nur zu oft auch zur menschlichen Notdurft benutzt wird. Bettler strecken einem eiternde Wunden entgegen. Dicke Trauben von Fliegen kleben an den erstorbenen Augen der Blinden. Auch das Ohr hat Qualen auszustehen. Das Streichen der einseitigen Geige der Bettler ist kein Genuß, die Radauinstrumente, mit denen die Handwerker sich anpreisen, Gongs, Flöten, Glocken, Stimmgabeln usw. übertönen das Geschrei der Menschen. Vor allem aber das Quietschen der Schubkarren!

Diese Gefährte sind für China charakteristisch. Sie ersetzen Handwagen, Lastkarren, Tragtiere, Räder oder was sonst in aller Welt zum Transport von Waren dient. Überall sieht man sie in Schantung. Auf dem Lande werden sie sogar mit Mattensegeln versehen, um die Kraft des Windes zu nutzen. Oft werden auch Esel vor die Karre gespannt, während der Chinese hinten die Karre schiebt. Die Konstruktion der Schubkarre ist ganz anders als bei uns, und zwar viel praktischer. In Europa befindet sich vorne ein kleines Rad, dann kommt der Kasten für die Last mit zwei Handgriffen, so daß die Hände einen großen Teil der Last tragen müssen, wie jeder weiß. In China aber besteht die Schubkarre aus einem großen, etwa einen Meter messenden Rad, an dessen Achse rechts und links, teilweise auch vorne und hinten, sich Kästen zur Aufnahme der Last befinden. Diese ruht daher völlig auf der Achse und beschwert nur sie und die Nabe. Der Mensch braucht nur das Gleichgewicht zu halten und das Rad voranzuschieben, aber nichts zu tragen. Es wird diese Schubkarre sogar zum Transport von Mann und Frau benutzt, die an beiden Seiten des Rades mehr liegen als sitzen. Wird nur eine Frau transportiert, so muß als Gleichgewicht im Kasten auf der anderen Seite des Rades ein gleich schwerer Gegenstand geladen werden. Da das Fahrzeug keine Federn kennt, gehört die ganze Abgestumpftheit der Nerven eines Ostasiaten dazu, um die Stöße mit Gleichmut zu ertragen. Und nun erst das Quietschen!

Die Achse besteht aus Hartholz. Auf ihr lagert die ganze Last. Geschmiert wird keine Schubkarre. Die eine quietscht nun, als ob ein Schwein geschlachtet würde, die zweite stößt in gleichmäßigen Abständen durchdringende Wehelaute aus, die dritte jault wie eine Katze, eine vierte brüllt dumpf, eine fünfte schreit helltönend wie ein Kinderwagen. Man muß es diesem Konzerte lassen, es ist vielseitig, wenn auch wenig schön, da hier wirklich Geräusch mit der Musik verbunden ist.

Nach dieser Einleitung darf ich zu einer Fahrt durch die Hauptstraßen von Tsinanfu einladen. Sie bilden ein Kreuz, das die ganze Stadt durchzieht. Diese ist in ihrer Anlage quadratisch und von Mauer und Graben umgeben. Um das innere Quadrat legt sich ein mittleres und noch ein äußeres, beide auch mit Wall und Graben bewehrt. In der Mitte der Längsseiten der Quadrate befindet sich jeweils ein Tor, durch das der Verkehr sich zwängt. Die schmalen Hauptstraßen, außerdem noch durch Läden eingeengt, verbinden die Tore. Unabsehbar ziehen sich diese langen, gassenartigen Straßen hin, gerade breit genug, um eine Schubkarre links und rechts aneinander vorbei zu lassen. Seit Jahrhunderten flutet der Verkehr, haben sich die Räder der Schubkarren ihre Bahn in das Pflaster eingegraben, so daß die Rille zwanzig bis dreißig Zentimeter tief ist. Durch sie holpern die Schubkarren. Jeder Kuli ladet nun etwas mehr, als er eigentlich fortbewegen kann. Bald kippt seine Karre um und er muß warten, bis eine mitleidige Seele ihm beim Aufladen hilft. Unaufhörlich ist der Zug der Karren an beiden Straßenseiten. Ich saß mit meiner Rikscha mitten dazwischen. Unter Höllenlärm schoben sich die Karren an mir vorbei.

Da kam ein Kuli, der an beiden Seiten eine Fülle von sechs Meter langen Bambusstangen geladen hatte. Er stieß alle Karren, die ihm begegneten, um. Das Gequietsche hörte eine Zeitlang auf, das Geschimpfe setzte dafür lautschallend ein. So mußte ich in kurzen

Abständen halten, weil irgendwo weit vor mir eine Karre umgekippt war.

Wenn dieser Aufenthalt bei den warmen Quellen von Tsinanfu stattfand, konnte sich das Auge erfreuen am Badeleben in dem Quellteich. Ein anderes Mal blickte man in ein Teehaus, in dem dicke Chinesen auf Polstern lagen, ihre winzigen Pfeifen rauchten, Domino spielten und den grünen Tee aus dünnen Schalen schlürften Oder ich hielt vor einer Schreibstube, wo sich ein alter Chinese, der mit seiner großen Hornbrille einen gelehrten Eindruck machte, einen Brief diktieren ließ, den er mit Pinsel und Tusche kalligraphisch zu Papier brachte. Einmal hielt ich vor einem Seidenladen. Ich klopfte meinem Boy zweimal auf die Schulter, stieg aus und betrat den Laden. Ich wurde in dem eleganten Laden von einem würdigen Herrn in prächtigem Kaftan empfangen, zum Sitzen eingeladen und mit einer Tasse Tee bewirtet. Dann ging es ans Aussuchen der Ware.

Da wir uns nur durch Zeichensprache verständigen konnten, war es nicht ganz leicht, meinen Wunsch nach Rohseide klar zu machen. Die Farbe wurde bald gezeigt, die Stärke aber erst nach langem Aussuchen ermittelt. Der Preis wurde auf einem Rechenschieber, wie ihn Kinder im Anfangsunterricht benutzen, errechnet und, als ich handeln wollte, wie das in Ostasien üblich ist, jeder Versuch mit hoheitsvollem Lächeln zurückgewiesen. Da sah ich ein Stück wundervoller weißer Seide liegen. Im gleichen Augenblick erschien mir vor meinem geistigen Auge ein liebes Mädchen in Berlin. Ohne Überlegung kaufte ich die Seide und bestimmte sie schon damals in Gedanken als Hochzeitskleid für meine künftige Braut.

Sie ist wirklich meine Frau geworden und trug das Kleid an ihrem Ehrentage. Sie wurde meine liebe Wandergefährtin, meine treue Mitarbeiterin und Helferin bei manchen wissenschaftlichen Arbeiten. Ihr seien auch diese „Erlebnisse eines Geographen“ in inniger Dankbarkeit zugeeignet.